普通高等院校数据科学与大数据技术专业系列规划教材

大数据
智能分析与先进计算

编 著 ⊙ 刘朝华 吕明阳 陈磊 许岳兵

中南大学出版社
www.csupress.com.cn
·长沙·

图书在版编目(CIP)数据

大数据智能分析与先进计算 / 刘朝华等编著. —长沙:
中南大学出版社, 2022.12(2023.8 重印)

ISBN 978-7-5487-5038-3

Ⅰ. ①大… Ⅱ. ①刘… Ⅲ. ①数据处理 Ⅳ. ①TP274

中国版本图书馆 CIP 数据核字(2022)第 144425 号

大数据智能分析与先进计算
DASHUJU ZHINENG FENXI YU XIANJIN JISUAN

刘朝华 吕明阳 陈磊 许岳兵 编著

□出 版 人	吴湘华
□责任编辑	韩 雪
□封面设计	李芳丽
□责任印制	唐 曦
□出版发行	中南大学出版社

社址:长沙市麓山南路　　　邮编:410083
发行科电话:0731-88876770　　传真:0731-88710482

□印　　装　长沙市宏发印刷有限公司

□开　　本	787 mm×1092 mm 1/16	□印张	14.75	□字数 378 千字
□版　　次	2022 年 12 月第 1 版	□印次 2023 年 8 月第 2 次印刷
□书　　号	ISBN 978-7-5487-5038-3	
□定　　价	48.00 元	

图书出现印装问题,请与经销商调换

前 言

Foreword

随着云计算、物联网、移动互联等新兴信息技术的快速发展，各行各业信息量急增，推动人类社会迈入大数据时代。以信息物理融合系统(CPS，cyber physical system)为基础，以生产高度数字化、网络化、机器智能自组织为标志的第四次工业革命正在全球兴起。工业领域内生产、销售与管理各环节中数据日益积累，例如电力系统、风电、新能源发电系统、流程工业系统、高通量生物医学系统、机械制造等工业系统其数据规模巨大。大数据时代的产业已经到来。大数据技术的战略意义不是在于其掌握巨大的数据信息量，而是在于对这些含有潜在意义的数据进行处理所带来的数据财富。大数据蕴藏着巨大的价值，对大数据的运用和价值挖掘会给社会和企业带来新的机遇和变革。

大数据时代的到来，迫切需要为控制电气信息类研究生的教育建立大数据技术课程体系，为社会培养和输送一批具备大数据素养的高级创新人才，满足工业系统对大数据创新人才日益旺盛的需求。本书定位为控制电气信息类研究生专业教材，为该专业研究生搭建起"大数据智能处理与先进计算"的系统知识体系及研究方向。本书将系统梳理、总结大数据技术的基本原理、大数据处理与学习智能方法、先进计算技术，以及最新大数据研究成果和大数据的主要领域应用，帮助研究生形成对大数据知识体系及其应用领域的深刻认识，为相关研究生在大数据领域奠定基础和开拓研究方向。同时可作为自动化、计算机、电子电气信息类高年级本科生的选修课教材及相关科技工作者的参考资料。全书分两大部分内容，前者重点聚焦于大数据技术的两个核心内容——分布式存储和分布式计算；后者聚焦于各种机器学习、深度学习和智能优化方法等先进计算方法。

本书由刘朝华教授主笔，参与本书编写的还有湖南科技大学信息与电气工程学院吕明阳博士和陈磊博士，以及衡阳师范学院的许岳兵博士。此外，安徽工程大学程凡勇博士，本课题组陈琪、廖忠、郑梦瑶、林栖梧、袁世政、易志坚、樊超群等硕士研究生做了大量辅助性工作。在此由衷感谢老师们和同学们的辛勤工作。

本书得到湖南省高水平研究生教材项目(湘教通〔2019〕370号)、湖南省普通高等学校教学改革研究项目(湘教通〔2018〕436 号-362，HNJG-2021-0649)、国家自然科学基金项目(61972443，62103143)、国家重点研发计划项目(2019YFE0105300)、湖南省重点研发计划项目(2022WK2006)、湖南省湖湘青年英才支持项目(2018RS3095)等项目的支持。

　　本书在编写过程中，参考和引用了大量的国内外教材、专著、论文和资料，并有选择性地把一些重要的知识编入本书。在此向相关的单位和作者表示感谢，并且尽量在参考文献中一一列出，若有遗漏和不妥之处，敬请相关作者批评指正。

　　由于时间仓促和编者水平有限，书中难免会有不足之处，望广大读者不吝赐教。

作　者

2022 年 6 月

目 录

Contents

第1章 绪论

近年来，两化融合的不断深入促进了以云计算、物联网、大数据为代表的新一代信息技术与现代制造业相互融合创新。工业物联网、信息物理网络加速了制造工厂智能化，实现了企业互联、生产设备之间互联、设备和产品互联、虚拟和现实互联，使得人、机、物信息交互源源不断地产生工业大数据，进入了"工业大数据"时代。与此同时，大数据也同样渗透人们的日常生活中，比如：微信、邮件、微博、电话、导航，以及无所不在的监控和传感器等。这些无不昭示着大数据时代的来临。随着政务、体育、社会网络安全、能源、应急管理、餐饮、医疗健康、零售、经济金融、汽车、交通运输、工业制造、娱乐、社交社区等各个领域大量数据的使用，能够及时全面且有效地处理和分析数据和信息，优化决策制定机制，以做出最优决策变得尤为重要。大数据是人类发展的重要经济资产，隐含着很多在小数据时代不具备的深度知识和价值，对大数据的智能分析与计算将带来可观的经济效益。大数据技术的发展与应用将对工业智能制造、智能交通、生物医疗、科学研究、企业决策、商业业务策略以及个人的生活、工作和思维方式等产生深远的影响。

本章简要地介绍了大数据的概念和特征，大数据与先进计算、人工智能，大数据的典型应用场景，大数据的发展趋势。

1.1 大数据的概念和特征

1.1.1 大数据的概念

近年来，随着互联网化进程的加快，接入互联网的用户和设备越来越多，如视频监控设备、移动终端和各类传感器等。这些用户和设备源源不断地产生各种类型的数据，导致全球的数据保有量爆炸式增长。根据国际数据公司 IDC 的统计和预测，全球数据量正在以每年翻一倍的速度快速增长，到 2025 年，将会突破 175 ZB，人类社会进入了大数据时代。美国著名的咨询公司 McKinsey 在《大数据的下一个前沿：创新、竞争和生产力》这份研究报告中给出了大数据的定义：大数据是指大小超过了典型数据库软件工具收集、存储、管理和分析能力的数据集。信息技术咨询研究与顾问咨询公司 Gartner 给大数据做出了这样的定义：大数据指需要用高效率和创新型的信息技术加以处理，以提高发现洞察能力、决策能力和优化流程能力的信息资产。百度百科给出大数据的定义：大数据或称巨量资料，指的是所涉及的资料量规模巨大到无法透过主流软件工具，在合理时间内达到撷取、管理、处理并整理成为企业经营决策提供参考的资讯。维基百科给出大数据的定义：涉及的数据量规模巨大到无法通过人工在合理时间内实现截取、管理、处理并整理成为人类所能解读的信息。美国信息存储资讯科技公司 EMC 给出的定义：数据集或信息，它的规模、发布、位置在不同的孤岛上，或它的时间想要求顾客部署新的架构来捕捉、存储、整合和分析这些信息以便实现企业的价值。此外，还有其他公司、组织、学者等都给出过大数据的定义，在此就不一一列出了。

1.1.2   大数据的特征

美国国家标准技术研究所在《大数据：定义和分类》中认为：大数据是指传统数据架构无法有效处理的数据集。因此，需要采用新的架构来高效地完成数据处理。这些数据集特征包括：容量/数据类型的多样性、多个领域数据的差异性、数据的动态特征等。

目前，能够被普遍接受的是大数据应该包含三个方面：数据特征、技术特征与应用特征。国际数据公司 IDC 定义的大数据特征在业界被普遍接受，即具有海量的数据（volume）、快速的数据处理（velocity）、多样的数据类型（variety）和低价值密度（value）四大特征，简称 4V 特征。

1. 海量的数据

进入信息社会以来，数据增长速度急剧加快。2010 年前后，云计算、大数据、物联网技术的高速发展掀起了新一轮的信息化浪潮。我们生活在一个"数据爆炸"的时代。2016 年 2 月 22 日社交网络 Facebook 公布的一份研究报告称，截至 2015 年年底全世界已有约 32 亿网民。目前已经是以用户为主导来生产内容 Web2.0 的时代，用户可以随时随地在博客、微博、微信上发布自己的信息，直播、视频网站的兴起也大大降低了多元化内容生产的门槛，每个互联网的用户都可以产生大量的数据。随着智能设备、物联网技术的发展，越来越多的终端接入到互联网中，数据产生的源头不再只是计算机和手机，智能家居、监控设备、各类传感器等每时每刻都会产生大量的数据。这些视频、图像等半结构化或非结构化数据的规模在快速增长，全球著名的信息技术、电信行业和消费科技咨询、顾问和活动服务专业提供商 IDC 在一项调查报告中指出，非结构化数据已占企业数据的 80% 且每年都按指数增长 60%。

2. 快速的数据处理

根据 IDC 的"数字宇宙"报告，预计到 2025 年，全球数据使用量将达到 174ZB。随着数据量的急速增长，企业对数据处理效率的要求也越来越高。对于某些应用而言，经常需要在数秒内对海量数据进行计算分析，并给出计算结果，否则处理结果就是过时和无效的。大数据可以通过对海量数据进行实时分析，快速得出结论，从而保证结果的时效性。

3. 多样的数据类型

大数据的数据类型繁多，简单地可以分为结构化数据、半结构化数据和非结构化数据。其中，结构化数据主要指能够存储在关系型数据库中（例如 MSSQL、Oracle、MySQL），数据结构可简单表示为二维逻辑表的数据；非结构化数据是指不方便用关系型二维数据库进行存储、数据逻辑结构为多维的数据，例如图片、音频、视频、模型、连接信息、文档、位置信息、网络日志等；半结构化数据是指数据中一部分内容存在结构化特性，另一部分内容存在非结构化特性的数据，例如 OEM（object exchange model）是一种典型的半结构化数据模型。相对于以往便于存储的结构化数据，非结构化数据越来越多，多类型的数据对数据处理能力提出了更高的要求。

4.低价值密度

价值密度低是大数据的另一个典型特征，核心是强调高价值信息在海量数据中占比非常小，且隐藏较深。在信息存储、数据处理技术比较落后的时代，企业对大规模数据的处理能力不足，一般通过采样分析的方式减少需要处理的数据量。处理数据量与输出价值之间的比率较高。然而，大数据时代选取数据的理念发生改变，"全样而非抽样"的理念要求对所有数据进行处理。同时，这些海量数据间相关性较低，仅在宏观全局下才能展现隐藏的价值信息。因此，大数据时代处理数据量与输出价值之间的比率非常低。

随着传感器、物联网、"互联网+"、云计算、人工智能等技术的发展与应用，装备积累了海量的数据，装备运行进入了工业大数据时代。对于工业大数据而言，除了大数据的四种基本特征外，它还具有价值性、实时性、准确性、闭环性、多模态、强关联、高通量等特征。其中价值性表现为工业大数据更加强调用户价值驱动和数据本身的可用性；实时性强调工业大数据主要来源于生产制造和产品运维环节，生产线、设备、工业产品、仪器等均是高速运转，从数据采集频率、数据处理、数据分析、异常发现和应对等方面均具有很高的实时性要求；准确性则对数据的真实性、完整性和可靠性提出了要求，更加关注数据的质量以及分析处理方法的可靠性；闭环性要求装备全生命周期横向过程中数据链条的封闭和关联，以及智能制造纵向数据采集和处理过程中，需要支撑状态感知、分析、反馈、控制等闭环场景下的动态持续调整和优化；多模态指的是工业大数据要反映装备各方面的完整要素，这就要求数据中既有几何结构的信息，又要包含公差配合、材料属性等信息，同时还要涉及装备的机械、电气、液压、热力学、声学等多学科交叉耦合的信息；强关联要求数据包含装备各部件或子系统之间的关联关系，生产过程中工艺流程参数与产品质量、设备运行状态与周围工作环境之间的联系，产品在设计、使用、维修等全寿命周期上的数据关联；高通量反映的是装备中设计嵌入了大量的智能传感器用于实时感知、高频率采集装备信息，为实现运行状态的在线监测以及长时间持续监测要求形成的大通量数据。

1.2 大数据与先进计算、人工智能

简单来说，人工智能是总概念、是目标，机器学习、深度学习和智能优化等先进计算技术是实现人工智能的重要途径和方法，大数据是实现人工智能的重要数据基础。先进计算与人工智能的关系就像内部结构与发动机。人工智能离开了先进计算就像发动机没有好的结构，无法高效运转。先进计算离开了人工智能就像内部结构离开了应用对象，毫无用处。大数据与人工智能的关系就像燃料和发动机。人工智能离开了大数据就像发动机离开了燃料，不能运作；大数据离开了人工智能，就像燃料离开了发动机，无法体现其自身价值。先进计算与大数据的关系就是发动机结构与燃料的关系，相同燃料在不同发动机结构下产生不同效率的功效，结构越先进越能发挥燃料的价值。也就是说，先进计算可以充分挖掘海量数据的价值。

"深度学习""增强学习""迁移学习"等新兴技术的发展不断推动着人工智能的进步。综合而言，现代人工智能立足于机器学习，深度学习和智能优化等先进计算技术，同时依赖于海量训练数据，具有更为灵活、且可根据不同训练数据自我优化的能力。以计算视觉为例，面向高维复杂的视觉数据，传统的浅层算法识别准确率较高。深度学习技术出现后，海

量的训练数据加上能够提取深层特征的深度学习技术快速提升了计算视觉的识别精度,可从传统 70%+提升至 95%+。由此可见,人工智能的快速演进,不仅需要理论研究,还需要大量数据作为支撑。

此外,人工智能不断推进大数据应用的深化与落地。在行业中,许多大数据应用的深化与落地都归因于人工智能技术。随着人工智能的快速应用和普及,大数据不断积累,大数据应用的落地数量不断增加、应用效果不断优化。数据技术与人工智能技术的紧密结合,使得大数据应用具有理解、分析、发现数据和对数据做出决策的能力,从而能够从数据中获得更准确、更深入的知识,挖掘数据背后的价值,并产生新的知识,最终提升大数据应用的不断深化。

综上所述,人工智能、先进计算和大数据具有一定区别,但三者相辅相成、协同工作。人工智能需要数据和先进计算方法来建立其自我智能。例如,机器学习图像识别应用程序可以查看数以万计的飞机图像,加上快速的计算能力,从而了解飞机的内在结构与部件,以便将来能够智能地识别出它们。人工智能会结合行业背景产生许多人工智能应用,这些应用会不断产生和积累海量的数据,这些数据会刺激先进计算的硬件和软件方法的优化,进而反哺来提升人工智能的计算速度和计算效果,最终优化人工智能应用的智能化和智慧化。因此,大数据、先进计算和人工智能相辅相成。

1.3　大数据的典型应用场景

大数据无处不在,结合不同行业的应用场景可以创造巨大的价值。

在银行和金融领域中,大数据可以用于对个人或者公司的贷款、保险、发卡等业务的数据进行集成分析和市场评估,也可以对新产品风险、股票等投资组合进行趋势分析,以增加市场份额、提高整体收入、降低金融风险;还可以使用大数据技术基于柜台服务、客户经理服务、手机银行、电话银行网上银行、自助服务、POS 机、第三方支付、社交网络服务监管和信用评价部门等方面的数据,构建风险分析模型进行欺诈检测和金融风险管理。

在医疗领域中,大数据可以用于共享电子病历及医疗记录,帮助快速诊断、穿戴式设备、远程医疗,可以提高诊疗质量、加快诊疗速度。此外,大数据还可以用于基因组学测序分析、疫情趋势分析等。

在制造业领域,大数据用于产品需求分析、产品故障诊断与预测、失效综合分析、供应链分析和优化、智能设备全球定位、位置服务,以优化产品设计、制造,降低保修成本,实现精准营销。

在交通物流行业,大数据可以用来对交通流量、道路网的通行能力、交通需求等进行实时分析与预测,以提高交通运营效率和交通设施的使用效率;还可以通过车载监控系统采集的驾驶员疲劳监测视频、酒精检测数据、车辆运行轨迹等进行综合分析,有效地降低交通事故的概率。

在能源领域,在石油企业,勘探、钻井等传感器数据集中分析,以降低工程事故风险,优化勘探过程。在智能电网中,可以使用大数据技术从智能电表中分析区域用户用电模式和结构,并根据用电模式来调配区域电力供应,指定分时电价,鼓励用户提高用电效率。在输电和配电端的传感器网络能够采集输配电中的各种数据,基于既定模型进行稳态和暂态分析、动态负载平衡、故障响应，为输配电智能调度提供依据。

在互联网和电子商务行业，大数据用于互联网访问用户分析(包括真实姓名、性别、昵称、生日、生肖、血型、个性签名、受教育程度、所在地、工作单位、职位、手机号、家庭成员的信息、博客地址、Email、微信、朋友圈等)、用户行为分析(包括鼠标点击和移动行为分析、移动终端的触摸和点击行为分析、键盘及其他设备的输入行为分析、眼球以及眼动行为分析)、构建基于大数据相关性分析的推荐系统、实现广告的追踪与优化、实现内容针对性的投放、进行产品分析、进行病毒式营销传播分析、进行在线游戏手势跟踪、进行社交图谱关系分析，以及实现位置和近邻追踪等，以提升网络用户忠诚度、改善社交网络体验、向目标用户提供有针对性的商品和服务。

在政府公共事业领域，大数据用于智能城市信息网络集成、天气、地理、水电煤等公共数据收集、公共安全信息集中处理、智能分析，以更好地对外提供公共服务、舆情分析、准确判断安全威胁。比如通过分析网站中电子商务交易数据，预测宏观经济形势；对道路、桥梁、大气环境等城市基础设施和居住环境进行实时地检测和分析，实现预测性维护。

在媒体和娱乐领域，大数据用于收视率统计、热点信息统计、分析，以创造更多联合、交叉销售商机、准确评估广告效用。

在零售行业，大数据用于对货架商品关联性进行分析，以改善货架商品摆放、产品推荐、产品细分；对用户行为进行分析，实现对用户群体的精确分类，提高客户转化率、广告跟踪，最终提高市场营销水平。

1.4 大数据的发展趋势

随着科技的进步，大数据从科学前沿逐渐深入到各行业。纵观国内外，大数据已经形成产业规模，并上升到国家战略层面，大数据技术和应用呈现纵深发展趋势。面向大数据的云计算技术、大数据计算框架等不断推出，新型大数据挖掘方法和算法大量出现，大数据新模式、新业态层出不穷，传统产业开始利用大数据实现转型升级。在大数据发展的过程中，逐渐表现出以下几种趋势。

(1)数据的资源化。数据的资源化是指大数据成为企业和社会关注的重要战略资源，并已成为大家竞相抢夺的新焦点。因而，企业必须要提前制定大数据营销战略计划，抢占市场先机。

(2)与高性能计算的深度结合。大数据在带来丰富信息和宝贵资源的同时，也给处理数据、分析数据等工作带来了巨大的压力和严峻的挑战。如何高效开发和利用大数据，挖掘其背后隐藏的有价值的信息，利用大数据更好地把握和预测未来各领域发展趋势，更好地为人类服务，是大数据处理领域的核心问题之一。以云计算、异构并行计算等为代表的高性能计算技术必将发挥突出且有成效的作用，以高效地满足大数据获取、索引、存储、处理、分析、挖掘所需的硬性要求，也将一起助力大数据革命，让大数据营销发挥出更大的影响力。

(3)科学理论的突破。随着大数据的快速发展，就像计算机和互联网一样，大数据很有可能引起新一轮的技术革命。随之兴起的数据挖掘、机器学习和人工智能等相关技术，可能会改变数据世界里的很多算法和基础理论，实现科学技术上的突破。

(4)数据科学和数据联盟的成立。未来，数据科学将成为一门专门的学科，被越来越多的人所认知。各大高校将设立专门的数据科学类专业,也会催生一批与之相关的新的就业岗位。与此同时,基于海量数据将建立起跨领域的数据共享平台,数据共享也将扩展到企业层面,成为未来产业的核心一环。

(5)大数据安全保障技术。随着社会不同领域对大数据应用的重视,大数据安全保障问题凸显,关注度也日益提升。一方面,大数据应用技术的迅猛发展,为攻击者提供了更多的攻击途径,致使数据服务平台面临巨大安全威胁;另一方面,大数据应用在整个生命周期的各个阶段都面临着不同的安全风险威胁,必须改变固有的传统安全思维,建立全新的安全意识,从全局角度分析、认识和处理整个大数据生命周期内的各种安全保障技术。

(6)数据管理成为核心竞争力。数据管理将成为企业的核心竞争力,直接影响企业的财务表现。当"数据资产是企业核心资产"的概念深入人心之后,企业对于数据管理便有了更清晰的界定,将数据管理作为企业核心竞争力,持续发展,战略性规划与运用数据资产,成为企业数据管理的核心。据统计,数据资产管理效率与主营业务收入增长率、销售收入增长率显著正相关。对于具有互联网思维的企业而言,数据资产竞争力所占比重为36.8%,数据资产的管理效果将直接影响企业的财务表现。

(7)数据质量是商业智能成功的关键。采用自助式商业智能工具进行大数据处理的企业将会脱颖而出。但是面临一个挑战,很多数据源会带来大量低质量数据。想要成功,企业需要理解原始数据与数据分析之间的差距,从而消除低质量数据影响,通过商业智能获得更佳决策结果。

(8)数据生态系统复合化程度加强。大数据的世界不只是一个单一的、巨大的计算机网络,而是一个由大量活动构件与多元参与者元素所构成的生态系统。例如,终端设备提供商、基础设施提供商、网络服务提供商、网络接入服务提供商、数据服务使能者、数据服务提供商、触点服务、数据服务零售商等等一系列的参与者共同构建了一个大数据生态系统。随着人工智能新兴技术的不断发展,大数据生态系统复合化的程度将更强、更复杂。

(9)工业大数据技术研究。随着智能制造和工业互联网时代的到来,为现代工业带来了更多的机遇与挑战,促使传统制造业不断向着智能化的方向发展,并逐步加深工业自动化进程。工业大数据分析作为智能制造和工业互联网平台的核心环节,越来越受到学术界和工业界的普遍重视。通过挖掘、利用隐含在工业大数据中规律、价值、知识等,能够辅助企业优化资源配置效率,降低生产运营成本,提升社会、经济效益,增强企业竞争力。因此,如何高效挖掘工业大数据中蕴含的高价值信息,以及如何利用它们解决实际工业过程的问题,也是未来的大数据的发展趋势。

总体来说,大数据产业发展将迎来快速增长期,创新成为大数据发展主要基调,大数据与各大产业融合将提速增质,为做大做强数字经济、带动传统产业转型升级提供新动力。

第 2 章　机器学习

随着信息技术的迅猛发展，许多行业如商业、企业、科研机构和政府部门等都积累了海量的、不同形式存储的数据资料。这些海量数据中往往隐含着各种各样有用的信息。数据挖掘是指从大量数据中揭示出隐含的、先前未知的并有潜在价值的信息的非平凡过程。数据挖掘的过程中通常需要应用机器学习算法来建立模型。目前，机器学习不仅是解决人工智能问题的主要技术，更是很多大数据先进计算方法的技术基础。大数据的核心是利用数据的价值，而机器学习是利用数据价值的关键技术。对于大数据而言，机器学习是不可或缺的。同时，缩短复杂机器学习算法的计算时间也迫切需要分布式计算与内存计算等关键技术。因此，大数据与机器学习两者是互相促进、相依相存的关系。虽然大量机器学习（包括深度学习）开源框架和成型工具对用户操作体验日益友好，无须具备太多数学基础和编程能力就能通过调用接口完成很多任务。但是深刻理解算法背后的机理，可对具体问题选择合适模型、训练算法和超参数，这种能力也至关重要。对此，本章重点介绍 logistic 回归、决策树、支持向量机、贝叶斯分类器、k 近邻算法、随机森林和 boosting 算法等常用的机器学习方法。

2.1　数据挖掘与机器学习概述

随着信息技术的高速发展，金融、交通、教育等各个领域都积累了大量的数据，且数据量呈急剧增长的态势。面对不断增长的各种数据，能否从中提取人们所需要的知识已成为当务之急。为顺应这种需要，数据挖掘、机器学习以及知识发现技术的研究和应用越来越受到人们的关注。数据挖掘（data mining，DM）一般是指从大量的、不完全的、有噪声的、模糊的、随机的实际应用数据中，提取隐含在其中的有用信息和知识的过程。目前数据挖掘已广泛应用于各个行业，如金融、保险、医疗、电子商务和电信等。机器学习（machine learning，ML）是研究计算机怎样模拟或实现人类学习行为，以获取新的知识或技能，重新组织已有的知识结构使之不断改善自身的性能。机器学习是数据挖掘的关键步骤之一。知识发现（knowledge discovery in database，KDD）是指从数据中识别出有效的、新颖的、潜在有用的、最终可理解的模式的非平凡过程。在 KDD 中通常将数据挖掘看作知识发现过程中的一个步骤。然而，数据挖掘和知识发现通常被相提并论，并在许多场合被认为是可以相互替代的术语。在产业界、媒体和研究界，数据挖掘一般用来表示整个知识发现过程。因此，广义数据挖掘定义为利用计算机技术，运用统计理论、在线分析与处理方法、机器学习思想、专家系统以及模式识别等方法，实现信息提取的目标。

2.2　logistic 回归

logistic 回归即对数概率回归。它的名字虽然叫"回归"，但却是一种用于二分类问题的分类算法。它用 sigmoid 函数估计出样本属于某一类的概率。sigmoid 函数的定义为：

$$h(z) = \frac{1}{1 + \exp(-z)} \tag{2.1}$$

以上函数的定义域为整个实数域，值域为 $(0, 1)$，并且是一个单调递增函数。根据对分布函数的要求，这个函数可用作随机变量 x 的分布函数，即

$$p(x \le z) = h(z) \tag{2.2}$$

由于在实际应用中特征向量一般是多维的，而 sigmoid 函数是一元函数，难以直接用于分类。对此，先用一个线性函数将输入向量 x 映射成一个实数 z 即可。得到预测函数：

$$h(x) = \frac{1}{1 + \exp(-w^{\mathrm{T}}x)} \tag{2.3}$$

其中，w 为线性映射权向量，由训练算法确定。在预测时，用权向量与测试样本的特征向量计算加权和，即

$$z = w_0 + w_1 \cdot x_1 + \cdots + w_n \cdot x_n$$

再用 logistic 函数进行变换，得到最终的输出。如果按照如下定义扩充特征向量：

$$x \leftarrow [1, x]$$

以及权向量：

$$w \leftarrow [w_0, w_1, \cdots, w_n]$$

则可写成向量内积形式 $w^{\mathrm{T}}x$，其中 w_0 为偏置权重。

2.2.1　logistic 回归分类

假设二分类问题的类别标签为"+1"和"-1"，一个样本为每一类的概率可以统一写为：

$$p(y = \pm 1 \mid x, w) = \frac{1}{1 + \exp(-y(w^{\mathrm{T}}x + b))} \tag{2.4}$$

即，样本是正样本的概率为：

$$p(y = +1 \mid x, w) = \frac{1}{1 + \exp(-(w^{\mathrm{T}}x + b))} \tag{2.5}$$

样本是负样本的概率为：

$$p(y = -1 \mid x, w) = \frac{1}{1 + \exp(w^{\mathrm{T}}x + b)} \tag{2.6}$$

给定一组训练样本的特征 x_i 以及它们的类别标签 y_i，logistic 回归的对数似然函数为：

$$-\sum_{i=1}^{l} \ln(1 + \exp(-y_i(w^{\mathrm{T}}x_i + b))) \tag{2.7}$$

求该函数的极大值等价于求解如下极小值问题：

$$\min_{w, b} \sum_{i=1}^{l} \ln(1 + \exp(-y_i(w^{\mathrm{T}}x_i + b))) \tag{2.8}$$

推导过程简介如下。

根据前面给出的概率计算公式(2.4)~式(2.8)，给定一组样本，可以得到似然函数为：

$$L(\boldsymbol{w}, b) = \prod_{i=1}^{l} \frac{1}{1 + \exp(-y_i(\boldsymbol{w}^\mathrm{T}\boldsymbol{x}_i + b))}$$

则，对数似然函数为：

$$\ln \prod_{i=1}^{l} \frac{1}{1 + \exp(-y_i(\boldsymbol{w}^\mathrm{T}\boldsymbol{x}_i + b))} = -\sum_{i=1}^{l} \ln(1 + \exp(-y_i(\boldsymbol{w}^\mathrm{T}\boldsymbol{x}_i + b)))$$

求该函数的极大值等价于求其负函数的极小值，由此得到目标函数为：

$$f(\boldsymbol{w}, b) = \sum_{i=1}^{l} \ln(1 + \exp(-y_i(\boldsymbol{w}^\mathrm{T}\boldsymbol{x}_i + b))) \tag{2.9}$$

为简单表述，对特征向量和权重向量进行扩充，定义如下扩充后的 $\boldsymbol{x}$ 和 $\boldsymbol{w}$ 为：

$$\boldsymbol{x}^\mathrm{T} \leftarrow [\boldsymbol{x}^\mathrm{T}, 1]$$
$$\boldsymbol{w}^\mathrm{T} \leftarrow [\boldsymbol{w}^\mathrm{T}, b]$$

则目标函数式(2.9)可以简化为：

$$\sum_{i=1}^{l} \ln(1 + \mathrm{e}^{-y_i\boldsymbol{w}^\mathrm{T}\boldsymbol{x}_i}) \tag{2.10}$$

由于式(2.10)是凸函数，因此训练时求解的是一个凸优化问题。

2.2.2 L2 正则化原问题

为防止过拟合，为式(2.10)加上 L2 正则化项，得到 L2 正则化 logistic 回归的目标函数为：

$$\min_{w} f(\boldsymbol{w}) = \frac{1}{2}\boldsymbol{w}^\mathrm{T}\boldsymbol{w} + C\sum_{i=1}^{l} \ln(1 + \mathrm{e}^{-y_i\boldsymbol{w}^\mathrm{T}\boldsymbol{x}_i}) \tag{2.11}$$

其中，损失函数前半部分是正则化项，C 为一个人工设定的大于 0 的惩罚因子，用于平衡训练样本。从另一个角度看，这个惩罚因子为训练样本加上了权重。下面证明如下函数是凸函数。

$$\ln(1 + \mathrm{e}^{-y_i\boldsymbol{w}^\mathrm{T}\boldsymbol{x}_i}) \tag{2.12}$$

式(2.12)的梯度为：

$$\nabla \ln(1 + \mathrm{e}^{-y_i\boldsymbol{w}^\mathrm{T}\boldsymbol{x}_i}) = \frac{1}{1 + \mathrm{e}^{-y_i\boldsymbol{w}^\mathrm{T}\boldsymbol{x}_i}}\mathrm{e}^{-y_i\boldsymbol{w}^\mathrm{T}\boldsymbol{x}_i}(-y_i)\boldsymbol{x}_i = -y_i\left(1 - \frac{1}{1 + \mathrm{e}^{-y_i\boldsymbol{w}^\mathrm{T}\boldsymbol{x}_i}}\right)\boldsymbol{x}_i$$

对应的 Hessian 矩阵为：

$$\nabla^2 \ln(1 + \mathrm{e}^{-y_i\boldsymbol{w}^\mathrm{T}\boldsymbol{x}_i}) = \frac{y_i^2 \mathrm{e}^{-y_i\boldsymbol{w}^\mathrm{T}\boldsymbol{x}_i}}{(1 + \mathrm{e}^{-y_i\boldsymbol{w}^\mathrm{T}\boldsymbol{x}_i})^2}\boldsymbol{X}$$

假设单个样本的特征向量为 $\boldsymbol{x}_i = [x_{i1}, x_{i2}, \cdots, x_{in}]^\mathrm{T}$，则矩阵 $\boldsymbol{X}$ 定义为：

$$\boldsymbol{X} = \begin{bmatrix} x_{i1}^2 & \cdots & x_{i1}x_{in} \\ \vdots & \vdots & \vdots \\ x_{in}x_{i1} & \cdots & x_{in}^2 \end{bmatrix}$$

即，矩阵 X 可以写成如下乘积形式：

$$X = xx^T$$

对任意不为 0 的向量 x 有

$$x^T X x = x^T(xx^T)x = x^T xx^T x = (x^T x)(x^T x) \geq 0$$

可得矩阵 X 是半正定。又由于

$$\frac{y_i^2 e^{-y_i w^T x_i}}{(1 + e^{-y_i w^T x_i})^2} > 0$$

可得上述的 Hessian 矩阵是半正定矩阵。因此，式(2.12)是凸函数。凸函数的非负线性组合还是凸函数。因此，函数 $C \sum_{i=1}^{l} \ln(1 + e^{-y_i w^T x_i})$ 是凸函数。正则化项部分是凸函数，由此得到整个目标函数是凸函数。常用的优化方法如梯度下降法、共轭梯度法、拟牛顿法都可以求解此问题。

问题规模很大时，常规算法面临效率问题。如果训练样本数和特征向量维数都非常大，寻找一个高效的求解算法非常重要。对此，研究者提出了用可信域牛顿法(trust region Newton methods)求解此问题，这是截断牛顿法的一种。前面已经推导过目标函数的梯度和 Hessian 矩阵，为了表述简洁，写成向量和矩阵的形式。目标函数的梯度为：

$$\nabla f(w) = w + C \sum_{i=1}^{l} (\sigma(y_i w^T x_i) - 1) y_i x_i$$

式中，σ 为 sigmoid 函数。

Hessian 矩阵为：

$$\nabla^2 f(w) = I + C X^T D X$$

式中，I 为 n 阶单位矩阵。

$$\sigma(y_i w^T x_i) = (1 + e^{-y_i w^T x_i})^{-1}$$

矩阵 X 为所有训练样本的特征向量组成的 $l \times n$ 矩阵，每一行为一个样本。

$$X = \begin{bmatrix} x_1^T \\ x_2^T \\ \vdots \\ x_l^T \end{bmatrix}$$

D 为对角矩阵，主对角线元素为：

$$D_{ii} = \sigma(y_i w^T x_i)(1 - \sigma(y_i w^T x_i))$$

这是一个 $l \times n$ 矩阵。前面已经证明不带正则化项的 Hessian 矩阵半正定，矩阵 I 严格正定。因此，目标函数的 Hessian 矩阵严格正定，故目标函数的 Hessian 矩阵可逆。更新牛顿法中权重向量的值为：

$$w^{k+1} = w^k + s^k$$

其中，k 为迭代的次数；s^k 为牛顿方向，它是如下线性方程组的解：

$$\nabla^2 f(w^k) s^k = -\nabla f(w^k)$$

标准牛顿法的更新方法可能会存在两个问题：

(1)序列 w^k 可能不会收敛到一个最优解，它甚至不能保证函数值会按该序列递减。

（2）矩阵 $X^T D X$ 一般是一个密集矩阵，此时 Hessian 矩阵规模太大不便于存储，也不便于求解上述线性方程组。

对于第一个问题，可以通过调整牛顿方向的步长来实现。目前常用的方法有两种：直线搜索和可信区域法，此处采用可信区域法。对于第二个问题，有两类方法求解线性方程组：直接法（如高斯消元法）和迭代法（如共轭梯度法）。迭代法的主要步骤是计算 Hessian 矩阵和向量 s 的乘积，即

$$\nabla^2 f(w)s = (I + CX^T D X)s = s + C \cdot X^T(D(Xs))$$

由于矩阵 X 是稀疏的，无须存储 Hessian 矩阵即可计算上述的矩阵和向量乘法。对于大规模 logistic 回归问题，迭代法比直接法更好。在所有迭代法中，共轭梯度法是目前在牛顿法求解中最常见的。

整个优化算法有两层循环迭代，外层循环是带直线搜索的牛顿法。在每个外层迭代中，内层循环的共轭梯度法用于计算牛顿方向。在外层迭代的早期阶段，用近似的牛顿方向进行代替，这种方法称为截断牛顿法。可信域牛顿法是截断牛顿法的一个变种，用于求解带界限约束的最优化问题。在可信域牛顿法的每一步迭代中，有一个迭代序列 w^k，一个可信域的大小 Δ_k，以及一个二次目标函数：

$$q_k(s) = (\nabla f(w^k))^T s + \frac{1}{2} s^T \nabla^2 f(w^k) s \tag{2.13}$$

通过泰勒展开，忽略二次以上的项就得到式（2.13），它为对函数下降值 $f(w^k+s) - f(w^k)$ 的近似。算法寻找一个 s^k，在满足约束条件 $\|s\| < \Delta_k$ 下近似最小化 $q_k(s)$。检查如下比值以更新 w^k 和 Δ_k：

$$\rho_k = \frac{f(w^k + s^k) - f(w^k)}{q_k(s^k)}$$

这是函数值的实际减少量和二次近似模型预测方向导致的函数减少量的比值。迭代方向可以接受的条件是 ρ_k 足够大，由此得到参数的更新规则为：

$$w^{k+1} = \begin{cases} w^k + s^k, & \rho_k > \eta_0 \\ w^k, & \rho_k \leq \eta_0 \end{cases}$$

式中，η_0 为一个人工设定的值。Δ_k 的更新规则取决于人工设定的正常数 η_1 和 η_2（$\eta_1 < \eta_2 < 1$），Δ_k 的更新率取决于人工设定的正常数 σ_1、σ_2、σ_3（$\sigma_1 < \sigma_2 < 1 < \sigma_3$）。可行域的边界 Δ_k 的更新规则为：

$$\Delta_{k+1} \in [\sigma_1 \min\{\|s^k\|, \Delta_k\}, \sigma_2 \Delta_k], \text{如果} \rho_k \leq \eta_1$$

$$\Delta_{k+1} \in [\sigma_1 \Delta_k, \sigma_3 \Delta_k], \text{如果} \rho_k \in (\eta_1, \eta_2)$$

$$\Delta_{k+1} \in [\Delta_k, \sigma_3 \Delta_k], \text{如果} \rho_k \geq \eta_2$$

共轭梯度法用于寻找牛顿方向，最主要的一步是计算 Hessian 矩阵和向量的乘法 $\nabla^2 f(w^k)d^i$。由于 $r^i = -\nabla f(w^k) - \nabla^2 f(w^k)\bar{s}^i$，循环停止条件为：

$$\| -\nabla f(w^k) - \nabla^2 f(w^k)\bar{s}^i \| \leq \xi_k \|\nabla f(w^k)\|$$

其中，$\bar{s}^i$ 是线性方程组的近似解，一般设置初值为 0。因此有：

$$\|\bar{s}^i\| < \|\bar{s}^{i+1}\|, \forall i$$

求解 L2 正则化 logistic 回归问题的可信域牛顿法完整流程如下。

> **L2 正则化 logistic 回归问题的可信域牛顿法**
>
> 　设置初始值 w^0
> 　循环, $k=0$, 1, $\cdots$
> 　　如果 $\nabla f(w^k)=0$, 则已经达到极值点, 停止循环
> 　　用共轭梯度法为可信域子问题寻找一个近似解 s^k:
> $$\min_s q_k(s), \ \|s\| \leq \Delta_k$$
> 　计算 ρ_k
> 　用牛顿方向更新参数 $w^{k+1} \leftarrow w^k$
> 　更新可信域的范围 Δ_{k+1}
> 　结束循环

寻找牛顿方向的共轭梯度法流程如下。

> **寻找牛顿方向的共轭梯度法**
>
> 　设置 $\xi_k<1$, $\Delta_k>0$, 设置 $\bar{s}^0=0$, $r^0=-\nabla f(w^k)$, $d^0=r^0$
> 　循环, $i=0$, 1, $\cdots$
> 　　如果 $\|r^i\| \leq \xi_k \|\nabla f(w^k)\|$, 输出 $s^k=\bar{s}^i$, 结束循环
> 　　计算 $\alpha_i = \|r^i\|^2/((d^i)^T \nabla^2 f(w^k)d^i)$
> 　　计算 $\bar{s}^{i+1} = \bar{s}^i + \alpha_i d^i$
> 　　如果 $\|\bar{s}^{i+1}\| \geq \Delta_k$, 计算 τ 使得 $\|\bar{s}^i+\tau d^i\| = \Delta_k$
> 　　输出 $s^k = \bar{s}^i + \tau d^i$, 停止
> 　　计算 $r^{i+1} = r^i - \alpha_i \nabla^2 f(w^k)d^i$
> 　　计算 $\beta_i = \|r^{i+1}\|^2 / \|r^i\|^2$
> 　　计算 $d^{i+1} = r^{i+1} + \beta_i d^i$
> 　结束循环

可信域牛顿法和 L–BFGS 相比有更快的收敛速度, 更适合大规模稀疏特征的 logistic 回归问题求解。

2.2.3　L2 正则化对偶问题

利用 Fenchel 对偶, 可以得到 L2 正则化 logistic 回归的对偶问题为:

$$\min_\alpha D_{LR}(\alpha) = \frac{1}{2}\alpha^T Q\alpha + \sum_{i:\alpha_i>0} \alpha_i \ln\alpha_i + \sum_{i:\alpha_i<C}(C-\alpha_i)\ln(C-\alpha_i) \tag{2.14}$$

$$0 \leq \alpha_i \leq C, \ i=1, 2, \cdots, l$$

其中, C 为原问题中的惩罚因子, 矩阵 Q 定义为:

$$Q_{ij} = y_i y_j x_i^T x_j$$

如果定义

$$0 \ln 0 = 0 \quad (当 \alpha_i = 0 时)$$

则式(2.14)可以简化为:

$$\min_{\alpha} D_{LR}(\boldsymbol{\alpha}) = \frac{1}{2}\boldsymbol{\alpha}^{\mathrm{T}}\boldsymbol{Q}\boldsymbol{\alpha} + \sum_{i=1}^{l}(\alpha_i\ln\alpha_i + (C - \alpha_i)\ln(C - \alpha_i)) \tag{2.15}$$

$$0 \leqslant \alpha_i \leqslant C, i = 1, 2, \cdots, l$$

目标函数式(2.15)中带有对数函数,可以采用坐标下降法求解。与共轭梯度法和拟牛顿法等其他最优化方法相比,坐标下降法有更快的迭代速度,更适合大规模问题的求解。下面介绍带约束条件的坐标下降法的求解思路。考虑如下带线性约束的最优化问题:

$$\begin{cases} \min f(\boldsymbol{\alpha}) \\ \boldsymbol{A}\boldsymbol{\alpha} = \boldsymbol{b} \\ 0 \leqslant \boldsymbol{\alpha} \leqslant C\boldsymbol{e} \end{cases}$$

式中,向量 $\boldsymbol{\alpha}$ 为 n 维向量;线性约束的系数矩阵 $\boldsymbol{A}$ 为 $m \times n$ 矩阵;线性约束的常数向量 $\boldsymbol{b}$ 为 m 维向量;向量 $\boldsymbol{e}$ 是一个分量全为 1 的 n 维向量;C 是一个大于 0 的常数。坐标下降法的思路是每次迭代时更新 $\boldsymbol{\alpha}$ 部分变量的值,这比同时优化所有变量要简化很多。极端情况下,如果每次只优化一个变量,则上面的对偶问题中每次需要优化的子问题为单变量的极值问题,即

$$\min_{z} g(z) = (c_1 + z)\ln(c_1 + z) + (c_2 - z)\ln(c_2 - z) + \frac{a}{2}z^2 + bz \tag{2.16}$$

$$-c_1 \leqslant z \leqslant c_2$$

其中,

$$c_1 = \alpha_i, c_2 = C - \alpha_i, a = \boldsymbol{Q}_{ii}, b = (\boldsymbol{Q}\boldsymbol{\alpha})_i$$

由于含有对数函数,式(2.16)是一个超越函数,无法给出解析解。如果采用牛顿法求解上面的问题,且不考虑不等式约束条件 $-c_1 \leqslant z \leqslant c_2$,迭代公式为:

$$\begin{cases} z^{k+1} = z^k + d \\ d = -\dfrac{g'(z^k)}{g''(z^k)} \end{cases}$$

式中,k 为迭代次数;$\forall z \in (-c_1, c_2)$。子问题目标函数的一阶导数和二阶导数分别为:

$$\begin{cases} g'(z) = az + b + \ln\dfrac{c_1 + z}{c_2 - z}, \\ g''(z) = a + \dfrac{c_1 + c_2}{(c_1 + z)(c_2 - z)} \end{cases}$$

为了保证牛顿法收敛,还须加上直线搜索,检查函数值是否充分下降。

2.2.4 L1 正则化原问题

L1 正则化 logistic 回归求解如下不带约束的最优化问题:

$$\min_{w} \|\boldsymbol{w}\|_1 + C\sum_{i=1}^{l}\ln(1 + e^{-y_i\boldsymbol{w}^{\mathrm{T}}\boldsymbol{x}_i}) \tag{2.17}$$

其中,目标函数前半部分为 L1 正则化项,即绝对值之和。C 为惩罚因子,是一个大于 0 的人工设定参数。因为绝对值函数不可导,目标函数式(2.17)在 0 点是不可导的。由于多个绝对值函数的和是凸函数,正则化项是凸函数(前面已经证明上面目标函数的后半部分是凸函数),因此,整个函数是凸函数。该问题是不带约束条件的凸优化问题,可以采用坐标下降法

求解。

由于

$$\sum_{i=1}^{l} \ln(1 + e^{-y_i \boldsymbol{w}^T \boldsymbol{x}_i}) = \sum_{i=1, y_i=1}^{l} \ln(1 + e^{-\boldsymbol{w}^T \boldsymbol{x}_i}) + \sum_{i=1, y_i=-1}^{l} \ln(1 + e^{\boldsymbol{w}^T \boldsymbol{x}_i})$$

$$= \sum_{i=1}^{l} \ln(1 + e^{-\boldsymbol{w}^T \boldsymbol{x}_i}) + \sum_{i=1, y_i=-1}^{l} (\ln(1 + e^{\boldsymbol{w}^T \boldsymbol{x}_i}) - \ln(1 + e^{-\boldsymbol{w}^T \boldsymbol{x}_i}))$$

$$= \sum_{i=1}^{l} \ln(1 + e^{-\boldsymbol{w}^T \boldsymbol{x}_i}) + \sum_{i=1, y_i=-1}^{l} (\boldsymbol{w}^T \boldsymbol{x}_i)$$

因此，目标函数为：

$$f(\boldsymbol{w}) = \|\boldsymbol{w}\|_1 + C\left(\sum_{i=1}^{l} \ln(1 + e^{-\boldsymbol{w}^T \boldsymbol{x}_i}) + \sum_{i:y_i=-1} \boldsymbol{w}^T \boldsymbol{x}_i\right) \tag{2.18}$$

坐标下降法每次选择向量 $\boldsymbol{w}$ 的一个分量进行优化。假设选中的分量下标为 j，由式 (2.18) 得最小化单个变量的目标函数为：

$$f(\boldsymbol{w} + z\boldsymbol{e}_j) - f(\boldsymbol{w}) = |w_j + z| - |w_j| + C\left(\sum_{i=1}^{l} \ln(1 + e^{-(\boldsymbol{w}+z\boldsymbol{e}_j)^T \boldsymbol{x}_i}) + \sum_{i:y_i=-1} (\boldsymbol{w}+z\boldsymbol{e}_j)^T \boldsymbol{x}_i\right) -$$

$$C\left(\sum_{i=1}^{l} \ln(1 + e^{-\boldsymbol{w}^T \boldsymbol{x}_i}) + \sum_{i:y_i=-1} \boldsymbol{w}^T \boldsymbol{x}_i\right)$$

$$= |w_j + z| + L_j(z, \boldsymbol{w}) + c$$

$$\approx |w_j + z| + L_j'(0, \boldsymbol{w})z + \frac{1}{2}L_j''(0, \boldsymbol{w})z^2 + c$$

向量 $\boldsymbol{e}_j$ 的第 j 个分量为1，其他分量为0；c 是一个常数。上式的最后一步用函数在0点处的二阶泰勒展开近似代替函数 $L_j(z, \boldsymbol{w})$。函数 $L_j(z, \boldsymbol{w})$ 和它的一阶导数、二阶导数分别为：

$$\begin{cases} L_j(z, \boldsymbol{w}) = C\left(\sum_{i=1}^{l} \ln(1 + e^{-(\boldsymbol{w}+z\boldsymbol{e}_j)^T \boldsymbol{x}_i}) + \sum_{i:y_i=-1} (\boldsymbol{w}+z\boldsymbol{e}_j)^T \boldsymbol{x}_i\right) \\ L_j'(0, \boldsymbol{w}) = C\left(\sum_{i=1}^{l} \frac{-x_{ij}}{e^{\boldsymbol{w}^T \boldsymbol{x}_i} + 1} + \sum_{i:y_i=-1} x_{ij}\right) \\ L_j''(0, \boldsymbol{w}) = C\left(\sum_{i=1}^{l} \left(\frac{x_{ij}}{e^{\boldsymbol{w}^T \boldsymbol{x}_i} + 1}\right) e^{\boldsymbol{w}^T \boldsymbol{x}_i}\right) \end{cases}$$

通过将目标函数近似成二次函数，根据导数为0的极值条件，目标函数的最优搜索方向为：

$$d = \begin{cases} -\dfrac{L_j'(0, \boldsymbol{w}) + 1}{L_j''(0, \boldsymbol{w})}, & L_j'(0, \boldsymbol{w}) + 1 \leq L_j''(0, \boldsymbol{w})w_j \\ -\dfrac{L_j'(0, \boldsymbol{w}) - 1}{L_j''(0, \boldsymbol{w})}, & L_j'(0, \boldsymbol{w}) - 1 \leq L_j''(0, \boldsymbol{w})w_j \\ -w_j, & 其他 \end{cases}$$

用直线搜索法确定最优步长，过程省略。

2.3　决策树

决策树是一种基于规则的方法，通过一组嵌套的规则进行预测。在树的每一个决策节点处，根据判断结果进入一个分支，反复执行这种操作直至叶子结点，得到预测结果。这些规则是通过训练得到的，不是人工制定的。

2.3.1　树形决策过程

首先看一个简单的例子。银行要确定是否给客户发放贷款，为此需要考察客户的年收入与房产情况。在做决策之前，会先获取客户的这两个数据。如果把这个决策看作分类问题，两个指标就是特征向量的分量，类别标签是可以贷款和不能贷款。银行按照下面的过程进行决策。

（1）判断客户的年收入指标，如果大于 20 万元，可以贷款；否则继续判断。

（2）判断客户是否有房产，如果有房产，可以贷款；否则不能贷款。

用图形表示这个过程就是一棵决策树，如图 2.1 所示。决策过程从树的根节点开始，在内部节点处做判断，反复执行，直至叶子节点处，得到决策结果。决策树由一系列分层嵌套的判定规则组成，是一个递归的结构。其中，收入为数值型特征，可以比较大小，这种特征为整数或实数。房产情况为类别型特征，取值为有房产或没有房产两种情况，这种特征不能比较大小。图 2.1 中决策树所有的内部节点为矩形，叶子节点（即决策结果）为椭圆形。

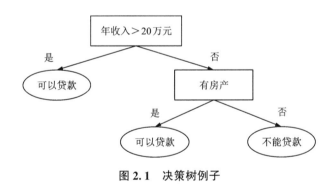

图 2.1　决策树例子

为便于用程序实现，一般将决策树设计成二叉树。与树的叶子节点、非叶子节点相对应，决策树的节点分为两种类型。

（1）决策节点。在这些节点处，用一个特征和设定的阈值进行判断，以决定进入哪个分支，如决策节点一定有两个子节点，它是非叶子节点。

（2）叶子节点。表示最终的决策结果，它们没有子节点。在图 2.1 的例子中，叶子节点的值有两种，即可以贷款和不能贷款。对于分类问题，叶子节点中存储的是类别标签。

决策树是一个分层结构，可以为每个节点赋予一个层次数。根节点的层次数为 0，子节点的层次数为父节点的层次数加 1。树的深度定义为所有节点的最大层次数。图 2.1 中的决策树的深度为 2，要得到一个决策结果最多经过两次判定。

典型的决策树有 ID3、C4.5、分类与回归树(classification and regression tree，CART)等，它们的区别在于树的结构与构造算法。决策树是一种判别模型，天然支持多类分类问题。分类与回归树既支持分类问题，也可用于回归问题，本书以分类与回归树为例介绍决策树。

2.3.2 分类与回归树

分类树的映射函数是多维空间的分段线性划分，即用平行于各坐标轴的超平面对空间进行切分；回归树的映射函数是分段常数函数。决策树是分段线性函数而不是线性函数，它具有非线性建模的能力。只要划分得足够细，分段常数函数可以逼近闭区间上任意函数到任意指定精度。因此，决策树在理论上可以对任意复杂度的数据进行拟合。对于分类问题，如果决策树深度够大，它可以将训练样本集的所有样本正确分类。如果特征向量维数过高，可能会面临维数灾难导致准确率下降。分类与回归树是二叉决策树，预测时从根节点开始，每次只对一个特征进行判定，然后进入左子节点或者右子节点，直至一个叶子节点处，得到类别值或回归函数值。预测算法的时间复杂度与树的深度有关，判定的执行次数不超过决策树的深度。

2.3.3 训练算法

现在要解决的关键问题是如何用训练样本建立决策树。无论是分类问题还是回归问题，决策树都要尽可能地对训练样本进行正确预测。直观的想法是从根节点开始构造，递归地用训练样本集建立决策树。这棵树能够将训练集正确分类，或者对训练集的回归误差最小化。为此要解决以下问题。

(1)特征向量有多个分量，每个决策节点上应该选择哪个分量做判定？这个判定会将训练样本集一分为二，然后用这两个子集构造左右子树。

(2)选定一个特征后，判定的规则是什么？即，满足什么条件时进入左子树分支，满足什么条件时进入右子树分支。对数值型变量要寻找一个分裂阈值进行判断，小于该阈值进入左子树，否则进入右子树。对于类别型变量则须为它确定一个子集划分，将特征的取值集合划分成两个不相交的子集，如果特征的值属于第一个子集则进入左子树，否则进入右子树。

(3)何时停止分裂并把节点设置为叶子节点？对于分类问题，当节点的样本都属于同一类型时停止，但这样可能会导致树的节点过多、深度过大，产生过拟合问题。另一种方法是当节点中的样本数小于一个阈值时停止分裂。

(4)如何为每个叶子节点赋予类别标签或者回归值？也就是说，到达叶子节点时样本被分为哪一类或者赋予哪一个实数值。

特征有数值型变量和类别型变量两种情况，决策树有分类树和回归树两种类型，组合起来一共有 4 种情况。限于篇幅，本书只对数值型变量进行介绍。

1. 递归分裂过程

训练算法是一个递归的过程。首先创建根节点，然后递归地建立左子树和右子树。如果训练样本集为 D，训练算法的整体流程如下。

(1)用样本集 D 建立根节点，找到一个判定规则，将样本集分裂成 D_1 和 D_2 两部分，同时为根节点设置判定规则。

(2)用样本集 D_1 递归建立左子树。

（3）用样本集 D_2 递归建立右子树。

（4）如果不能再进行分裂，则把节点标记为叶子节点，同时为它赋值。

确定了递归流程后，接下来解决怎样对训练样本集进行分裂的核心问题。

2. 寻找最佳分裂

训练时需要找到一个分裂规则把训练样本集分裂成两个子集，因此，要确定分裂的评价标准，并据此寻找最佳分裂。对于分类问题，要保证分裂之后左子树和右子树的样本尽可能纯，即它们的样本尽可能属于不相交的某一类或者几类。为此需要定义不纯度的指标：当样本都属于某一类时，不纯度为 0；当样本均匀地属于所有类时，不纯度最大。满足这个条件的有熵不纯度、Gini 不纯度及误分类不纯度等。不纯度指标用样本集中每类样本出现的概率值构造。因此，首先要计算每个类出现的概率。通过训练样本集中每类样本数除以样本总数得到：

$$p_i = \frac{N_i}{N} \tag{2.19}$$

其中，N_i 是第 i 类样本数；N 为总样本数。根据这个概率可以定义各种不纯度指标，分别介绍如下。

（1）样本集 D 的熵不纯度定义为：

$$E(D) = - \sum_i p_i \lg_2 p_i \tag{2.20}$$

熵是信息论中的一个重要概念，用来度量一组数据包含的信息量大小。当样本只属于某一类时熵最小，当样本均匀地分布于所有类时熵最大。此处，需找到一个让熵最小的最佳分裂。

（2）样本集 D 的 Gini 不纯度定义为：

$$G(D) = 1 - \sum_i p_i^2 \tag{2.21}$$

当样本全属于某一类时 Gini 不纯度的值最小，此时最小值为 0；当样本均匀地分布于每一类时 Gini 不纯度的值最大。这源自如下数学结论。

在下面的约束条件下：

$$\begin{cases} \sum_i p_i = 1 \\ p_i \geq 0 \end{cases}$$

对于如下目标函数：

$$\sum_i p_i^2$$

通过拉格朗日乘数法可以证明，所有变量相等时它有最小值；只有一个变量为 1 其他变量为 0 时该函数有极大值。这对应于 Gini 不纯度的极小值，即所有样本都来自同一类时 Gini 不纯度值最小，样本均匀地属于每一类时 Gini 不纯度的值最大。将类概率的计算公式代入 Gini 不纯度的定义式（2.21），可以得到简化的计算公式（2.22）。即

$$G(D) = 1 - \sum_i p_i^2 = 1 - \sum_i \left(\frac{N_i}{N}\right)^2 = 1 - \frac{\sum_i N_i^2}{N^2} \tag{2.22}$$

(4)样本集的误分类不纯度定义为：

$$E(D) = 1 - \max(p_i) \tag{2.23}$$

之所以这样定义，是因为判定器会把样本判定为频率最高的那一类，其他样本都会被错分，故错误分类率为上面的值。与 $E(D)$、$G(D)$ 两个指标一样，当样本只属于某一类时误分类不纯度有最小值 0，样本均匀地属于每一类时该值最大。

由于需要评价的是分裂的好坏，可基于样本集的不纯度构造出分裂的不纯度。分裂规则将节点的训练样本集分裂成左、右两个子集，分裂的目标是把数据分成两部分之后的这两个子集都尽可能纯。因此，计算左子集和右子集的不纯度之和作为分裂的不纯度时，其求和需要加上权重，以反映左右两边的训练样本数。由此得到分裂的不纯度计算公式为：

$$G = \frac{N_L}{N}G(D_L) + \frac{N_R}{N}G(D_R) \tag{2.24}$$

式中，$G(D_L)$ 是左子集的不纯度，$G(D_R)$ 是右子集的不纯度，N 是总样本数，N_L 是左子集的样本数，N_R 是右子集的样本数。

以 Gini 不纯度指标为例，将 Gini 不纯度的计算公式代入式(2.24)可以得到：

$$
\begin{aligned}
G &= \frac{N_L}{N}\left(1 - \frac{\sum_i N_{L,i}^2}{N_L^2}\right) + \frac{N_R}{N}\left(1 - \frac{\sum_i N_{R,i}^2}{N_R^2}\right) \\
&= \frac{1}{N}\left(N_L - \frac{\sum_i N_{L,i}^2}{N_L} + N_R - \frac{\sum_i N_{R,i}^2}{N_R}\right) \\
&= 1 - \frac{1}{N}\left(\frac{\sum_i N_{L,i}^2}{N_L} + \frac{\sum_i N_{R,i}^2}{N_R}\right)
\end{aligned}
$$

式中，$N_{L,i}$ 是左子节点中第 i 类样本数，$N_{R,i}$ 是右子节点中第 i 类样本数。由于 N 是常数，要让 Gini 不纯度最小化等价于让下面的值最大化：

$$G = \frac{\sum_i N_{L,i}^2}{N_L} + \frac{\sum_i N_{R,i}^2}{N_R}$$

G 可以看作 Gini 纯度，它的值越大，样本越纯。寻找最佳分裂时需要计算每个阈值对样本集进行分裂后的这个值，寻找该值最大时对应的分裂，即为最佳分裂。如果是数值型特征，对于每个特征将 l 个训练样本按照该特征的值从小到大排序，假设排序后的值为：

$$x_1, x_2, \cdots, x_l$$

则从 x_1 开始，依次用每个 x_i 作为阈值，将样本分成左右两部分；计算上面的纯度值，该值最大的分裂阈值即此特征的最佳分裂阈值。在计算出每个特征的最佳分裂阈值和上面的纯度值后，比较所有分裂的纯度值大小，值最大的分裂为所有特征的最佳分裂。这里采用贪心法的策略，每次都是选择当前条件下最好的分裂作为当前节点的分裂。对单个变量寻找最佳分裂阈值的过程如图 2.2 所示。

对于回归树，衡量分裂的标准是回归误差(即样本方差)，每次分裂时选用使得方差最小化的分裂。假设节点的训练样本集 l 个样本 (x_i, y_i)，其中，x_i 为特征向量，y_i 为实数的标签值。节点的回归值为所有样本的均值，回归误差为所有样本的标签值与回归值的均方和误

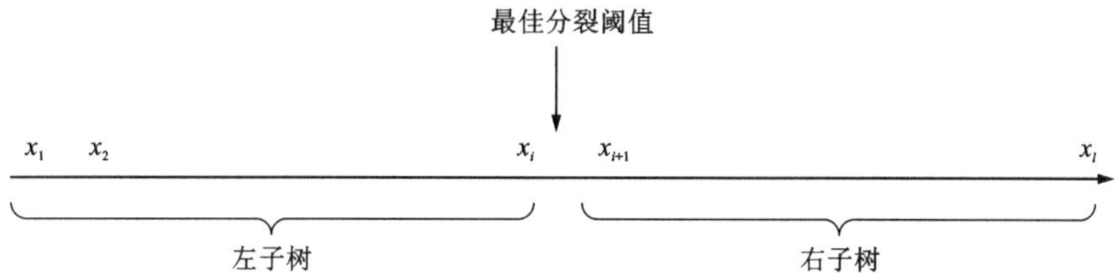

最佳分裂阈值

图 2.2　为数值型变量寻找分裂阈值

差，定义为：

$$E(D) = \frac{1}{l} \sum_{i=1}^{l} (y_i - \bar{y})^2 \qquad (2.25)$$

把均值的定义代入式(2.25)，得到：

$$
\begin{aligned}
E(D) &= \frac{1}{l} \sum_{i=1}^{l} \left(y_i - \frac{1}{l} \sum_{j=1}^{l} y_j \right)^2 \\
&= \frac{1}{l} \sum_{i=1}^{l} \left(y_i^2 - 2y_i \frac{1}{l} \sum_{j=1}^{l} y_j + \frac{1}{l^2} \left(\sum_{j=1}^{l} y_j \right)^2 \right) \\
&= \frac{1}{l} \left(\sum_{i=1}^{l} y_i^2 - \frac{2}{l} \left(\sum_{i=1}^{l} y_i \right)^2 + \frac{1}{l} \left(\sum_{j=1}^{l} y_j \right)^2 \right) \\
&= \frac{1}{l} \left(\sum_{i=1}^{l} y_i^2 - \frac{1}{l} \left(\sum_{j=1}^{l} y_j \right)^2 \right)
\end{aligned}
\qquad (2.26)
$$

根据样本集的回归误差，同样可以构造出分裂的回归误差。分裂的目标是最大限度地减小回归误差。因此，把分裂的误差指标定义为分裂之前的回归误差减去分裂之后左子树和右子树的回归误差，即

$$E = E(D) - \frac{N_{\mathrm{L}}}{N} E(D_{\mathrm{L}}) - \frac{N_{\mathrm{R}}}{N} E(D_{\mathrm{R}}) \qquad (2.27)$$

将误差的计算公式(2.26)代入式(2.27)，可以得到：

$$
\begin{aligned}
E &= \frac{1}{N} \left(\sum_{i=1}^{N} y_i^2 - \frac{1}{N} \left(\sum_{i=1}^{N} y_i \right)^2 \right) - \frac{N_{\mathrm{L}}}{N} \left(\frac{1}{N_{\mathrm{L}}} \left(\sum_{i=1}^{N_{\mathrm{L}}} y_i^2 - \frac{1}{N_{\mathrm{L}}} \left(\sum_{i=1}^{N_{\mathrm{L}}} y_i \right)^2 \right) \right) - \\
&\quad \frac{N_{\mathrm{R}}}{N} \left(\frac{1}{N_{\mathrm{R}}} \left(\sum_{i=1}^{N_{\mathrm{R}}} y_i^2 - \frac{1}{N_{\mathrm{R}}} \left(\sum_{i=1}^{N_{\mathrm{R}}} y_i \right)^2 \right) \right) \\
&= -\frac{1}{N^2} \left(\sum_{i=1}^{N} y_i \right)^2 + \frac{1}{N} \left(\frac{1}{N_{\mathrm{L}}} \left(\sum_{i=1}^{N_{\mathrm{L}}} y_i \right)^2 + \frac{1}{N_{\mathrm{R}}} \left(\sum_{i=1}^{N_{\mathrm{R}}} y_i \right)^2 \right)
\end{aligned}
\qquad (2.28)
$$

由于 N 和 $-\frac{1}{N^2} \left(\sum_{i=1}^{N} y_i \right)^2$ 是常数，让式(2.28)最大化等价于让式(2.29)最大化：

$$E = \frac{1}{N_{\mathrm{L}}} \left(\sum_{i=1}^{N_{\mathrm{L}}} y_i \right)^2 + \frac{1}{N_{\mathrm{R}}} \left(\sum_{i=1}^{N_{\mathrm{R}}} y_i \right)^2 \qquad (2.29)$$

寻找最佳分裂时要计算式(2.29)的 E 值，让 E 值最大化的分裂即最佳分裂。回归树对数值型特征寻找最佳分裂规则的方法与分类树类似，只是 E 值的计算公式不同，其他过程

相同。

3.叶子节点值的设定

如果不能继续分裂,则将该节点设置为叶子节点。对于分类树,将叶子节点的值设置成本节点训练样本集中出现概率最大的那个类;对于回归树,则设置为本节点训练样本标签值的均值。

4.属性缺失问题

在某些情况下样本特征向量中一些分量没有值,称为属性缺失。例如,晚上无法观察物体的颜色值,则颜色属性缺失。在决策树的训练过程中,如果寻找最佳分裂时某一个属性上的样本有属性缺失,则可以把这些缺失该属性的样本剔除,然后照常训练,这是最简单的做法。

此外,还可以使用替代分裂规则。对于每个决策树节点,除了计算出最佳分裂规则作为主分裂规则,还可生成一个或者多个替代分裂规则作为备选。在预测时如果主分裂规则对应的特征出现缺失,则使用替代分裂规则进行判定。注意,替代分裂对于分类问题和回归问题做相同处理。

现在的关键问题是怎样生成替代分裂规则。其目标是训练样本的分裂结果要和主分裂尽可能接近,即被主分裂分到左边的样本要尽量被替代分裂分到左边;被主分裂分到右边的样本要尽量被替代分裂分到右边。主分裂和替代分裂对所有训练样本的分裂结果有 4 种情况,分别为:

$$LL, LR, RL, RR$$

其中,LL 表示被主分裂、替代分裂都分到了左子树的样本数;LR 表示被主分裂分到了左子树,被替代分裂分到了右子树的样本数;RL 表示被主分裂分到了右子树,被替代分裂分到了左子树的样本数;RR 表示被主分裂、替代分裂都分到了右子树的样本数。

因此,LL+RR 是主分裂和替代分裂结果一致的样本数,LR+RL 是主分裂和替代分裂结果不一致的样本数。由于可以将左右子树反过来,因此,给定一个特征分量,所寻找替代分裂的分裂阈值应让 LL+RR 或者 LR+RL 最大化,最后取它们的最大值,即

$$max(LL + RR, LR + RL)$$

该值对应的分裂阈值为替代分裂的分裂阈值。对于除开最佳分裂所用特征之外的其他所有特征,都找出该特征的最佳分裂和 max(LL + RR, LR + RL)的值。最后取 max(LL + RR, LR + RL)值最大的特征和分裂阈值作为替代分裂规则。

对单个特征寻找替代分裂阈值的处理流程如下。

(1)对于每个特征,将 l 个训练样本按照该特征的值从小到大排序,假设排序后的值为:

$$x_1, x_2, \cdots, x_l$$

从 x_1 开始,依次用每个 x_i 作为阈值,将样本分成左右两部分,同时用主分裂对这些样本进行预测,得到 LL, LR, RL, RR 的值。

(2)将 LL+RR、LR+RL 分别与它们的最大值比较,如果大于最大值,则更新最大值。

(3)返回 max(LL+RR, LR+RL)对应的分裂阈值。

这一过程类似于寻找最佳分裂,但采用了不同的评价指标。得到每个特征分量的最佳分裂阈值以及 max(LL+RR, LR+RL)后,比较各个特征的 max(LL+RR, LR+RL)值,取该值最大的特征作为替代分裂特征,对应的阈值作为替代分裂阈值。

5. 剪枝算法

如果决策树的结构过于复杂,可能会导致过拟合问题。此时需要对树进行剪枝,消掉某些节点让它变得更简单。剪枝的关键问题是确定剪掉哪些树节点。决策树的剪枝算法可以分为两类,分别为预剪枝和后剪枝。前者在树的训练过程中通过停止分裂对树的规模进行限制;后者先构造出一棵完整的树,然后通过某种规则消除掉部分节点,用叶子节点替代。

预剪枝可以通过限定树的高度、节点的训练样本数、分裂所带来的纯度提升的最小值来实现。后剪枝的典型实现有降低错误剪枝(reduce-error pruning,REP)、悲观错误剪枝(pesimistic-error pruning,PEP)、代价-复杂度剪枝(cost-complexity pruning,CCP)等方案。分类与回归树采用的是代价-复杂度剪枝算法,简介如下。

代价是指剪枝后导致的错误率的变化值,复杂度是指决策树的规模。训练出一棵决策树之后,剪枝算法首先计算该决策树每个非叶子节点的 α 值,即它的代价与复杂度的比值。该值定义为:

$$\alpha = \frac{E(n) - E(n_t)}{|n_t| - 1} \qquad (2.30)$$

式中,$E(n)$ 为节点 n 的错误率;$E(n_t)$ 为以节点 n 为根的子树的错误率,是该子树所有叶子节点的错误率之和;$|n_t|$ 为子树的叶子节点数,即复杂度。α 值是用树的复杂度归一化之后的错误率增加值,即将整个子树剪掉之后用一个叶子节点替代,相对于原来的子树错误率的增加值。该值越小,剪枝之后树的预测效果与剪枝之前越接近。式(2.30)的定义依赖于节点的错误率指标,下面对分类问题和回归问题分别介绍相应的计算公式。

对于分类问题,错误率定义为:

$$E(n) = \frac{N - \max(N_i)}{N} \qquad (2.31)$$

式中,N 为节点的总样本数;N_i 为第 i 类样本数,这就是之前定义的误分类指标。

对于回归问题,错误率为节点样本集的均方误差为:

$$E(n) = \frac{1}{N}\left(\sum_i (y_i^2) - \frac{1}{N}\left(\sum_i y_i\right)^2\right) \qquad (2.32)$$

由于子树的错误率为树的所有叶子节点错误率之和,计算出所有非叶子节点的 α 值之后,剪掉该值最小的节点得到剪枝后的树。重复这种操作直至剩下根节点,由此得到一个决策树序列:

$$T_0, T_1, \cdots, T_i, T_{i+1}, \cdots, T_m$$

式中,T_0 是初始训练得到的决策树;T_{i+1} 是在 T_i 的基础上剪枝得到的,即剪掉 T_i 中 α 值最小的节点为根的子树并用一个叶子节点替代后得到的树。

整个剪枝算法分为两步完成。

第一步,先训练出 T_0,然后用上面的方法逐步剪掉树的所有非叶子节点,直至只剩下根节点得到剪枝后的树序列。这一步的误差计算采用的是训练样本集。

第二步,根据真实误差值从上面的树序列中挑选出一棵树作为剪枝后的结果。这可以通过交叉验证实现。

6. 训练算法的流程

下面给出决策树完整的训练算法。算法的输入为训练样本集,输出为训练得到的树。训练算法 Train Decision Tree 的流程如下。

```
TrainDecisionTree(D)                           //D 为本节点的训练样本集
If(样本集无法在分裂或达到最大树深度或 D 的样本数小于指定阈值)
    leafNode = CalcLeafValue(D);               //无法再分裂,设置为叶子节点,计算其值
    return leafNode;                           //返回创建的叶子节点
else
    (split, D1, D2) = FindBestSplit(D);        //寻找最佳分裂 split,将训练集 D 分为 D1 和 D2
    node = CreteTreeNode();                     //创建当前节点
    node->split = split;                        //设置节点的分裂规则
FinSurrogateSplit(D);                           //寻找替代分裂,加入节点的分裂规则列表
    Node->leftChild = TrainDecisionTree(D1);    //递归训练左子树
    Node->rightChild = TrainDecisionTree(D2);   //递归训练右子树
    return node;                                //返回训练的树节点
end if
```

如果需要做后剪枝处理,训练结束之后还要调用剪枝函数。

2.4   支持向量机

支持向量机由 Vapnik 等提出,在出现后的二十多年里它是最具影响力的机器学习算法之一。在深度学习技术出现之前,使用高斯核的支持向量机在很多分类问题上一度取得了最好的结果。支持向量机不仅可以用于分类问题,还可以用于回归问题。它具有泛化性能好、适合小样本和高维特征等优点,被广泛应用于各种实际问题。

2.4.1   线性分类器

线性函数计算简单,训练时易于求解,是机器学习领域被研究得最深入的模型之一。支持向量机是最大化分类间隔的线性分类器,如果使用核函数,可以解决非线性问题。

线性分类器是 n 维空间中的分类超平面,将空间切分成两部分。对于二维空间,线性分类器是一条直线;对于三维空间,线性分类器是一个平面;超平面是平面中的直线,空间中的平面是推广,一般表示为:

$$\boldsymbol{w}^{\mathrm{T}}\boldsymbol{x} + b = 0 \tag{2.33}$$

其中,$\boldsymbol{x}$ 为输入向量;$\boldsymbol{w}$ 为权重向量;b 为偏置项,$\boldsymbol{w}$ 与 b 两个参数通过训练得到。对于一个样本,如果满足:

$$\boldsymbol{w}^{\mathrm{T}}\boldsymbol{x} + b \geqslant 0$$

则被判定为正样本,否则被判定为负样本。图 2.3 是二维空间中一个线性分类器对空间进行分隔的示意图。在图 2.3 中,直线将二维平面分成了两部分,落在直线左边的点被判定成第一类,落在直线右边的点被判定成第二类。线性分类器的判别函数可以写成:

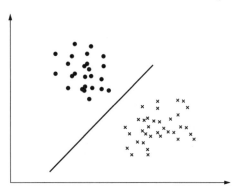

图 2.3   二维空间中的线性分类器

$$\mathrm{sgn}(\boldsymbol{w}^{\mathrm{T}}\boldsymbol{x} + b)$$

给定一个样本的向量，代入上面的函数，可以得到它的类别值±1。这种线性模型被称为感知器模型。

一般情况下，给定一组训练样本可以得到不止一个可行的线性分类器，如图 2.4 所示，两条直线都可以将两类样本分开。在多个可行的线性分类器中，什么样的分类器是好的？从直观上看，为了得到好的泛化性能，分类平面应该不偏向于任何一类，并且离两个类的样本都尽可能远。这种最大化分类间隔的目标就是支持向量机的基本思想。

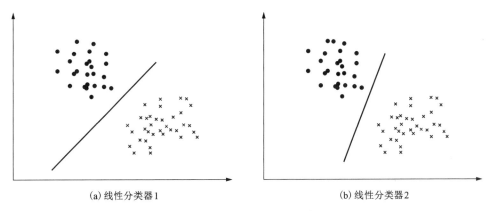

(a) 线性分类器1   (b) 线性分类器2

图 2.4 两个不同的线性分类器

2.4.2 线性可分的情况

首先来看样本线性可分时的情况，即可以通过一个超平面将两类样本分开。

1. 原问题

支持向量机的目标是寻找一个分类超平面，它不仅能正确地分类每一个样本，还能使得每一类样本中距离超平面最近的样本到超平面的距离尽可能远。假设训练样本集有 l 个样本，特征向量 $\boldsymbol{x}_i$ 是 n 维向量，类别标签 y_i，取值为+1 或者−1，分别对应正样本和负样本。支持向量机为这些样本寻找一个最优分类超平面，其方程为：

$$\boldsymbol{w}^{\mathrm{T}}\boldsymbol{x} + b = 0$$

首先要保证每个样本都被正确分类。对于正样本有：

$$\boldsymbol{w}^{\mathrm{T}}\boldsymbol{x} + b \geqslant 0$$

对于负样本有：

$$\boldsymbol{w}^{\mathrm{T}}\boldsymbol{x} + b < 0$$

由于正样本的类别标签为+1，负样本的类别标签为−1，其不等式约束统一写为：

$$y_i(\boldsymbol{w}^{\mathrm{T}}\boldsymbol{x}_i + b) \geqslant 0 \tag{2.34}$$

其次是超平面离两类样本的距离要尽可能大。根据点到平面的距离公式，每个样本离分类超平面的距离为：

$$d = \frac{|\boldsymbol{w}^{\mathrm{T}}\boldsymbol{x}_i + b|}{\|\boldsymbol{w}\|}$$

其中，$\|\boldsymbol{w}\|$ 是向量的 L2 范数。上述的超平面方程有冗余，将方程两边都乘以不等于 0 的常数，利用属于同一个超平面的特点可以简化求解的问题。对 $\boldsymbol{w}$ 和 b 加上约束：

$$\min_{\boldsymbol{x}_i} |\boldsymbol{w}^{\mathrm{T}} \boldsymbol{x}_i + b| = 1$$

可以消掉这个冗余，同时简化点到超平面距离的计算公式。这样对分类超平面的约束变成：

$$y_i(\boldsymbol{w}^{\mathrm{T}} \boldsymbol{x}_i + b) \geqslant 1 \tag{2.35}$$

式(2.35)是式(2.34)的加强版。分类超平面与两类样本之间的间隔为：

$$d(\boldsymbol{w},\ b) = \min_{\boldsymbol{x}_i,\ y_i = -1} d(\boldsymbol{w},\ b;\ \boldsymbol{x}_i) + \min_{\boldsymbol{x}_i,\ y_i = 1} d(\boldsymbol{w},\ b;\ \boldsymbol{x}_i)$$

$$= \min_{\boldsymbol{x}_i,\ y_i = -1} \frac{|\boldsymbol{w}^{\mathrm{T}} \boldsymbol{x}_i + b|}{\|\boldsymbol{w}\|} + \min_{\boldsymbol{x}_i,\ y_i = 1} \frac{|\boldsymbol{w}^{\mathrm{T}} \boldsymbol{x}_i + b|}{\|\boldsymbol{w}\|}$$

$$= \frac{1}{\|w\|} \left(\min_{\boldsymbol{x}_i,\ y_i = -1} |\boldsymbol{w}^{\mathrm{T}} \boldsymbol{x}_i + b| + \min_{\boldsymbol{x}_i,\ y_i = 1} |\boldsymbol{w}^{\mathrm{T}} \boldsymbol{x}_i + b| \right)$$

$$= \frac{2}{\|\boldsymbol{w}\|}$$

目标是使得这个间隔最大化，这等价于最小化目标函数(2.36)，即

$$\frac{1}{2} \|\boldsymbol{w}\|^2 \tag{2.36}$$

加上约束条件式(2.35)，求解的优化问题可以写成：

$$\min \frac{1}{2} \boldsymbol{w}^{\mathrm{T}} \boldsymbol{w}$$

$$y_i(\boldsymbol{w}^{\mathrm{T}} \boldsymbol{x}_i + b) \geqslant 1$$

由于目标函数的 Hessian 矩阵是 n 阶单位矩阵 $\boldsymbol{I}$，为严格的正定矩阵，故目标函数是严格凸函数。可行域是由线性不等式围成的区域，是一个凸集，故该优化问题为一个凸优化问题。假设数据是线性可分的，一定存在 $\boldsymbol{w}$ 和 b 使得不等式约束严格满足，根据 Slater 条件强对偶成立。事实上，如果 $\boldsymbol{w}$ 和 b 是一个可行解，即

$$\boldsymbol{w}^{\mathrm{T}} \boldsymbol{x}_i + b \geqslant 1$$

则 $2\boldsymbol{w}$ 和 $2b$ 也是可行解，且

$$2\boldsymbol{w}^{\mathrm{T}} \boldsymbol{x}_i + 2b \geqslant 2 > 1$$

可以将该问题转换为对偶问题求解。

目标函数有下界，显然有：

$$\frac{1}{2} \boldsymbol{w}^{\mathrm{T}} \boldsymbol{w} \geqslant 0$$

可行域不是空集，因此，函数的最小值一定存在。由于目标函数是严格凸函数，所以解唯一。图 2.5 是最大化分类间隔超平面示意图。

在图 2.5 中，"●"和"×"样本都有一些离分类直线最近的样本。把同一类型的最近样本连接起来，形成两条平行的直线，

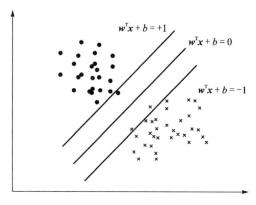

图 2.5　最大化分类间隔

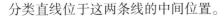

分类直线位于这两条线的中间位置。

2. 对偶问题

上述的优化问题带有大量不等式约束，不容易求解，可以用拉格朗日对偶将其转化成对偶问题。构造拉格朗日函数为：

$$L(\boldsymbol{w}, b, \boldsymbol{\alpha}) = \boldsymbol{w}^{\mathrm{T}}\boldsymbol{w} - \sum_{i=1}^{l} a_i(y_i(\boldsymbol{w}^{\mathrm{T}}x + 6) - 1) \tag{2.37}$$

式中，约束条件为 $a_i \geqslant 0$。由于原问题满足 Slater 条件，强对偶成立，原问题与对偶问题有相同的最优解，即

$$\min_{\boldsymbol{w}, b} \max_{\boldsymbol{\alpha}} L(\boldsymbol{w}, b, \boldsymbol{\alpha}) \Leftrightarrow \max_{\boldsymbol{\alpha}} \min_{\boldsymbol{w}, b} L(\boldsymbol{w}, b, \boldsymbol{\alpha})$$

为了求解对偶问题，先固定住拉格朗日乘子 $\boldsymbol{\alpha}$，调整 $\boldsymbol{w}$ 和 b，使得拉格朗日函数取极小值。将 $\boldsymbol{\alpha}$ 看作常数，对 $\boldsymbol{w}$ 和 b 求偏导数并令它们为 0，得到如下方程组：

$$\frac{\partial L}{\partial b} = 0$$

$$\nabla_{\boldsymbol{w}} L = \boldsymbol{0}$$

解得

$$\sum_{i=1}^{l} a_i y_i = 0$$

$$\boldsymbol{w} = \sum_{i=1}^{l} a_i y_i \boldsymbol{x}_i$$

将上面两个解代入拉格朗日函数式(2.37)中消掉 $\boldsymbol{w}$ 和 b，即

$$\begin{aligned}
\frac{1}{2}\boldsymbol{w}^{\mathrm{T}}\boldsymbol{w} - \sum_{i=1}^{l} \alpha_i(y_i(\boldsymbol{w}^{\mathrm{T}}\boldsymbol{x}_i + b) - 1) &= \frac{1}{2}\boldsymbol{w}^{\mathrm{T}}\boldsymbol{w} - \sum_{i=1}^{l}(\alpha_i y_i \boldsymbol{w}^{\mathrm{T}}\boldsymbol{x}_i + \alpha_i y_i b - \alpha_i) \\
&= \frac{1}{2}\boldsymbol{w}^{\mathrm{T}}\boldsymbol{w} - \sum_{i=1}^{l} \alpha_i y_i \boldsymbol{w}^{\mathrm{T}}\boldsymbol{x}_i - \sum_{i=1}^{l} \alpha_i y_i b + \sum_{i=1}^{l} \alpha_i \\
&= \frac{1}{2}\boldsymbol{w}^{\mathrm{T}}\boldsymbol{w} - \boldsymbol{w}^{\mathrm{T}}\sum_{i=1}^{l} \alpha_i y_i \boldsymbol{x}_i - b \sum_{i=1}^{l} \alpha_i y_i + \sum_{i=1}^{l} \alpha_i \\
&= \frac{1}{2}\boldsymbol{w}^{\mathrm{T}}\boldsymbol{w} - \boldsymbol{w}^{\mathrm{T}}\boldsymbol{w} + \sum_{i=1}^{l} \alpha_i \\
&= -\frac{1}{2}\boldsymbol{w}^{\mathrm{T}}\boldsymbol{w} + \sum_{i=1}^{l} \alpha_i \\
&= -\frac{1}{2}\Big(\sum_{i=1}^{l} \alpha_i y_i \boldsymbol{x}_i\Big)\Big(\sum_{j=1}^{l} \alpha_i y_i \boldsymbol{x}_i\Big) + \sum_{i=1}^{l} \alpha_i
\end{aligned}$$

调整乘子变量 $\boldsymbol{\alpha}$，使得目标函数取极大值，即

$$\max_{\boldsymbol{\alpha}} \ -\frac{1}{2}\sum_{i=1}^{l}\sum_{j=1}^{l} \alpha_i \alpha_j y_i y_j \boldsymbol{x}_i^{\mathrm{T}}\boldsymbol{x}_j + \sum_{i=1}^{l} \alpha_i \tag{2.38}$$

这等价于最小化下面的函数：

$$\min_{\boldsymbol{\alpha}} \ \frac{1}{2}\sum_{i=1}^{l}\sum_{j=1}^{l} \alpha_i \alpha_j y_i y_j \boldsymbol{x}_i^{\mathrm{T}}\boldsymbol{x}_j - \sum_{i=1}^{l} \alpha_i \tag{2.39}$$

约束条件为：

$$\alpha_i \geqslant 0, \ i = 1, 2, \cdots, l$$

$$\sum_{i=1}^{l} \alpha_i y_i = 0$$

式(2.35)与原问题相比有了很大的简化。求出 $\boldsymbol{\alpha}$ 后，以此计算 $\boldsymbol{w}$，即

$$\boldsymbol{w} = \sum_{i=1}^{l} \alpha_i y_i \boldsymbol{x}_i$$

将 $\boldsymbol{w}$ 的值代入超平面方程，可以得到分类判别函数为：

$$\mathrm{sgn}\Big(\sum_{i=1}^{l} \alpha_i y_i^{\mathrm{T}} \boldsymbol{x}_i \boldsymbol{x} + b \Big)$$

2.4.3　线性不可分的情况

由于在现实应用中样本一般都不是线性可分的，线性可分的支持向量机不具有太多的实用价值。接下来对它进行扩展，得到能够处理线性不可分问题的支持向量机。

1. 原问题

通过使用松弛变量和惩罚因子对违反不等式约束的样本进行惩罚，可以得到如下最优化问题：

$$\begin{cases} \min \dfrac{1}{2} \boldsymbol{w}^{\mathrm{T}} \boldsymbol{w} + C \sum_{i=1}^{l} \xi \\ y_i(\boldsymbol{w}^{\mathrm{T}} \boldsymbol{x}_i + b) \geqslant 1 - \xi_i \\ \xi_i \geqslant 0, \ i = 1, 2, \cdots, l \end{cases} \tag{2.40}$$

式中，ξ_i 为松弛变量，如果不为 0，表示样本违反了不等式约束条件；C 为惩罚因子，是人工设定的大于 0 的参数，用来调整惩罚项的重要性。

前面已经证明目标函数式(2.40)的前半部分是凸函数，后半部分是线性函数。显然式(2.40)也是凸函数，两个凸函数的非负线性组合还是凸函数。式(2.40)的不等式约束都是线性约束，构成的可行域是凸集。因此，该优化问题式(2.40)是凸优化问题。同时满足Slater 条件，即令 $\boldsymbol{w} = \boldsymbol{0}$，$b = 0$，$\xi_i = 2$，则有：

$$y_i(\boldsymbol{w}^{\mathrm{T}} \boldsymbol{x}_i + b) = 0 > 1 - \xi_i = 1 - 2 = -1$$

不等式条件严格满足，因此强对偶条件成立，原问题和对偶问题有相同的最优解。

2. 对偶问题

首先将原问题式(2.40)的等式和不等式约束方程写成标准形式，即

$$\begin{cases} y_i(\boldsymbol{w}^{\mathrm{T}} \boldsymbol{x}_i + b) \geqslant 1 - \xi_i \Rightarrow -(y_i(\boldsymbol{w}^{\mathrm{T}} \boldsymbol{x}_i + b) - 1 + \xi_i) \leqslant 0 \\ \xi_i \geqslant 0 \Rightarrow -\xi_i \leqslant 0 \end{cases} \tag{2.41}$$

然后构造拉格朗日函数，即

$$L(\boldsymbol{w}, b, \boldsymbol{\alpha}, \boldsymbol{\xi}, \boldsymbol{\beta}) = \frac{1}{2} \boldsymbol{w}^{\mathrm{T}} \boldsymbol{w} + C \sum_{i=1}^{l} \xi_i - \sum_{i=1}^{l} a_i(y_i(\boldsymbol{w}^{\mathrm{T}} \boldsymbol{x} + 6) - 1 + \xi_i) - \sum_{i=1}^{l} \beta_i \xi_i \tag{2.42}$$

式中，$\boldsymbol{\alpha}$ 和 $\boldsymbol{\beta}$ 为拉格朗日乘子。固定住乘子变量 $\boldsymbol{\alpha}$ 和 $\boldsymbol{\beta}$，对 $\boldsymbol{w}$、b、$\boldsymbol{\xi}$ 求偏导数并令它们为 0，得到如下方程组：

$$\begin{cases} \dfrac{\partial L}{\partial b} = 0 \\[2mm] \nabla_\xi L = \mathbf{0} \\[2mm] \nabla_w L = \mathbf{0} \end{cases} \tag{2.43}$$

解得

$$\begin{cases} \displaystyle\sum_{i=1}^{l} a_i y_i = 0 \\[3mm] a_i + \beta_i = C \\[2mm] \boldsymbol{w} = \displaystyle\sum_{i=1}^{l} a_i y_i \boldsymbol{x}_i \end{cases}$$

将上面的解代入拉格朗日函数式(2.42)中，得到关于 $\boldsymbol{\alpha}$ 和 $\boldsymbol{\beta}$ 的函数：

$$\begin{aligned} L(\boldsymbol{w}, b, \boldsymbol{\alpha}, \boldsymbol{\xi}, \boldsymbol{\beta}) &= \frac{1}{2}\boldsymbol{w}^{\mathrm{T}}\boldsymbol{w} + C\sum_{i=1}^{l}\xi_i - \sum_{i=1}^{l}\alpha_i(y_i(\boldsymbol{w}^{\mathrm{T}}\boldsymbol{x}_i + b) - 1 + \xi_i) - \sum_{i=1}^{l}\beta_i\xi_i \\ &= \frac{1}{2}\boldsymbol{w}^{\mathrm{T}}\boldsymbol{w} + C\sum_{i=1}^{l}\xi_i - \sum_{i=1}^{l}\beta_i\xi_i - \sum_{i=1}^{l}\alpha_i\xi_i - \sum_{i=1}^{l}\alpha_i(y_i(\boldsymbol{w}^{\mathrm{T}}\boldsymbol{x}_i + b) - 1) \\ &= \frac{1}{2}\boldsymbol{w}^{\mathrm{T}}\boldsymbol{w} + \sum_{i=1}^{l}(C - \alpha_i - \beta_i)\xi_i - \sum_{i=1}^{l}(\alpha_i y_i \boldsymbol{w}^{\mathrm{T}}\boldsymbol{x}_i + \alpha_i y_i b - \alpha_i) \\ &= \frac{1}{2}\boldsymbol{w}^{\mathrm{T}}\boldsymbol{w} + \sum_{i=1}^{l}\alpha_i y_i \boldsymbol{w}^{\mathrm{T}}\boldsymbol{x}_i - \sum_{i=1}^{l}\alpha_i y_i b + \sum_{i=1}^{l}\alpha_i \\ &= -\frac{1}{2}\boldsymbol{w}^{\mathrm{T}}\boldsymbol{w}\sum_{i=1}^{l}\alpha_i \\ &= -\frac{1}{2}\sum_{i=1}^{l}\sum_{j=1}^{l}\alpha_i\alpha_j y_i y_j \boldsymbol{x}_i^{\mathrm{T}}\boldsymbol{x}_j + \sum_{i=1}^{l}\alpha_i \end{aligned}$$

调整乘子变量，求解如下最大化问题：

$$\max_{\boldsymbol{\alpha}} -\frac{1}{2}\sum_{i=1}^{l}\sum_{j=1}^{l}\alpha_i\alpha_j y_i y_j \boldsymbol{x}_i^{\mathrm{T}}\boldsymbol{x}_j + \sum_{i=1}^{l}\alpha_i \tag{2.44}$$

由于 $\alpha_i + \beta_i = C$ 并且 $\beta_i \geq 0$，因此有 $\alpha_i \leq C$。这等价于如下最优化问题：

$$\begin{cases} \min\limits_{\boldsymbol{\alpha}} \dfrac{1}{2}\displaystyle\sum_{i=1}^{l}\sum_{j=1}^{l}\alpha_i\alpha_j y_i y_j \boldsymbol{x}_i^{\mathrm{T}}\boldsymbol{x}_j - \sum_{k=1}^{l}\alpha_k \\[3mm] 0 \leq \alpha_i \leq C \\[2mm] \displaystyle\sum_{j=1}^{l}\alpha_j y_j = 0 \end{cases} \tag{2.45}$$

与线性可分的对偶问题相比，唯一的区别是多了不等式约束 $a_i \leq C$，这是乘子变量的上界。将 $\boldsymbol{w}$ 的值代入超平面方程，得到分类决策函数为：

$$\mathrm{sgn}\left(\sum_{i=1}^{l}\alpha_i y_i \boldsymbol{x}_i^{\mathrm{T}}\boldsymbol{x} + b\right)$$

这和线性可分是一样的。为了简化表述，定义矩阵 $\boldsymbol{Q}$，其元素为：

$$Q_{iy} = y_i y_j \boldsymbol{x}_i^{\mathrm{T}}\boldsymbol{x}_j$$

对偶问题式(2.45)可以写成矩阵和向量形式：

$$\begin{cases} \min_{\boldsymbol{\alpha}} \dfrac{1}{2}\boldsymbol{\alpha}^{\mathrm{T}}\boldsymbol{Q}\boldsymbol{\alpha} - \boldsymbol{e}^{\mathrm{T}}\boldsymbol{\alpha} \\ 0 \leqslant a_i \leqslant C \\ \boldsymbol{y}^{\mathrm{T}}\boldsymbol{\alpha} = \boldsymbol{0} \end{cases} \tag{2.46}$$

式中，$\boldsymbol{e}$ 为全为 1 的向量；$\boldsymbol{y}$ 为样本的类别标签向量。可以证明 $\boldsymbol{Q}$ 是半正定矩阵，这个矩阵可以写成一个矩阵和其自身转置的乘积：

$$\boldsymbol{Q} = \boldsymbol{X}^{\mathrm{T}}\boldsymbol{X}$$

矩阵 $\boldsymbol{X}$ 为所有样本的特征向量分别乘以该样本的标签值组成的矩阵：

$$\boldsymbol{X} = [\, y_1\boldsymbol{x}_1, \, y_2\boldsymbol{x}_2, \, \cdots, \, y_l\boldsymbol{x}_l \,]$$

对于任意非 $\boldsymbol{0}$ 向量 $\boldsymbol{X}$ 有：

$$x^{\mathrm{T}}\boldsymbol{Q}x = x^{\mathrm{T}}(\boldsymbol{X}^{\mathrm{T}}\boldsymbol{X})x = (\boldsymbol{X}x)^{\mathrm{T}}(\boldsymbol{X}x) \geqslant 0$$

因此，矩阵 $\boldsymbol{Q}$ 半正定，它就是目标函数的 Hessian 矩阵，目标函数是凸函数，上面问题的等式和不等式约束条件都是线性的，可行域是凸集，故对偶问题也是凸优化问题。在最优点处必须满足 KKT 条件，将其应用于原问题，对于原问题中的两组不等式约束，必须满足：

$$\begin{cases} \alpha_i(y_i(\boldsymbol{w}^{\mathrm{T}}\boldsymbol{x}_i + b) - 1 + \xi_i) = 0, & i = 1, 2, \cdots, l \\ \beta_i\xi_i = 0, & i = 1, 2, \cdots, l \end{cases} \tag{2.47}$$

对于第一个方程，分三种情况。第一种情况：如果 $a_i > 0$，则必须有 $y_i(\boldsymbol{w}^{\mathrm{T}}\boldsymbol{x}_i + b) - 1 + \xi_i = 0$，即

$$y_i(\boldsymbol{w}^{\mathrm{T}}\boldsymbol{x}_i + b) = 1 - \xi_i$$

由于 $\xi_i \geqslant 0$，因此，必定有：

$$y_i(\boldsymbol{w}^{\mathrm{T}}\boldsymbol{x}_i + b) \leqslant 1$$

第二种情况：如果 $a_i = 0$，则对 $y_i(\boldsymbol{w}^{\mathrm{T}}\boldsymbol{x}_i + b) - 1 + \xi_i$ 的值没有约束。由于有 $\alpha_i + \beta_i = C$ 的约束，因此，$\beta_i = C$；又因为 $\beta_i\xi_i = 0$ 的限制，如果 $\beta_i > 0$，则必须有 $\xi_i = 0$。原问题中有约束条件 $y_i(\boldsymbol{w}^{\mathrm{T}}\boldsymbol{x}_i + b) \geqslant 1 - \xi_i$，而 $\xi_i = 0$，因此：

$$y_i(\boldsymbol{w}^{\mathrm{T}}\boldsymbol{x}_i + b) \geqslant 1$$

第三种情况：对于 $a_i > 0$，可以细分为 $a_i < C$ 和 $a_i = C$。如果 $a_i < C$，因 $\alpha_i + \beta_i = C$ 的约束，故 $\beta_i > 0$。因有 $\beta_i\xi_i = 0$ 的约束，故 $\xi_i = 0$，不等式约束 $y_i(\boldsymbol{w}^{\mathrm{T}}\boldsymbol{x}_i + b) \geqslant 1 - \xi_i$ 变为 $y_i(\boldsymbol{w}^{\mathrm{T}}\boldsymbol{x}_i + b) \geqslant 1$。$0 < \alpha_i < C$ 时，既要满足 $y_i(\boldsymbol{w}^{\mathrm{T}}\boldsymbol{x}_i + b) \leqslant 1$，又要满足 $y_i(\boldsymbol{w}^{\mathrm{T}}\boldsymbol{x}_i + b) \geqslant 1$，因此：

$$y_i(\boldsymbol{w}^{\mathrm{T}}\boldsymbol{x}_i + b) = 1$$

将三种情况合并起来，在最优点处，所有样本都必须满足式(2.48)。

$$\begin{cases} \alpha_i = 0 \Rightarrow y_i(\boldsymbol{w}^{\mathrm{T}}\boldsymbol{x}_i + b) \geqslant 1 \\ 0 < \alpha_i < C \Rightarrow y_i(\boldsymbol{w}^{\mathrm{T}}\boldsymbol{x}_i + b) = 1 \\ \alpha_i = C \Rightarrow y_i(\boldsymbol{w}^{\mathrm{T}}\boldsymbol{x}_i + b) \leqslant 1 \end{cases} \tag{2.48}$$

第一种情况对应的是自由变量(即非支持向量)；第二种情况对应的是支持向量，可以据此计算出 b 的值；第三种情况对应的是违反不等式约束的样本。在后面的求解算法中，会应用此条件来选择优化变量。

2.4.4 核映射与核函数

加入松弛变量和惩罚因子之后可以处理线性不可分问题，但支持向量机还是一个线性分类器，只是允许错分样本的存在。使用核映射可以使得支持向量机成为非线性分类器，决策边界不再是线性的超平面，而可以是形状非常复杂的曲面。

如果样本线性不可分，可以对特征向量进行映射将它转化到更高维的空间，使得在该空间中线性可分。这种方法在机器学习中被称为核技巧。核映射将特征向量变换到更高维的空间：

$$z = \varphi(x)$$

在上述对偶问题中计算的是两个样本向量之间的内积，核映射后的向量在对偶问题中变为：

$$z_i^{\mathrm{T}} z_j = \varphi(x_i)^{\mathrm{T}} \varphi(x_j)$$

直接计算这个映射效率太低，不容易构造映射函数。如果映射函数 φ 选取得当，存在函数 K，使得下面等式成立：

$$K(x_i, x_j) = \varphi(x_i)^{\mathrm{T}} \varphi(x_j)$$

那么，只需用函数 K 进行变换，等价于先对向量做核映射，然后再做内积。这能有效地简化计算。在这里展现出求解对偶问题的另外一个好处，对偶问题中出现的是样本特征向量之间的内积，而核函数刚好替代对特征向量的核映射的内积。满足上面条件的函数 K 称为核函数，常用的核函数与它们的计算公式如表 2.1 所示。

表 2.1　常用的核函数与它们的计算公式

核函数	计算公式
线性核	$K(x_i, x_j) = x_i^{\mathrm{T}} x_j$
多项式核	$K(x_i, x_j) = (\gamma x_i^{\mathrm{T}} x_j + b)^d$
径向基函数核/高斯核	$K(x_i, x_j) = \exp(-\gamma \| x_i - x_j \|^2)$
sigmoid 核	$K(x_i, x_j) = \tanh(\gamma x_i^{\mathrm{T}} x_j + b)$

核函数的精妙之处在于不用对特征向量做核映射再计算内积，而是直接对特征向量进行变换。这种变换等价于先对特征向量做核映射然后做内积。注意，并不是任何函数都可以用来作为核函数，必须满足 Mercer 条件。即，一个对称函数 $K(x, y)$ 是核函数的条件是对任意的有限个样本的样本集，核矩阵半正定。核矩阵的元素是由样本集中任意两个样本的内积构造的一个数，即

$$K_{ij} = K(x_i, x_j)$$

核是机器学习里常用的一种技巧，它还被用于支持向量机之外的其他机器学习算法中。其目的是将特征向量映射到另外一个空间，使得问题能被更有效地处理。为向量加上核映射后，要求解的对偶问题变为：

$$\begin{cases} \min_{\alpha} \dfrac{1}{2} \sum_{i=1}^{l} \sum_{j=1}^{l} \alpha_i \alpha_j y_i y_j \varphi(\boldsymbol{x}_i)^{\mathrm{T}} \varphi(\boldsymbol{x}_j) - \sum_{i=1}^{l} \alpha_i \\ 0 \leqslant \alpha_i \leqslant C \\ \sum_{j=1}^{l} \alpha_j y_j = 0 \end{cases} \tag{2.49}$$

根据核函数必须满足的等式条件，式(2.49)等价于式(2.50)，即

$$\begin{cases} \min_{\alpha} \dfrac{1}{2} \sum_{i=1}^{l} \sum_{j=1}^{l} \alpha_i \alpha_j y_i y_j K(\boldsymbol{x}_i, \boldsymbol{x}_j) - \sum_{i=1}^{l} \alpha_i \\ 0 \leqslant \alpha_i \leqslant C \\ \sum_{j=1}^{l} \alpha_j y_j = 0 \end{cases} \tag{2.50}$$

最后得到的分类判别函数为：

$$\mathrm{sgn}\left(\sum_{i=1}^{l} \alpha_i y_i K(\boldsymbol{x}_i, \boldsymbol{x}_j) + b \right)$$

与核映射相比，只是在求解的目标函数和最后的判定函数中对特征向量做了核函数变换。预测时的时间复杂度为 $O(n^2 l)$，当训练样本很多、支持向量的个数很大时，速度成了问题。

核函数在某种程度上解决了线性不可分问题，不用显式地计算核映射。但在实际应用中，如果训练样本的量很大，训练得到的模型中支持向量的数量会变多。在每次做预测时，需要计算待预测样本与每个支持向量的内积运算，再做核函数变换，非常耗时。在这种情况下，一般使用线性支持向量机。

2.4.5　SMO 算法

上一节给出了支持向量机的对偶问题，但并没有说明怎么求解此问题。由于矩阵 $\boldsymbol{Q}$ 的规模和样本数相等，当训练样本数很大时，求解二次规划问题的经典算法将会面临性能问题。对此，本节介绍高效的求解算法——顺序最小优化算法 SMO (sequential minimal optimization)。前面已经推导出加上松弛变量和核函数后的对偶问题，即

$$\begin{cases} \min \dfrac{1}{2} \boldsymbol{\alpha}^{\mathrm{T}} \boldsymbol{Q} \boldsymbol{\alpha} - \boldsymbol{e}^{\mathrm{T}} \boldsymbol{\alpha} \\ \boldsymbol{y}^{\mathrm{T}} \boldsymbol{\alpha} = \boldsymbol{0} \\ 0 \leqslant \alpha_i \leqslant C, \quad i = 1, 2, \cdots, l \end{cases} \tag{2.51}$$

目标函数(2.51)的 Hessian 矩阵就是核矩阵，而由核函数的性质可知核矩阵是半正定的，因此目标函数(2.51)是凸函数。等式约束和不等式约束条件都是线性的，构成的可行域是凸集。因此，式(2.51)最优化问题是凸问题。为了表述方便，定义核矩阵为：

$$K_{ij} = K(\boldsymbol{x}_i, \boldsymbol{x}_j)$$

与核矩阵 $\boldsymbol{Q}$ 的关系为：

$$\boldsymbol{Q}_{ij} = y_i y_j K_{ij}$$

定义变量：

$$u_i = \sum_{j=1}^{l} y_j \alpha_j K(\boldsymbol{x}_j, \boldsymbol{x}_i) + b$$

之前推导过，原问题的 KKT 条件为：

$$\begin{cases} \alpha_i = 0 \Leftrightarrow y_i u_i \geq 1 \\ 0 < \alpha_i < C \Leftrightarrow y_i u_i = 1 \\ \alpha_i = C \Leftrightarrow y_i u_i \leq 1 \end{cases}$$

由于目标函数是凸函数，如果有至少一个 $\boldsymbol{\alpha}$ 满足 KKT 约束条件，则为问题的全局最小值。

1. 求解子问题

SMO 算法是求解支持向量机对偶问题的高效算法。该算法的核心思想是每次在优化变量中挑出两个分量进行优化，让其他分量固定，以保证满足等式约束条件。这是一种分治法的思想。

下面先给出这两个变量的优化问题（称为子问题）的求解方法。假设选取的两个分量为 α_i 和 α_j，其他分量都固定（即当成常数）。由于 $y_i y_i = 1$，$y_j y_j = 1$，这两个变量的目标函数可以写成：

$$f(\alpha_i, \alpha_j) = \frac{1}{2} K_{ii} \alpha_i^2 + \frac{1}{2} K_{jj} \alpha_j^2 + s K_{ij} \alpha_i \alpha_j + y_i v_i \alpha_i + y_j v_j \alpha_j - \alpha_i - \alpha_j + c \quad (2.52)$$

式中，c 是一个常数。

$$s = y_i y_j$$

$$v_j = \sum_{k=1, k \neq i, k \neq j}^{l} y_k a_k^* K_{jk}$$

$$v_i = \sum_{k=1, k \neq i, k \neq j}^{l} y_k a_k^* K_{ik}$$

这里的 a^* 为 a 在上一轮迭代后的值。目标函数式（2.52）是一个二元二次函数，可以直接给出最小值的解析解。这个问题的约束条件为：

$$\begin{cases} 0 \leq \alpha_i \leq C \\ 0 \leq \alpha_j \leq C \\ y_i \alpha_i + y_j \alpha_j = -\sum_{k=1, k \neq i, k \neq j}^{l} y_k a_k = \xi \end{cases} \quad (2.53)$$

式（2.53）中前面两个不等式约束构成一个矩形，最后的等式约束是一条直线。由于 y_i 和 y_j 的取值只能为+1 或者−1，如果它们异号，等式约束为 $\alpha_i - \alpha_j = \xi$。它确定的可行域是一条斜率为 1 的直线段（因为 α_i 和 α_j 要满足约束条件 $0 \leq \alpha_i \leq C$ 和 $0 \leq \alpha_j \leq C$），如图 2.6 所示。

图 2.6 中的两条直线分别对应于 ξ 取正负值的情况。如果是上方的直线，则 α_j 的取值范围为 $[-\xi, C]$；如果是下方的直线，则为 $[0, C-\xi]$。对于这两种情况，α_j 的下界和上界可以统一写成如下形式：

$$\begin{cases} L = \max(0, a_j - a_i) \\ H = \min(C, C + a_j - a_i) \end{cases}$$

下边界是直线和 x 轴交点的 x 坐标以及 0 的较大值；上边界是直线和直线 $x=C$ 交点的 x

坐标和 C 的较小值。

对于第二种情况。如果 y_i 和 y_j 同号，等式约束为 $\alpha_i + \alpha_j = \xi$。此时的下界和上界为（见图2.7）：

$$\begin{cases} L = \max(0, \ a_j + a_i - C) \\ H = \min(C, \ a_j + a_i) \end{cases}$$

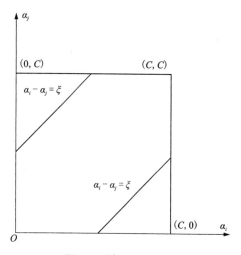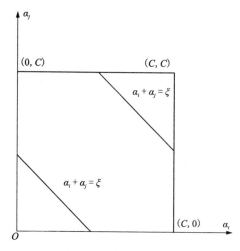

图 2.6　情况 1 可行域　　　　　图 2.7　情况 2 可行域

利用这两个变量的等式约束条件可以消掉 a_i，只剩下一个变量 a_j。目标函数简化为 a_j 的二次函数，可以直接求得这个二次函数的极值。假设不考虑约束条件得到的极值点为 $a_j^{\text{new, unclipped}}$，则最终的极值点为：

$$\alpha_j^{\text{new}} = \begin{cases} H, & \alpha_j^{\text{new, unclipped}} > H \\ \alpha_j^{\text{new, unclipped}}, & L \leqslant \alpha_j^{\text{new, unclipped}} \leqslant H \\ L, & \alpha_j^{\text{new, unclipped}} < L \end{cases}$$

这三种情况如图2.8所示。

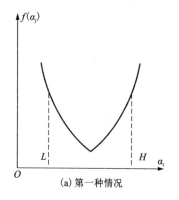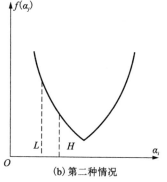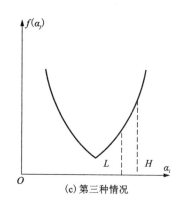

(a) 第一种情况　　　(b) 第二种情况　　　(c) 第三种情况

图 2.8　各种约束情况下的极小值

　　图 2.8(a)是抛物线的最小值点在$[L, H]$中；图 2.8(b)是抛物线的最小值点大于 H，被截断为 H；第三种情况是抛物线的最小值点小于 L，被截断为 L。

　　下面来计算不考虑截断时的函数极值。为了避免分-1 和$+1$ 两种情况，将约束式(2.53)两边同乘以 y_i，有：

$$a_i + y_i y_j a_j = y_i \xi$$

变形后得到：

$$a_i = y_i \xi - y_i y_j a_j$$

为了表述简洁，令 $w = y_i \xi$，将上面方程代入目标函数中消掉 a_i，有：

$$\frac{1}{2} K_{ii}(w - s\alpha_j)^2 + \frac{1}{2} K_{jj}\alpha_j^2 + s K_{ij}(w - s\alpha_j)\alpha_j + y_i v_i(w - s\alpha_j) + y_j v_j \alpha_j - (w - s\alpha_j) - \alpha_j + c$$

对 α_j 求导并令导数为 0，得：

$$K_{ii}(w - s\alpha_j)(-s) + K_{jj}\alpha_j + s K_{ij}(w - 2s\alpha_j) - s y_i v_i + y_j v_j + s - 1 = 0$$

而 $s y_i v_i = y_i y_j y_i v_i = y_j v_i$，化简得：

$$(K_{ii} + K_{jj} - 2K_{ij})\alpha_j - sw K_{ii} + sw K_{ij} - y_j v_i + y_j v_j + s - 1 = 0$$

即

$$(K_{ii} + K_{jj} - 2K_{ij})\alpha_j = sw(K_{ii} - K_{ij}) + y_j v_i - y_j v_j + 1 - s$$

将 w 和 s 代入，由于 $y_j y_j = 1$，化简得：

$$sw(K_{ii} - K_{ij}) + y_j v_i - y_j v_j + 1 - s$$
$$= y_i y_j y_i \xi(K_{ii} - K_{ij}) + y_j v_i - y_j v_j + y_j y_j - y_i y_i$$
$$= y_j(y_i a_i^* + y_j a_j^*)(K_{ii} - K_{ij}) + y_j(v_i - v_j + y_j - y_i)$$
$$= y_i y_j a_i^* K_{ii} + y_j y_j a_j^* K_{ii} - y_i y_j a_i^* K_{ij} - y_j y_j a_j^* K_{ij} + y_j(v_i - v_j + y_j - y_i)$$
$$= y_i y_j a_i^* K_{ii} + a_j^* K_{ii} - y_i y_j a_i^* K_{ij} - a_j^* K_{ij} +$$
$$\quad y_j((u_i - y_i a_i^* K_{ii} - y_j a_j^* K_{ij} - b) - (u_j - y_i \alpha_i^* K_{ij} - y_j \alpha_j^* K_{jj} - b) + y_j - y_i)$$
$$= \alpha_j^* K_{ii} - 2\alpha_j^* K_{ij} + \alpha_j^* K_{jj} + y_j(u_i - u_j + y_j - y_i)$$

上式中倒数第 2 步用了 u 和 v 的定义，即

$$(K_{ii} + K_{jj} - 2K_{ij})\alpha_j = \alpha_j^*(K_{ii} + K_{jj} - 2K_{ij}) + y_j(u_i - u_j + y_j - y_i)$$

如果令：

$$\eta = K_{ii} + K_{jj} - 2K_{ij}$$

上式两边同时除以 η，得：

$$\alpha_j^{\text{new}} = \alpha_j + \frac{y_j(E_i - E_j)}{\eta}$$

其中，$E_i = u_i - y_j$。考虑前面推导过程的约束：

$$\alpha_j^{\text{new, clipped}} = \begin{cases} H, & \alpha_j^{\text{new}} > H \\ \alpha_j^{\text{new}}, & L \leqslant \alpha_j^{\text{new}} \leqslant H \\ L, & \alpha_j^{\text{new}} < L \end{cases}$$

求得 α_j 后，根据等式约束条件可知：

$$\alpha_i^{\text{new}} = \alpha_i + s(\alpha_j - \alpha_j^{\text{new, clipped}})$$

目标函数的二阶导数为 η，前面假设二阶导数 $\eta>0$，可保证目标函数是凸函数，即开口向上的抛物线，有极小值。如果 $\eta<0$，或者 $\eta=0$ 该怎么处理？对于线性核或正定核函数，矩阵 K 的任意一个上述问题对应的二阶子矩阵半正定，必定有 $\eta\geq0$。这两个变量的目标函数的 Hessian 为：

$$\begin{bmatrix} Q_{ii} & Q_{ij} \\ Q_{ji} & Q_{jj} \end{bmatrix}$$

如果是线性核，这个矩阵也可以写成一个矩阵和它的转置的乘积形式：

$$\begin{bmatrix} y_i \boldsymbol{x}_i^{\mathrm{T}} \\ y_j \boldsymbol{x}_j^{\mathrm{T}} \end{bmatrix} \begin{bmatrix} y_i \boldsymbol{x}_i, & y_j \boldsymbol{x}_j \end{bmatrix} = \boldsymbol{A}^{\mathrm{T}} \boldsymbol{A}$$

矩阵 $\boldsymbol{A}$ 为训练样本特征向量乘以类别标签形成的矩阵。显然这个 Hessian 矩阵是半正定的，因此必定有 $\eta\geq0$。如果是非线性核，因为核函数相当于对两个核映射之后的向量做内积，因此上面的结论同样成立。

无论本次迭代时 α_i 和 α_j 的初始值是多少，通过上面的子问题求解算法得到的是在可行域里的最小值。因此，每次求解更新这两个变量的值之后，都能保证目标函数小于或者等于初始值，所以 SMO 算法能够保证收敛性。

2. 优化变量的选择

上一节介绍了两个变量问题的求解，接下来说明怎么选取这两个变量，这里使用了启发式规则。第一个变量的选择方法是在训练样本中选取违反 KKT 条件最严重的样本，判断依据为在最优点处训练样本是否满足 KKT 条件，即

$$\begin{cases} \alpha_i = 0 \Leftrightarrow y_i g(\boldsymbol{x}_i) \geq 1 \\ 0 < \alpha_i < C \Leftrightarrow y_i g(\boldsymbol{x}_i) = 1 \\ \alpha_i = C \Leftrightarrow y_i g(\boldsymbol{x}_i) \leq 1 \end{cases}$$

其中，$g(\boldsymbol{x}_i)$ 定义为：

$$g(\boldsymbol{x}_i) = \sum_{j=1}^{l} \alpha_j y_j K(\boldsymbol{x}_i, \boldsymbol{x}_j) + b$$

首先遍历所有满足约束条件 $0<\alpha_i<C$ 的样本点，检查它们是否满足 KKT 条件。如果都满足 KKT 条件，则遍历整个训练样本集，判断它们是否满足 KKT 条件，直到找到一个违反 KKT 条件的变量 α_i。其次寻找 α_j，选择的标准是使得 α_j 有足够大的变化。根据前面的推导，α_j^{new} 依赖于 $|E_i-E_j|$。因此，选择使得 $|E_i-E_j|$ 最大的 α_j。α_i 已经确定，因此 E_i 已知。如果 $E_i>0$，则选择最小的 E_j，否则选择最大的 E_j。

支持向量机优化问题和求解方法的整个推导思路总结如下，总共分为以下几个关键步骤。

$$\text{线性可分 SVM} \xrightarrow[\text{处罚因子}]{\text{松弛变量}} \text{线性不可分 SVM}$$

$$\text{原问题} \xrightarrow{\text{拉格朗日对偶}} \text{对偶问题}$$

$$\text{线性模型} \xrightarrow{\text{核函数}} \text{非线性模型}$$

$$\text{对偶问题} \xrightarrow[\text{子问题解析解}]{\substack{\text{SMO 算法} \\ \text{KKT 条件选择优化变量}}} \text{最优解}$$

首先用松弛变量将线性可分的支持向量机扩展到线性不可分的支持向量机,其次用拉格朗日对偶将原问题转换为对偶问题,然后通过加入核函数将模型转化为非线性模型,最后用 SMO 算法求解对偶问题。这里包含两个关键部分:工作集的选择依据 KKT 条件,子问题的求解直接采用解析解计算二次函数的极值。理解支持向量机的关键是理解拉格朗日对偶和 KKT 条件。

2.4.6 多分类问题

前面介绍的支持向量机只能解决二分类问题。对于多分类问题,可以用二分类器的组合来解决,有以下两种方案。

(1)一对剩余方案。对于有 k 个类的分类问题,训练 k 个二分类器。训练时第 i 个分类器的正样本是第 i 类样本,负样本是除第 i 类之外其他类型的样本。这个分类器的作用是判断样本是否属于第 i 类。在进行分类时,对于待预测样本,用每个分类器计算输出值,取输出值最大的样本作为预测结果。

(2)一对一方案。如果有 k 个类,训练 C_k^2 个二分类器,即这些类两两组合。训练时将第 i 类作为正样本,其他各个类依次作为负样本,总共有 $k(k-1)/2$ 种组合。每个分类器的作用是判断样本是属于第 i 类还是第 j 类。对样本进行分类时采用投票的方法,依次用每个二分类器进行预测,如果判定为第 m 类,则 m 类的投票数加 1,得票最多的那个类作为最终的判定结果。

下面用一个简单的例子来进行说明。现对 3 个类进行分类,如果采用一对剩余方案,则训练 3 个分类器:

$$\text{SVM}_1 : 1 \sim 2, 3$$
$$\text{SVM}_2 : 2 \sim 1, 3$$
$$\text{SVM}_3 : 3 \sim 1, 2$$

第 1 个分类器在训练时以第 1 类样本作为正样本,另外两类样本作为负样本;第 2 个分类器在训练时以第 2 类样本作为正样本,另外两类样本作为负样本;第 3 个分类器在训练时以第 3 类样本作为正样本,另外两类样本作为负样本。在预测时,输入样本特征向量,计算每个模型的预测函数值,将样本判别为预测值最大的那个分类器对应的类。

如果采用一对一方案,需要训练 3 个分类器:

$$\text{SVM}_1 : 1 \sim 2$$
$$\text{SVM}_2 : 1 \sim 3$$
$$\text{SVM}_3 : 2 \sim 3$$

在训练第 1 个分类器时,以第 1 类样本作为正样本,第 2 类样本作为负样本;其他的模型以此类推。在预测时,首先用 3 个模型对输入向量进行预测,然后统计投票。对于模型 svm_{i-j},如果预测值为 +1,则第 i 类的投票加 1,否则第 j 类的投票加 1。最后将样本判定为得票最多的那个类。

除了通过二分类器的组合来构造多类分类器之外,还可以通过直接优化多类分类的目标函数得到多分类。

2.5   贝叶斯分类器

贝叶斯分类器是一种概率模型，它用贝叶斯公式解决分类问题。如果样本的特征向量服从某种概率分布，则可以计算特征向量属于每个类的条件概率。条件概率最大的类为分类结果。如果假设特征向量各个分量之间相互独立，则为朴素贝叶斯分类器；如果假设特征向量服从多维正态分布，则为正态贝叶斯分类器。

2.5.1   贝叶斯决策

贝叶斯公式描述了两个相关的随机事件或随机变量之间的概率关系。贝叶斯分类器使用贝叶斯公式计算样本属于某一类的条件概率值，并将样本判定为概率值最大的类。

条件概率描述两个有因果关系的随机事件之间的概率关系，$p(b \mid a)$ 定义为在事件 a 发生的前提下事件 b 发生的概率。贝叶斯公式阐明了两个随机事件之间的概率关系为：

$$p(b \mid a) = \frac{p(a \mid b)p(b)}{p(a)} \tag{2.54}$$

这一结论可以推广到随机变量。分类问题中样本的特征向量取值 x 与样本所属类型 y 具有因果关系。因为样本属于类型 y，所以具有特征值 x。如区分男性和女性，选用的特征为脚的尺寸和身高。一般情况下男性的脚比女性的大，身高更高。分类器要做的则相反，是在已知样本的特征向量为 x 的条件下反推样本所属的类别。根据贝叶斯公式有：

$$p(y \mid x) = \frac{p(x \mid y)p(y)}{p(x)}$$

知道特征向量的概率分布 $p(x)$，每一类出现的概率 $p(y)$ 即先验概率，以及每一类样本的条件概率 $p(x|y)$，就可以计算出样本属于每一类的概率（后验概率）$p(y|x)$。分类问题只需要预测类别，比较样本属于每一类的概率的大小，找出该值最大的那一类即可。因此可以忽略 $p(x)$，因为它对所有类都是相同的。简化后分类器的判别函数为：

$$\arg \max_{y} p(x \mid y)p(y) \tag{2.55}$$

实现贝叶斯分类器需要知道每类样本的特征向量所服从的概率分布。现实中的很多随机变量都近似服从正态分布，因此，常用正态分布来表示特征向量的概率分布。贝叶斯分类器是一种生成模型。因为使用了条件概率 $p(x|y)$ 和概率 $p(y)$，两者的乘积为联合概率 $p(x, y)$，它对联合概率进行建模。

2.5.2   朴素贝叶斯分类器

朴素贝叶斯分类器假设特征向量的分量之间相互独立，这种假设简化了问题求解的难度。给定样本的特征向量 x，该样本属于某一类 c_i 的概率为：

$$p(y = c_i \mid x) = \frac{p(y = c_i)p(x \mid y = c_i)}{p(x)} \tag{2.56}$$

由于假设特征向量各个分量相互独立，因此：

$$p(y = c_i \mid \boldsymbol{x}) = \frac{p(y = c_i) \prod_{j=1}^{n} p(x_j \mid y = c_i)}{Z} \tag{2.57}$$

式中, x_i 为特征向量 $\boldsymbol{x}$ 的第 i 个分量; $Z = p(\boldsymbol{x})$ 对所有类都是相等的。式(2.57)的分子可以分解为类概率 $p(c_i)$ 和该类每个特征分量的条件概率 $p(x_j \mid y = c_i)$ 的乘积。概率 $p(c_i)$ 可以设置为每一类相等, 或者设置为训练样本中每类样本占的比重。例如, 训练样本中第一类样本占 30%, 第二类占 70%, 可以设置第一类的概率为 0.3, 第二类的概率为 0.7。剩下的问题是估计条件概率值 $p(x_j \mid y = c_i)$, 下面分离散型与连续型变量两种情况进行讨论。

1. 离散型特征

如果特征向量的分量是离散型随机变量, 可以直接根据训练样本计算出其服从的概率分布, 即条件概率。计算公式为:

$$p(x_i = v \mid y = c) = \frac{N_{x_i = v, \, y = c}}{N_{y = c}}$$

式中, $N_{y = c}$ 为第 c 类训练样本数; $N_{x_i = v, \, y = c}$ 为第 c 类训练样本中第 i 个特征取值为 v 的训练样本数, 即统计每一类训练样本的每个特征分量取各个值的频率, 作为条件概率的估计值。最后得到的分类判别函数为:

$$\arg \max_{y} p(y = c) \prod_{i=1}^{n} p(x_i = v \mid y = c) \tag{2.58}$$

式中, $p(y = c)$ 为第 c 类样本在整个训练样本集中出现的概率, 其计算公式为:

$$p(y = c) = \frac{N_{y = c}}{N}$$

其中, $N_{y = c}$ 为第 c 类训练样本的数量, N 为训练样本总数。

在条件概率的计算公式中, 如果 $N_{x_i = v, \, y = c}$ 为 0, 即特征分量的某个取值在某一类训练样本中一次都不出现, 则会导致预测样本的特征分量取到这个值时整个预测函数的值为 0。作为补救措施可以使用拉普拉斯平滑, 具体做法是同时给分子和分母加上一个正数。如果特征分量的取值有 k 种情况, 将分母加上 k, 每一类的分子加上 1。这样可以保证所有类的条件概率加起来还是 1, 即

$$p(x_i = v \mid y = c) = \frac{N_{x_i = v, \, y = c} + 1}{N_{y = c} + k}$$

对于每一个类, 计算出待预测样本的各个特征分量的条件概率, 与类概率一起连乘, 得到上面的预测值。该值最大的类为最后的分类结果。

2. 连续型特征

如果特征向量的分量是连续型随机变量, 可以假设它们服从一维正态分布, 称为正态朴素贝叶斯分类器。均值与方差的计算方法可以通过最大似然估计得到。这样得到概率密度函数为:

$$f(x_i = x \mid y = c) = \frac{1}{\sqrt{2\pi}\,\sigma} \exp\left(-\frac{(x - \mu)^2}{2\sigma^2}\right)$$

连续型随机变量不能计算它在某一点的概率, 因为它在任何一点处的概率为 0。直接用

概率密度函数的值替代概率值, 得到的分类器为:

$$\arg \max_c p(y = c) \prod_{i=1}^{n} f(x_i \mid y = c) \tag{2.59}$$

对于二分类问题可以做进一步简化。假设正负样本的类别标签分别为 +1 和 −1, 则特征向量属于正样本的概率为:

$$p(y = +1 \mid x) = p(y = +1) \frac{1}{Z} \prod_{i=1}^{n} \frac{1}{\sqrt{2\pi}\,\sigma_i} \exp\left(-\frac{(x_i - \mu_i)^2}{2\sigma_i^2}\right)$$

式中, Z 为归一化因子; μ_i 为第 i 个特征的均值; σ_i 为第 i 个特征的标准差。对上式两边取对数得:

$$\ln p(y = +1 \mid x) = \ln \frac{p(y = +1)}{Z} - \sum_{i=1}^{n} \ln\left(\frac{1}{\sqrt{2\pi}\,\sigma_i}\right) \frac{(x_i - \mu_i)^2}{2\sigma_i^2}$$

整理简化得:

$$\ln p(y = +1 \mid x) = \sum_{i=1}^{n} c_i (x_i - \mu_i)^2 + c$$

式中, c 和 c_i 都是常数, c_i 仅由 σ_i 决定。同样可以得到样本属于负样本的概率。在分类时只需要比较这两个概率对数值的大小, 如果:

$$\ln p(y = +1 \mid x) > \ln p(y = -1 \mid x)$$

变形后得:

$$\ln p(y = +1 \mid x) - \ln p(y = -1 \mid x) > 0$$

时将样本判定为正样本, 否则判定为负样本。

2.5.3 正态贝叶斯分类器

假设样本的特征向量服从多维正态分布, 此时的贝叶斯分类器称为正态贝叶斯分类器。

1. 训练算法

假设特征向量服从 n 维正态分布, 其中 $\boldsymbol{\mu}$ 为均值向量, $\boldsymbol{\Sigma}$ 为协方差矩阵。类条件概率密度函数为:

$$p(\boldsymbol{x} \mid c) = \frac{1}{(2\pi)^{\frac{n}{2}} |\boldsymbol{\Sigma}|^{\frac{1}{2}}} \exp\left(-\frac{1}{2}(\boldsymbol{x} - \boldsymbol{\mu})^{\mathrm{T}} \boldsymbol{\Sigma}^{-1} (\boldsymbol{x} - \boldsymbol{\mu})\right) \tag{2.60}$$

式中, $|\boldsymbol{\Sigma}|$ 为协方差矩阵的行列式; $\boldsymbol{\Sigma}^{-1}$ 为协方差矩阵的逆矩阵。图 2.9 是二维正态分布的概率密度函数。

在接近均值处, 概率密度函数的值大; 在远离均值处, 概率密度函数的值小。正态贝叶斯分类器训练时根据训练样本估计每一类条件概率密度函数的均值与协方差矩阵。另外还需要计算协方差矩阵的行列式和逆矩阵。由于协方差矩阵是实对称矩阵, 一定可以对角化, 故可以借助奇异值分解来计算行列式和逆矩阵。对协方差矩阵进行奇异值分解, 有:

$$\boldsymbol{\Sigma} = \boldsymbol{U}\boldsymbol{W}\boldsymbol{U}^{\mathrm{T}}$$

式中, $\boldsymbol{W}$ 为对角阵, 其对角元素为矩阵的特征值; $\boldsymbol{U}$ 为正交矩阵, 它的列为协方差矩阵的特征值对应的特征向量。计算 $\boldsymbol{\Sigma}$ 的逆矩阵可以借助该分解:

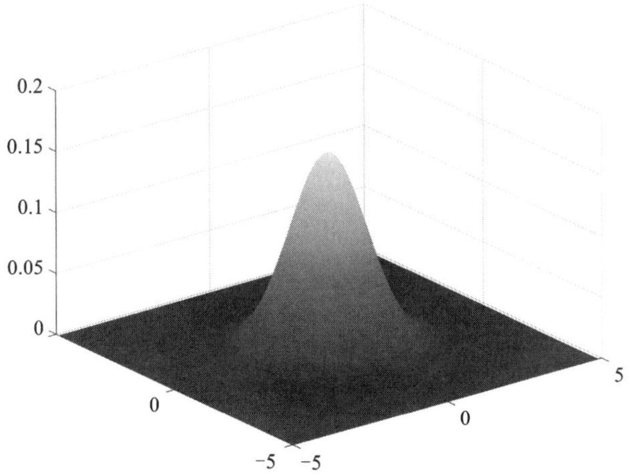

图 2.9 二维正态分布的概率密度函数

$$\boldsymbol{\Sigma}^{-1} = (\boldsymbol{UWU}^{-1})^{-1} = \boldsymbol{UW}^{-1}\boldsymbol{U}^{-1} = \boldsymbol{UW}^{-1}\boldsymbol{U}^{\mathrm{T}}$$

对角矩阵的逆矩阵仍为对角矩阵，逆矩阵主对角元素为矩阵主对角元素的倒数；正交矩阵的逆矩阵为其转置矩阵。根据上式可以很方便地计算出逆矩阵 $\boldsymbol{\Sigma}^{-1}$ 以及行列式 $|\boldsymbol{\Sigma}|$。由于正交矩阵的行列式为 1，因此，$\boldsymbol{\Sigma}$ 的行列式等于矩阵 $\boldsymbol{W}$ 的行列式，而 $\boldsymbol{W}$ 的行列式又等于所有对角元素的乘积。

如何根据训练样本估计出正态分布的均值向量和协方差矩阵？通过最大似然估计和矩估计都可以得到正态分布的这两个参数。样本的均值向量即均值向量的估计值，样本的协方差矩阵即协方差矩阵的估计值。

下面给出正态贝叶斯分类器的训练算法。训练算法的核心为计算样本的均值向量、协方差矩阵，以及对协方差矩阵进行奇异值分解，具体流程如下。

（1）计算每一类训练样本的均值 $\boldsymbol{\mu}$ 和协方差矩阵 $\boldsymbol{\Sigma}$。

（2）对协方差矩阵进行奇异值分解，得到 $\boldsymbol{U}$；计算所有特征值的逆，得到 $\boldsymbol{W}^{-1}$；计算出 $\ln(|\boldsymbol{\Sigma}|)$。

2. 预测算法

在预测时需要寻找具有最大条件概率的类，即最大化后验概率（maximum a posteriori，MAP）。根据贝叶斯公式有：

$$\arg \max_c (p(c \mid \boldsymbol{x})) = \arg \max_c \left(\frac{p(c)p(\boldsymbol{x} \mid c)}{p(\boldsymbol{x})} \right) \tag{2.61}$$

假设每个类的概率 $p(c)$ 相等，$p(\boldsymbol{x})$ 对于所有类都是相等的，因此，等价于求解问题：

$$\arg \max_c (p(\boldsymbol{x} \mid c))$$

也就是计算每个类的 $p(\boldsymbol{x}|c)$ 值，然后取最大的 $p(\boldsymbol{x}|c)$ 值。对 $p(\boldsymbol{x}|c)$ 取对数，有：

$$\ln(p(\boldsymbol{x} \mid c)) = \ln\left(\frac{1}{(2\pi)^{\frac{n}{2}} |\boldsymbol{\Sigma}|^{\frac{1}{2}}} \right) - \frac{1}{2}((\boldsymbol{x} - \boldsymbol{\mu})^{\mathrm{T}} \boldsymbol{\Sigma}^{-1} (\boldsymbol{x} - \boldsymbol{\mu}))$$

进一步简化为：

$$\ln(p(\boldsymbol{x} \mid c)) = -\frac{n}{2}\ln(2\pi) - \frac{1}{2}\ln(|\boldsymbol{\Sigma}|) - \frac{1}{2}((\boldsymbol{x}-\boldsymbol{\mu})^{\mathrm{T}}\boldsymbol{\Sigma}^{-1}(\boldsymbol{x}-\boldsymbol{\mu})) \tag{2.62}$$

式中，$-\dfrac{n}{2}\ln(2\pi)$ 为常数，对所有类相同。求式（2.62）的最大值等价于求式（2.63）的最小值，即：

$$\ln(|\boldsymbol{\Sigma}|) + ((\boldsymbol{x}-\boldsymbol{\mu})^{\mathrm{T}}\boldsymbol{\Sigma}^{-1}(\boldsymbol{x}-\boldsymbol{\mu})) \tag{2.63}$$

其中，$\ln(|\boldsymbol{\Sigma}|)$ 可以根据每一类的训练样本预先计算好，与 $\boldsymbol{x}$ 无关，不用重复计算。预测时只需根据样本 $\boldsymbol{x}$ 计算 $(\boldsymbol{x}-\boldsymbol{\mu})\boldsymbol{\Sigma}^{-1}(\boldsymbol{x}-\boldsymbol{\mu})^{\mathrm{T}}$ 的值。$\boldsymbol{\Sigma}^{-1}$ 在训练时计算，不用重复计算。

下面考虑更特殊的情况，问题可以进一步简化。如果协方差矩阵为对角矩阵 $\sigma^2\boldsymbol{I}$，式（2.62）可以写成：

$$\ln(p(\boldsymbol{x} \mid c)) = -\frac{n}{2}\ln(2\pi) - 2n\ln\sigma - \frac{1}{2}\left(\frac{1}{\sigma^2}(\boldsymbol{x}-\boldsymbol{\mu})^{\mathrm{T}}(\boldsymbol{x}-\boldsymbol{\mu})\right)$$

其中

$$\ln(|\boldsymbol{\Sigma}|) = \ln\sigma^{2n} = 2n\ln\sigma$$

$$\boldsymbol{\Sigma}^{-1} = \frac{1}{\sigma^2}\boldsymbol{I}$$

对于二分类问题，如果两个类的协方差矩阵相等，则分类判别函数为线性函数 $\mathrm{sgn}(\boldsymbol{w}^{\mathrm{T}}\boldsymbol{x}+b)$。这与朴素贝叶斯分类器的情况相同。如果协方差矩阵是对角矩阵，则 $\boldsymbol{\Sigma}^{-1}$ 同样为对角矩阵，上面的公式同样可以简化，这里不再详细介绍。

2.6　KNN 算法

k 近邻算法（KNN 算法）由 Thomas 等于 1967 年提出。KNN 算法简单有效，如果能定义合适的距离，它可以取得很好的性能。目前，KNN 算法被成功地应用于文本分类、图像分类等模式识别问题。

2.6.1　基本概念

确定样本所属类别的一种最简单的方法是直接比较它和所有训练样本的相似度，然后将其归类为最相似的样本所属的类，这是一种模板匹配的思想。k 近邻算法采用了这种思路，即要确定一个样本的类别，需要计算它与所有训练样本的距离，找出与该样本最接近的 k 个样本；然后统计这些样本的类别进行投票，票数最多的那个类就是分类结果。因为直接比较待预测样本和训练样本的距离，KNN 算法也被称为基于实例的算法。应用 KNN 算法的关键是构造出合适的特征向量以及确定合适的距离函数。图 2.10 是使用 k 近邻思想进行分类的一个例子。

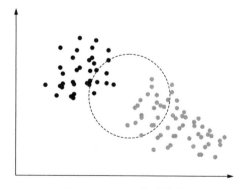

图 2.10　KNN 算法分类

在图 2.10 中有深黑色和浅灰色两类样本。对于待分类样本（图中的浅灰色点），寻找离该样本最近的一部分训练样本（在图中是以这个样本为圆心的某一圆范围内的所有样本），统计这些样本所属的类别。在这里浅灰色点有 20 个，深黑色点有 5 个，因此，把这个样本判定为浅灰色点这一类。这是二分类的情况，可以推广到多类，k 近邻算法天然支持多类分类问题。

2.6.2 预测算法

KNN 算法没有要求解的模型参数，因此没有训练过程，参数由人工指定。它在预测时才会计算待预测样本与训练样本的距离。对于分类问题，给定 l 个训练样本 (x_i, y_i)，其中 x_i 为特征向量，y_i 为标签值，设定参数 k，假设类型数为 C，待分类样本的特征向量为 x。预测算法的流程如下：

1. 在训练样本集中找出离 x 最近的 k 个样本，假设这些样本的集合为 N。

（2）统计集合 N 中每一类样本的个数 C_i，$i=1, 2, \cdots, c$。

（3）最终的分类结果为 $\operatorname*{argmax}_i C_i$。

在这里，$\operatorname*{argmax}_i C_i$ 表示最大的 C_i 值对应的那个类 i。如果 $k=l$，则 k 近邻算法退化成最近邻算法。

k 近邻算法实现简单，但训练样本数大、特征向量维数很高时计算复杂度高。因为每次预测时要计算待预测样本和每一个训练样本的距离，还要对距离进行排序以找到最近的 k 个样本。对此，有研究者提出可以使用高效的部分排序算法，只找出最小的 k 个数；另外一种加速手段是用 k-d 树实现快速的近邻样本查找。

一个需要解决的问题是参数 k 的取值需要根据问题和数据的特点来确定。在实现时可以考虑样本的权重，即每个样本有不同的投票权重，这种方法称为带权重的 k 近邻算法。另外还有其他改进措施，如模糊 k 近邻算法。

KNN 算法也可以用于回归问题。假设离测试样本最近的 k 个训练样本的标签值为 y_i，则对样本的回归预测输出值为：

$$\hat{y} = \Big(\sum_{i=1}^{k} y_i \Big) / k \tag{2.64}$$

即所有邻居的标签均值。在这里，最近的 k 个邻居的贡献被认为是相等的。同样也可以采用带权重的方案（即给每个样本赋权重）。带样本权重的回归预测函数为：

$$\hat{y} = \Big(\sum_{i=1}^{k} \omega_i y_i \Big) / k \tag{2.65}$$

式中，ω_i 为第 i 个样本的权重。权重值可以人工设定，或者用其他方法来确定。例如，设置为与距离成反比。

2.6.3 距离定义

KNN 算法的实现依赖于样本之间的距离值，因此，需要定义距离的计算方式。本节介绍几种常用的距离定义，它们适用于不同特点的数据。两个向量之间的距离为 $d(x_i, y_i)$，这是一个将两个维数相同的向量映射为一个实数的函数。距离函数必须满足以下 4 个条件：

第一个条件是三角不等式：

$$d(\boldsymbol{x}_i, \boldsymbol{x}_k) + d(\boldsymbol{x}_k, \boldsymbol{x}_j) \geqslant d(\boldsymbol{x}_i, \boldsymbol{x}_j)$$

这与几何中的三角不等式吻合。

第二个条件是非负性,即距离不能是一个负数:

$$d(\boldsymbol{x}_i, \boldsymbol{x}_j) \geqslant 0$$

第三个条件是对称性,即 A 到 B 的距离和 B 到 A 的距离必须相等:

$$d(\boldsymbol{x}_i, \boldsymbol{x}_j) = d(\boldsymbol{x}_j, \boldsymbol{x}_i)$$

第四个条件是区分性,如果两点间的距离为 0,则两个点必须相同:

$$d(\boldsymbol{x}_i, \boldsymbol{x}_j) = 0 \Rightarrow \boldsymbol{x}_j = \boldsymbol{x}_i$$

满足上面 4 个条件的函数都可以用作距离定义。

1. 常用距离定义

常用的距离函数有欧几里得距离(以下简称欧氏距离)、Mahalanobis 距离等。欧氏距离指 n 维欧氏空间中两点之间的距离。对于 $\mathbb{R}^n$ 空间中有两个点 $\boldsymbol{x}$ 和 $\boldsymbol{y}$,它们之间的距离定义为:

$$d(\boldsymbol{x}, \boldsymbol{y}) = \sqrt{\sum_{i=1}^{n} (x_i - y_i)^2} \tag{2.66}$$

在使用欧氏距离时应将特征向量的每个分量归一化,以减少因为特征值的尺度范围不同所带来的干扰,否则数值小的特征分量会被数值大的特征分量淹没。例如,特征向量包含两个分量,分别为身高和肺活量,身高的范围是 150~200 cm,肺活量为 2000~9000 mL。如果不进行归一化,身高的差异对距离的贡献会被肺活量淹没。欧氏距离将特征向量看作空间中的点,没有考虑样本特征向量的概率分布规律。

Mahalanobis 距离是一种概率意义上的距离。给定两个向量 $\boldsymbol{x}$ 和 $\boldsymbol{y}$ 以及矩阵 $\boldsymbol{S}$,它定义为:

$$d(x, y) = \sqrt{(\boldsymbol{x} - \boldsymbol{y})^{\mathrm{T}} \boldsymbol{S} (\boldsymbol{x} - \boldsymbol{y})} \tag{2.67}$$

须保证根号内的值非负,即矩阵 $\boldsymbol{S}$ 必须是正定的。这种距离度量的是两个随机向量的相似度。当矩阵 $\boldsymbol{S}$ 为单位矩阵 $\boldsymbol{I}$ 时,Mahalanobis 距离退化为欧氏距离。矩阵可以通过计算训练样本集的协方差矩阵得到,也可以通过训练样本学习得到。

对于矩阵如何确定的问题有不少的研究,有研究者指出,KNN 算法的精度在很大程度上依赖于所使用的距离度量标准。为此他们提出了一种从带标签的样本集中学习得到距离度量矩阵的方法,称为距离度量学习(distance metric learning)。

Bhattacharyya 距离定义了两个离散型或连续型概率分布的相似性。对于离散型随机变量的分布,它的定义为:

$$d(\boldsymbol{x}, \boldsymbol{y}) = -\ln\left(\sum_{i=1}^{n} \sqrt{x_i \cdot y_i}\right) \tag{2.68}$$

式中,x_i、y_i 为两个随机变量取某一值的概率,是向量 $\boldsymbol{x}$ 和 $\boldsymbol{y}$ 的分量,其值必须非负。两个向量越相似,距离值越小。

2. 距离度量学习

Mahalanobis 距离中的矩阵 $\boldsymbol{S}$ 可以通过对样本的学习得到,称为距离度量学习。距离度量学习通过样本集学习到一种线性或非线性变换,以确定距离函数,目前有多种实现。下面介绍一种实现方法,它可以使得变换后每个样本的几个最近邻居都和它是同一个类,而不同类型的样本通过一个大的间隔被分开,这与第 8 章将要介绍的线性判别分析的思想类似。如果原始的样本点为 $\boldsymbol{x}$,变换之后的点为 $\boldsymbol{y}$,则要寻找的线性变换为:

$$y = Lx$$

其中,$\boldsymbol{L}$ 为线性变换矩阵。

首先定义目标邻居的概念。一个样本的目标邻居是与该样本同类型的样本。通过学习得到的线性变换让样本最近的邻居为它的目标邻居,即

$$j \sim \to i$$

上式表示训练样本 $\boldsymbol{x}_j$ 是样本 $\boldsymbol{x}_i$ 的目标邻居。这个概念不是对称的,$\boldsymbol{x}_j$ 是 $\boldsymbol{x}_i$ 的目标邻居不等于 $\boldsymbol{x}_i$ 是 $\boldsymbol{x}_j$ 的目标邻居。

为了保证 KNN 算法能准确分类,任意一个样本的目标邻居样本要比其他类别的样本更接近于该样本。对每个样本,可以将目标邻居想象成为这个样本建立起了一个边界,使得与该样本标签值不同的样本无法入侵进来。训练样本集中,侵入这个边界并且与该样本不同标签值的样本称为冒充者。这里的目标是最小化冒充者的数量。为了增强 KNN 分类的泛化性能,要让冒充者离由目标邻居估计出的边界的距离尽可能远。通过在 KNN 决策边界周围加上一个大的安全间隔,可以有效地提高算法的鲁棒性。

接下来定义冒充者的概念。对于训练样本 $\boldsymbol{x}_i$,其标签值为 y_i,目标邻居为 x_j,冒充者是指那些拥有不同的标签值并且满足如下不等式的样本 $\boldsymbol{x}_l$:

$$\| L(\boldsymbol{x}_i - \boldsymbol{x}_l) \|^2 \leq \| L(\boldsymbol{x}_i - \boldsymbol{x}_j) \|^2 + 1$$

其中,$\boldsymbol{L}$ 为线性变换矩阵,左乘这个矩阵相当于对向量进行线性变换。根据冒充者的定义,冒充者是闯入了一个样本的分类间隔区域并且与该样本标签值不同的样本。这个线性变换实际上确定了一种距离定义:

$$\| L(\boldsymbol{x}_i - \boldsymbol{x}_j) \| = \sqrt{(L(\boldsymbol{x}_i - \boldsymbol{x}_j))^{\mathrm{T}}(L(\boldsymbol{x}_i - \boldsymbol{x}_j))} = \sqrt{(\boldsymbol{x}_i - \boldsymbol{x}_j)^{\mathrm{T}}L^{\mathrm{T}}L(\boldsymbol{x}_i - \boldsymbol{x}_j)} \quad (2.69)$$

式中,$L^{\mathrm{T}}L$ 是 Mahalanobis 距离中的矩阵。

训练时优化的损失函数由推损失函数和拉损失函数两部分构成。拉损失函数的作用是让和样本标签相同的样本尽可能与它接近,即

$$\varepsilon_{\mathrm{pull}}(\boldsymbol{L}) = \sum_{j \sim \to i} \| L(\boldsymbol{x}_i - \boldsymbol{x}_j) \|^2$$

推损失函数的作用是把不同类型的样本推开,即

$$\varepsilon_{\mathrm{push}}(\boldsymbol{L}) = \sum_{i, j \sim \to i} \sum_l (1 - y_{il})[1 + \| L(\boldsymbol{x}_i - \boldsymbol{x}_j) \|^2 - \| L(\boldsymbol{x}_i - \boldsymbol{x}_l) \|^2]_+$$

如果 $y_i = y_j$,则 $y_{ij} = 1$,否则 $y_{ij} = 0$。函数 $[z]_+$ 定义为:

$$[z]_+ = \max(z, 0)$$

如果两个样本类型相同,则有:

$$1 - y_{il} = 0$$

因此,推损失函数只对不同类型的样本起作用。总损失函数由这两部分的加权和构成:

$$\varepsilon(\boldsymbol{L}) = (1 - \mu)\varepsilon_{\mathrm{pull}}(\boldsymbol{L}) + \mu\varepsilon_{\mathrm{push}}(\boldsymbol{L}) \quad (2.70)$$

式中,μ 是人工设定的参数。求解该最小化问题即可得到线性变换矩阵。通过这个线性变换,同类样本尽量都成为最近的邻居节点;而不同类型的样本会拉开距离。这会有效地提高 KNN 算法的分类精度。

2.7 随机森林

在日常生活中人们会遇到这样的情况：对一个决策问题，如果一个人拿不定主意，可以组织多个人来集体决策。如果要判断一个病人是否患有某种疑难疾病，可以组织一批医生来会诊。会诊的做法是让每位医生做一个判断，然后收集他们的判断结果进行投票，得票最多的作为最终的判断结果。这种思想在机器学习领域的应用就是集成学习算法，它通过多个模型的组合形成一个精度更高的模型，参与组合的模型称为弱学习器（weak learner）。在预测时使用弱学习器模型联合进行预测；训练时用训练样本集依次训练出这些弱学习器。本节介绍的随机森林就是一种由 Breiman 等提出的集成学习方法。它由多棵决策树组成，对于分类问题，一个测试样本会送到每一棵决策树中进行预测，然后投票，得票最多的类为最终分类结果。对于回归问题，随机森林的预测输出是所有决策树输出的均值。

2.7.1 随机抽样

Bootstrap 抽样是一种数据抽样方法。抽样是指从一个样本数据集中随机选取一些样本，形成新的数据集，分为有放回抽样和无放回抽样。对于前者，一个样本被抽中之后会放回去，在下次抽样时还有机会被抽中。对于后者，一个样本被抽中之后就从抽样集中去除，下次不会再参与抽样，一个样本最多只会被抽中一次。

以有放回抽样为例，在有 n 个样本的集合中有放回地抽取 n 个样本。在新的数据集中，原始样本集中的一个样本可能会出现多次，也可能不出现。假设样本集中有 n 个样本，每次抽中其中任何一个样本的概率都为 $1/n$，则一个样本在每次抽样没被抽中的概率为 $1-1/n$。由于是有放回的抽样，每两次抽样之间是独立的，因此，对连续 n 次抽样，一个样本没被抽中的概率为：

$$(1 - 1/n)^n$$

可以证明，n 趋向于无穷大时这个值的极限是 $1/e$，约等于 0.368，其中 e 是自然对数的底数。故如下结论成立：

$$\lim_{x \to \infty}(1 - 1/n)^n = 1/e$$

如果样本量很大，在整个抽样过程中每个样本有 0.368 的概率不被抽中。由于样本集中各个样本是相互独立的，在整个抽样中所有样本大约有 36.8%没有被抽中，这部分样本称为包外数据。

2.7.2 Bagging 算法

在 Bootstrap 抽样的基础上可以构造出 Bagging（Bootstrap aggregating）算法。这种方法对训练样本集进行多次 Bootstrap 抽样，用每次抽样形成的数据集训练一个弱学习器模型，得到多个独立的弱学习器，用它们的组合进行预测。训练流程如下。

```
循环，对 i=1, 2, …T
    对训练样本集进行 Bootstrap 抽样，得到抽样后的训练样本集
    用抽样得到的样本集训练一个模型 h_i(x)
结束循环
输出模型组合 h_1(x), h_2(x), …, h_T(x)
```

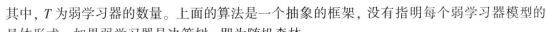

其中，T 为弱学习器的数量。上面的算法是一个抽象的框架，没有指明每个弱学习器模型的具体形式。如果弱学习器是决策树，即为随机森林。

2.7.3 随机森林算法

1. 概述

对于随机森林使用多棵决策树联合进行预测降低模型的方差，下面给出一种不太严格的解释。对于 n 个独立同分布的随机变量 x，假设它们的方差为 σ^2，则它们均值的方差为：

$$D\left(\frac{1}{n}\sum_{i}^{n}x_i\right)=\sigma^2/n$$

即多个独立同分布随机变量的均值的方差会减小。如果将每棵决策树的输出值看作随机变量，多棵树的输出值均值的方差会比单棵树小，因此可以降低模型的方差。

2. 训练算法

随机森林在训练时依次训练每一棵决策树，每棵树的训练样本从原始训练集中进行随机抽样得到。在训练决策树的每个节点时所用的特征也是随机抽样得到的，即从特征向量中随机抽出部分特征参与训练。随机森林对训练样本和特征向量的分量都进行了随机采样。

此处决策树的训练算法与前述介绍的基本相同，唯一不同的是训练决策树的每个节点时只使用随机抽取的部分特征分量。样本的随机抽样可以用均匀分布的随机数构造，如果有 1 个训练样本，只需将随机数变换到区间 $[0, l-1]$ 即可。每次抽取样本时生成一个该区间内的随机数，然后选择编号为该随机数的样本。对特征分量的采样是无放回抽样，可以用随机洗牌算法实现。

这里需要解决两个问题：决策树的数量以及每次分裂时选用的特征数量。第一个问题根据训练集的规模和问题的特点而定，后面在分析误差时会给出一种解决方案。第二个问题并没有一个精确的理论答案，一般通过实验确定。

因为这些随机性，随机森林可以在一定程度上消除过拟合。对样本进行采样是必须的，否则每次用完整的训练样本集训练出来的多棵树会相同。训练每一棵决策树时有部分样本未参与训练，在训练时利用这些没有被选中的样本做测试，统计它们的预测误差，这称为包外误差。这种做法与交叉验证类似，二者都是把样本集切分成多份，轮流用其中的一部分样本进行训练，用剩下的样本进行测试。不同的是，交叉验证把样本均匀地切分成分，在训练集中同一个样本不会出现多次；后者在每次 Bootstrap 抽样时同一个样本可能会被选中多次。利用包外样本作为测试集得到的包外误差与交叉验证得到的误差基本一致，可以用来代替交叉验证的结果。因此，可以使用包外误差作为泛化误差的估计。对于分类问题，包外误差定义为被错分的包外样本数与总包外样本数的比值；对于回归问题，其定义为所有包外样本的回归误差和除以包外样本数。

实验结果证明，增加决策树的数量，包外误差、测试误差会下降。这个结论提供了确定决策树数量的一种思路，即可以通过观察包外误差来决定何时终止训练，当包外误差稳定之后停止训练。

3. 变量的重要性

随机森林可以在训练时输出变量的重要性，即对分类更有用的特征。实现的方法有两种：Gini 法和置换法。本书介绍置换法，其原理为：如果某个特征很重要，那么改变样本的该特征值，该样本的预测结果就容易出现错误。也就是说，这个特征值对分类结果很敏感。反之，如果一个特征对分类不重要，随便改变它对分类结果没多大影响。

对于分类问题，训练某决策树时在包外样本集中随机挑选两个样本，如果要计算某一变量的重要性，则置换这两个样本的特征值。假设置换前样本的预测值为 y^*，真实标签值为 y，置换之后的预测值为 y_π^*。变量重要性的计算公式为：

$$v = \frac{n_{y=y^*} - n_{y=y_\pi^*}}{|oob|}$$

式中，$|oob|$ 为包外样本数；$n_{y=y^*}$ 为包外集合中在进行特征置换之前被正确分类的样本数；$n_{y=y_\pi^*}$ 为包外集合中特征置换之后被正确分类的样本数。二者的差反映的是置换前后的分类准确率变化值。

对于回归问题，变量重要性的计算公式为：

$$v = \frac{\sum_{i \in oob} \exp\left(-\left(\frac{y_i - y_i^*}{m}\right)^2\right) - \sum_{i \in oob} \exp\left(-\left(\frac{y_i - y_{i,\pi}^*}{m}\right)^2\right)}{|oob|}$$

式中，m 为所有训练样本中标签值的绝对值的最大值。这个定义和分类问题类似，都是衡量置换前和置换后的准确率的差值。该差值除以 m 最大值是为了数值计算的稳定。上面定义的是单棵决策树对每个变量的重要性。计算出每棵树对每个变量的重要性之后，对该值取平均即得到随机森林对每个变量的重要性 $\frac{1}{T}\sum_{i=1}^{T} v_i$。其中，$v_i$ 为该变量对第 i 棵决策树的重要性，T 为决策树的数量。计算出每个变量的重要性之后，将它们归一化得到最终的重要性值。

2.8　Boosting 算法

Boosting 算法也是一种由多个弱学习器构成的集成学习算法，预测时用每个弱学习器分别进行预测，然后投票得到结果；训练时依次训练每个弱学习器，在这里采用了与随机森林不同的策略：不是对样本进行独立的随机抽样构造训练集，而是重点关注被前面的弱分类器错分的样本。

AdaBoost 算法是由 Freund 等提出的一种基于 Boosting 集成学习算法的具体实现版本。基本 AdaBoost 算法的弱分类器带有权重，分类器的预测结果为弱分类器预测结果的加权和。训练时训练样本具有权重，并且会在训练过程中动态调整，被前面的弱分类器错分的样本会加大权重，因此算法会更关注难分的样本。

2.8.1　AdaBoost 算法

AdaBoost 算法的全称是自适应提升（adaptive Boosting），是一种用于分类问题的算法，它用弱分类器的线性组合来构造强分类器。弱分类器的性能无须太好，比随机猜测强即可，依靠它们可以构造出一个非常准确的强分类器。

1. 强分类器与弱分类器

强分类器的计算公式为：

$$F(x) = \sum_{t=1}^{T} \alpha_t f_t(x)$$

式中，x 为输入向量；$F(x)$ 为强分类器；$f_t(x)$ 为弱分类器；α_t 为弱分类器的权重；T 为弱分类器的数量，弱分类器的输出值为 +1 或 −1，分别对应正样本或负样本。分类时的判定规则为：

$$\text{sgn}(F(x))$$

强分类器的输出值也为 +1 或 −1，同样对应于正样本或负样本。弱分类器和它们的权重通过训练算法得到。之所以称为弱分类器是因为它们的分类精度无须太高，对于二分类问题，只要保证准确率大于 0.5，即比 50% 准确率的随机猜测强。

2. 训练算法

训练时，依次训练每一个弱分类器，并得到它们的权重值。在这里，训练样本带有权重值，初始时所有样本的权重相等。在训练过程中，被前面的弱分类器错分的样本会加大权重，反之会减小权重，使得弱分类器会更加关注这些难分的样本。弱分类器的权重值根据它的准确率构造，精度越高的弱分类器权重越大。给定 l 个训练样本 (x_i, y_i)，其中 x_i 是特征向量，y_i 为类别标签，其值为 +1 或 −1，训练算法的流程如下。

初始化样本权重值，所有样本的初始权重相等：
$$\omega_i^0 = 1/l, \quad i = 1, 2, \cdots, l$$

循环，对 $t=1, 2, \cdots, T$ 依次训练每个弱分类器：

训练一个弱分类器 $f_t(x)$，并计算它对训练样本集的错误率 e_t

计算弱分类器的权重：
$$\alpha_t = \frac{1}{2}\ln((1 - e_t)/e_t)$$

更新所有样本的权重：
$$\omega_i^t = \omega_i^{t-1}\exp(-y_i\alpha_t f_t(x_i))/Z_t$$

其中，Z_t 为归一化因子，它是所有样本的权重之和：
$$Z_t = \sum_{i=1}^{l} \omega_i^{t-1}\exp(-y_i\alpha_t f_t(x_i))$$

结束循环

最后得到强分类器：
$$\text{sgn}(F(x)) = \text{sgn}\left(\sum_{t=1}^{T} \alpha_t f_t(x)\right)$$

根据计算公式，错误率低的弱分类器权重大，它是准确率的增函数。弱分类器在训练样本集上的错误率计算公式为：

$$e_t = \left(\sum_{i=1}^{l} \omega_i^{t-1}|f_t(x_i) - y_i|\right)\bigg/ 2\sum_{i=1}^{l} \omega_i^{t-1}$$

这里考虑了样本权重值。因为在训练集上弱分类器的正确率大于 0.5，所以有：

$$(1 - e_t)/e_t > 1$$

因此，弱分类器的权重大于 0。弱分类器的错误率小于 0.5 是能保证的，如果准确率小于 0.5，只需将弱分类器的输出反号即可。对于被弱分类器正确分类的样本，有：

$$y_i f_t(x_i) = +1$$

对于被弱分类器错误分类的样本，有：

$$y_i f_t(x_i) = -1$$

如果不考虑归一化因子，样本权重更新公式可以简化为：

$$\omega_i^t = \begin{cases} e^{-\alpha_t} \times \omega_i^{t-1}, & f_t(x_i) = y_i \\ e^{\alpha_t} \times \omega_i^{t-1}, & f_t(x_i) \neq y_i \end{cases}$$

由于

$$e^{-\alpha_t} = e^{-\frac{1}{2}\ln\frac{1-e_t}{e_t}} = \sqrt{e_t/(1-e_t)}$$

样本权重更新公式可以进一步简化成：

$$\omega_i^t = \begin{cases} \sqrt{e_t/(1-e_t)} \times \omega_i^{t-1}, & f_t(x_i) = y_i \\ \sqrt{(1-e_t)/e_t} \times \omega_i^{t-1}, & f_t(x_i) \neq y_i \end{cases}$$

被上一个弱分类器错误分类的样本在本轮权重会增大，正确分类的样本在本轮权重会减小，训练下一个弱分类器时会关注在上一轮中被错分的样本。这类似于人们日常生活中的做法：一个学生在每次考试之后会调整他学习的重点，本次考试做对的题目下次不再重点学习；做错的题目要重点学习，以提高考试成绩。给样本加权重是有必要的，如果样本没有权重，每个弱分类器的训练样本相同，训练出来的弱分类器也相同，这样训练多个弱分类器没有意义。AdaBoost 算法的核心思想是关注之前被错分的样本，准确率高的弱分类器有更大的权重。

注意，由于强分类器是弱分类器的线性组合，如果弱分类器是线性函数，则无论怎样组合，强分类器都是线性的。因此，为了保证线性组合出的强分类器具有更好的性能，应该选择非线性的分类器作为弱分类器，进而得到非线性的强分类器。

上一节的随机森林和本节的 AdaBoost 算法都是集成学习算法，一般由多棵决策树组成。但二者在多个方面有所区别，如表 2.2 所示。

表 2.2 随机森林与 AdaBoost 算法的比较

比较项目	随机森林	AdaBoost
决策树规模	大	小
是否对样本进行随机采样	是	否
是否对特征进行随机采样	是	否
弱分类器是否有权重	无	有
训练样本是否有权重	无	有
是否支持多分类	是	不直接支持
是否支持回归问题	是	不直接支持

随机森林和 AdaBoost 算法都是通过构造不同的样本集训练多个弱分类器，前者通过样本抽样构造不同的训练集，后者通过给样本加上权重构造不同的样本集。随机森林中的决策树不能太简单，过于简单的决策树会导致随机森林精度很低。AdaBoost 却没有这个问题，即使用深度为 1 的决策树，将它们集成起来也能得到非常高的精度。这得益于 AdaBoost 的弱分

类器带有权重信息，并且重点关注了之前被错分的样本。

3. 训练误差分析

弱分类器的数量一般由用户自己设定，下面分析它与强分类器准确率之间的关系。首先证明如下结论：强分类器在训练样本集上的错误率上界是每一轮调整样本权重时权重归一化因子的乘积，即下面的不等式成立：

$$p_{\text{error}} = \frac{1}{l} \sum_{i=1}^{l} \left[\text{sgn}(F(x_i)) \neq y_i \right] \leqslant \prod_{t=1}^{T} Z_t$$

式中，p_{error} 为强分类器在训练样本集上的错误率；l 为训练样本数；Z_t 为训练第 t 个弱分类器时样本权重归一化因子；$[\cdot]$ 为指示函数，如果条件成立其值为 1，否则为 0。下面给出这一结论的证明，首先证明下面的不等式成立：

$$\left[y_i \neq \text{sgn}(F(x_i)) \right] \leqslant \exp(-y_i F(x_i))$$

在这里分两种情况讨论，如果样本被错分，则：

$$\left[y_i \neq \text{sgn}(F(x_i)) \right] = 1$$

样本被错分意味着 y_i 和 $F(x_i)$ 异号，因此：

$$-y_i F(x_i) > 0$$

从而

$$\exp(-y_i F(x_i)) > \exp(0) = 1$$

如果样本被正确分类，则：

$$\left[y_i \neq \text{sgn}(F(x_i)) \right] = 0$$

对任意的 x 有 $e^x > 0$ 恒成立。综合上述两种情况，上面的不等式成立。按照权重更新公式，有：

$$\omega_i^t = \omega_i^{t-1} \exp(-y_i \alpha_t f_t(x_i)) / Z_t$$

将等式两边同乘以归一化因子 Z_t，可以得到：

$$\omega_i^{t-1} \exp(-y_i \alpha_t f_t(x_i)) = \omega_i^t Z_t$$

反复利用上面这个等式，可以把 Z_t 提出来。样本初始权重为 $\omega_i^0 = 1/l$，因此：

$$
\begin{aligned}
\frac{1}{l} \sum_{i=1}^{l} \exp(-y_i F(x_i)) &= \frac{1}{l} \sum_{i=1}^{l} \exp\left(-y_i \sum_{t=1}^{T} \alpha_t f_t(x_i)\right) \\
&= \omega_i^0 \sum_{i=1}^{l} \exp\left(-y_i \sum_{t=1}^{T} \alpha_t f_t(x_i)\right) \\
&= \sum_{i=1}^{l} \left(\omega_i^0 \exp(-y_i \alpha_1 f_1(x_i))\right) \exp\left(-y_i \sum_{t=2}^{T} \alpha_t f_t(x_i)\right) \\
&= \sum_{i=1}^{l} Z_1 \omega_i^1 \exp\left(-y_i \sum_{t=2}^{T} \alpha_t f_t(x_i)\right) \\
&= Z_1 \sum_{i=1}^{l} \omega_i^1 \exp\left(-y_i \sum_{t=2}^{T} \alpha_t f_t(x_i)\right) \\
&\vdots \\
&= \prod_{t=1}^{T} Z_t
\end{aligned}
$$

前面已经证明了不等式 $[y_i \neq \text{sgn}(F(x_i))] \leqslant \exp(-y_i F(x_i))$ 成立，因此有：

$$\frac{1}{l}\sum_{i=1}^{l}\big[\,\mathrm{sgn}\,(\,F(x_i)\,) \neq y_i\,\big] \leqslant \frac{1}{l}\sum_{i=1}^{l}\exp(\,-y_iF(x_i)\,) = \prod_{t=1}^{T}Z_t$$

接下来证明另外一个不等式成立：

$$\prod_{t=1}^{T}Z_t = \prod_{t=1}^{T}2\sqrt{e_t(1-e_t)} = \prod_{t=1}^{T}\sqrt{(1-4\gamma_t^2)} \leqslant \exp\Big(-2\sum_{t=1}^{T}\gamma_t^2\Big)$$

其中

$$\gamma_t = \frac{1}{2} - e_t$$

根据错误率和弱分类器权重的计算公式有：

$$Z_t = \sum_{i=1}^{l}\omega_i^{t-1}\exp(\,-y_i\alpha_t f_t(x_i)\,)$$

$$= \sum_{i=1,\,y_i=f_t(x_i)}^{l}\omega_i^{t-1}\exp(\,-\alpha_t\,) + \sum_{i=1,\,y_i \neq f_t(x_i)}^{l}\omega_i^{t-1}\exp(\alpha_t)$$

$$= (1-e_t)\exp(\,-\alpha_t\,) + e_t\exp(\alpha_t)$$

$$= 2\sqrt{e_t(1-e_t)} = \sqrt{(1-4\gamma_t^2)}$$

这里利用了错误率 e_t 以及弱分类器权重 α_t 的定义。由于在上一轮迭代时权重是归一化的，因此：

$$\sum_{i=1,\,y_i=f_t(x_i)}^{l}\omega_i^{t-1} + \sum_{i=1,\,y_i \neq f_t(x_i)}^{l}\omega_i^{t-1} = \sum_{i=1}^{l}\omega_i^{t-1} = 1$$

根据错误率的定义：

$$e_t = \sum_{i=1}^{l}\omega_i^{t-1}\big|f_t(x_i) - y_i\big| \Big/ 2\sum_{i=1}^{l}\omega_i^{t-1} = \sum_{i=1,\,y_i \neq f_t(x_i)}^{l}\omega_i^{t-1}$$

当 $e_t=0.5$ 时，$2\sqrt{e_t/(1-e_t)}$ 有极大值 1，即 $Z_t=1$。弱分类器能够保证 $e_t<0.5$，因此 $Z_t<1$。每增加一个弱分类器强分类误差上界都会乘以一个小于 1 的因子。上述结论在理论上保证了算法在训练集上的误差上界会随着弱分类器个数的增加而减少。接下来证明下面的不等式成立。

由于不等式两边都大于 0，因此可以两边平方。这等价于证明当 $x \geqslant 0$ 时如下不等式成立：

$$1 - 4x \leqslant (\mathrm{e}^{-2x})^2$$

构造如下函数：

$$(\mathrm{e}^{-2x})^2 - 1 + 4x$$

其导数为：

$$4 - 4(\mathrm{e}^{-2x})^2 \geqslant 0$$

因此，当 $x \geqslant 0$ 时为增函数，当 $x=0$ 时 0 为最小值。综合上面两个结论的不等式，可以得到如下结论：

$$p_{\mathrm{error}} \leqslant \exp\Big(-2\sum_{t=1}^{T}\gamma_t^2\Big)$$

结论指出，随着迭代的进行，强分类器的训练误差会以指数级下降。随着弱分类器数量的增加，算法在测试样本集上的错误率一般也会持续下降。AdaBoost 算法不仅能够减小模型偏差，还能减小方差。由于会关注错分样本，因此对噪声数据可能会比较敏感。

2.8.2 广义加法模型

AdaBoost 算法的优化目标可以用广义加法模型进行解释，从而推导出其训练算法。广义加法模型拟合的目标函数是多个基函数的线性组合：

$$F(x) = \sum_{i=1}^{M} \beta_i f(x; \gamma_i) \qquad (2.71)$$

其中，γ_i 为基函数的参数，β_i 为基函数的权重系数。训练时要确定基函数的参数和权重值。训练的目标是最小化所有样本的损失函数：

$$\min_{\beta_j, \gamma_j} \sum_{i=1}^{l} L\left(y_i, \sum_{j=1}^{M} \beta_j f(x_i; \gamma_j)\right) \qquad (2.72)$$

训练算法依次确定每个基函数的参数和权重。接下来将从广义加法模型推导出 AdaBoost 训练算法，给出 AdaBoost 算法在理论上的解释。首先定义强分类器对单个训练样本的损失函数：

$$L(y, F(x)) = \exp(-yF(x)) \qquad (2.73)$$

这里使用了指数损失函数。标签值与强分类器的预测值越接近，损失函数的值越小，反之越大。使用指数损失函数而不用均方误差损失函数的原因是均方误差损失函数应用在分类问题的效果不好。将广义加法模型的预测函数代入损失函数(2.73)中，得到算法训练时要优化的目标函数为：

$$(\beta_j, f_j) = \arg\min_{\beta, f} \sum_{i=1}^{l} \exp(-y_i(F_{j-1}(x_i) + \beta f(x_i))) \qquad (2.74)$$

这里将指数函数拆成两部分，已有的强分类器 F_{j-1}，以及当前弱分类器 f 对训练样本的损失函数。前者在之前的迭代中已经求出，因此可以看成常数。这样目标函数可以简化为：

$$\min_{\beta, f} \sum_{i=1}^{l} \omega_i^{j-1} \exp(-\beta y_i f(x_i)) \qquad (2.75)$$

其中

$$\omega_i^{j-1} = \exp(-y_i F_{j-1}(x_i))$$

ω_i^{j-1} 只和前面迭代得到的强分类器有关，与当前的弱分类器、弱分类器权重无关。这就是样本权重。(2.75)的最优问题可以分两步求解。首先将 β 看成常数，由于 y_i 和 $f(x_i)$ 的取值只能为+1 或−1，显然，要让上面的目标函数最小化，二者必须相等。因此，损失函数对 $f(x)$ 的最优解为：

$$f_i = \arg\min_f \sum_{i=1}^{l} \omega_i^{j-1} I(y_i \neq f(x_i)) \qquad (2.76)$$

式中，I 为指标函数，根据括号中的条件是否成立，其取值为 0 或者 1。式(2.76)的最优解是使得对样本的加权误差率最小的弱分类器。得到弱分类器之后，优化目标可以表示成 β 的函数：

$$e^{-\beta} \times \sum_{y_i = f_j(x_i)} \omega_i^{j-1} + e^{\beta} \times \sum_{y_i \neq f_j(x_i)} \omega_i^{j-1}$$

上式前半部分是被正确分类的样本；后半部分是被错误分类的样本，可以写成：

$$L(\beta) = (e^{\beta} - e^{-\beta}) \times \sum_{i=1}^{l} \omega_i^{j-1} I(y_i \neq f_j(x_i)) + e^{-\beta} \times \sum_{i=1}^{l} \omega_i^{j-1}$$

具体推导过程为：

$$e^{-\beta} \cdot \sum_{y_i = f_j(x_i)} \omega_i^{j-1} + e^{\beta} \cdot \sum_{y_i \neq f_j(x_i)} \omega_i^{j-1}$$

$$= e^{-\beta} \cdot \sum_{y_i = f_j(x_i)} \omega_i^{j-1} + e^{-\beta} \cdot \sum_{y_i \neq f_j(x_i)} \omega_i^{j-1} - e^{-\beta} \cdot \sum_{y_i \neq f_j(x_i)} \omega_i^{j-1} + e^{\beta} \cdot \sum_{y_i \neq f_j(x_i)} \omega_i^{j-1}$$

$$= e^{-\beta} \cdot \sum_{i=1}^{l} \omega_i^{j-1} + (e^{\beta} - e^{-\beta}) \cdot \sum_{y_i \neq f_j(x_i)} \omega_i^{j-1}$$

$$= e^{-\beta} \cdot \sum_{i=1}^{l} \omega_i^{j-1} + (e^{\beta} - e^{-\beta}) \cdot \sum_{i=1}^{l} \omega_i^{j-1} I(y_i \neq f_j(x_i))$$

函数在极值点的导数为 0，即

$$(e^{\beta} + e^{-\beta}) \times \sum_{i=1}^{l} \omega_i^{j-1} I(y_i \neq f_j(x_i)) - e^{-\beta} \sum_{i=1}^{l} \omega_i^{j-1} = 0$$

由此得到关于 β 的方程：

$$(e^{\beta} + e^{-\beta}) \cdot err_j - e^{-\beta} = 0$$

最优解为：

$$\beta = \frac{1}{2} \ln \frac{1 - err_j}{err_j}$$

式中，err_j 为弱分类器对训练样本集的加权错误率：

$$err_j = \left(\sum_{i=1}^{l} \omega_i^{j-1} I(y_i \neq f_j(x_i)) \right) \Big/ \left(\sum_{i=1}^{l} \omega_i^{j-1} \right)$$

得到当前的弱分类器之后，对逼近函数更新：

$$F_j(x) = F_{j-1}(x) + \beta_j f_j(x)$$

代入指数损失函数，导致下次迭代时样本的权重为：

$$\omega_i^j = \omega_i^{j-1} \cdot \exp(-\beta_j y_i f_j(x_i))$$

上式为样本权重的更新公式。AdaBoost 训练算法是求解上述最优化问题的过程。

2.8.3　实现细节问题

本节介绍了 AdaBoost 算法实现的细节问题，包括弱分类器的选择和弱分类器数量的确定，以及样本权重削减技术，它们对算法的精度至关重要。

1. 弱分类器

选用什么分类器作为弱分类器是实现 AdaBoost 算法时需要考虑的一个问题。最核心的要求是计算简单，而且是非线性模型，精度不用太高。一般选用决策树，即使是最简单的只有一个内部节点的决策树，只要弱分类器的数量足够大，强分类器也有很高的精度。

如果用决策树作为弱分类器，其训练算法与标准决策树基本相同，不同的是要考虑样本权重。AdaBoost 的弱分类器要求解带权重的误差最小化问题：

$$\min_{f} \sum_{i=1}^{N} \omega_i^{m-1} I(y_i \neq f(x_i)) \tag{2.77}$$

加上样本权重之后，Gini 纯度计算公式为：

$$G = \frac{\sum_i \left(\sum_{j,\, y_j=i} \omega_{\mathrm{L},j} \right)^2}{\sum_i \omega_{\mathrm{L},i}} + \frac{\sum_i \left(\sum_{j,\, y_j=i} \omega_{\mathrm{R},j} \right)^2}{\sum_i \omega_{\mathrm{R},i}} \tag{2.78}$$

式中，$\sum_i \omega_{\mathrm{L},i}$ 为左子节点所有样本权重之和；$\sum_i \omega_{\mathrm{R},i}$ 为右子节点所有样本权重之和；$\sum_{j,\, y_j=i} \omega_{\mathrm{L},j}$ 为左子节点第 i 类样本权重之和；$\sum_{j,\, y_j=i} \omega_{\mathrm{R},j}$ 为右子节点第 i 类样本权重之和。对于回归问题，计算回归误差下界值时也需要考虑样本权重。对于分类树，比较阈值通过最小化 Gini 纯度或者误分类率指标得到。对于回归树，此阈值通过最大化回归误差下界值得到。

叶子节点值与标准决策树也有所不同，需要与各种 AdaBoost 弱分类器的输出值相对应。对于离散型和实数型 AdaBoost，其输出值分别为类别标签±1 和实数值。作为回归树使用时，用于 logit 和 gentle 型 AdaBoost，树的输出值为实数。

2. 弱分类器的数量

弱分类器的数量与训练误差之间的关系在前面已经给出结论。具体用多少个弱分类器合适需要根据问题的实际情况决定。一般是在训练时一直增加弱分类器的个数，同时统计训练误差或者测试误差，当误差达到某一指定的阈值时终止迭代。在后文的目标检测应用中会看到这种做法的实现细节。

3. 样本权重削减

在训练过程中，随着样本权重调整，有些样本的权重可能会趋向于 0。这些样本在后面的训练中所起的作用不大，因此可以剔除这些样本，称为权重削减。具体做法是设定一个阈值，在迭代时，如果样本的权重小于该阈值，则不参加后续的训练。

第 3 章　深度学习

　　目前，深度学习已经超越了基于神经科学观点的机器学习模型，使得学习多层次组合的这一设计原则更加吸引人。第一代的深度前馈神经网络有如下三个问题：一是可用的训练数据量远小于模型中的参数量，容易出现过（欠）拟合现象；二是随着层级的增加，模型的优化目标函数呈现出高度非凸性，由于待优化参数所在的可行域中存在着大量的鞍点和局部极小值点，所以参数初始化策略影响着网络模型的稳定性和收敛性；三是基于误差的反向传播算法越靠近输出层变化越大，越靠近输入层变化越小，使得原本通过梯度下降方式来实现逐层参数更新的方法会导致梯度弥散现象发生。为了解决第一个问题，研究者们提出了深度卷积神经网络和深度循环神经网络，其核心均是通过约减参数量间接提升数据量的方式防止过拟合现象发生；针对第二个问题和第三个问题，研究者们引入了基于自编码器的逐层初始化策略，以期获取的初始化参数能够避免过早地陷入局部最优，同时弱化或克服梯度弥散现象，例如基于受限玻尔兹曼机的深度置信网络。进一步的研究表明，通过层级"深度"增加所构建的深度神经网络，其性能不一定都会增加，有些网络的性能会出现严重下降。为了削弱"深度"对性能的依赖，研究者除了改变模型的设计结构，还提出了深度生成模型的设计思想，即通过生成训练数据集的概率密度函数来实现数据的扩充，具有代表性的模型有生成式对抗网络和变分自编码器。

　　本章首先介绍了两种基本的浅层神经网络模型，并在此基础上依次介绍了在深度学习发展过程中出现的典型模型，如深度信念网络、卷积神经网络、循环神经网络、生成对抗学习、强化学习、迁移学习。

3.1　深度学习概述

　　2006 年，Hinton 在 Science 上发表一篇突破性的文章，提出多层前馈神经网络能分层预训练。具体过程为将每一层视为一个无监督的受限玻尔兹曼机（restricted Boltzmann machine，RBM），然后使用有监督的反向传播算法对其进行微调。多层神经网络拥有更强的学习能力，在这种训练方式下，其计算复杂度大大减少。随着计算机技术的快速发展，计算能力能满足深度神经网络的计算需求。另外，这样的结构能解决传统神经网络因网络过深产生的陷入局部最小值问题，网络性能更好。在这样的思想指导下，深度学习成了备受关注的热点问题。

　　深度学习是对数据进行表征学习的机器学习方法，它通过深层神经网络将数据底层特征组合成高层特征表示，并用于分类、预测等任务。与传统神经网络、逻辑回归、支持向量机、决策树等传统浅层学习的机器学习方法相比，其网络深度更深，非线性表征能力更强，网络学习能力更强。浅层学习在处理复杂问题时往往效果欠佳，即使是在样本数充足的情况下。这是因为网络复杂度较低，学习能力不强，即使输入大量样本，也无法学习到某些重要的细节特征。过去由于计算能力的限制，盲目增加网络层数和参数，容易导致网络收敛过慢和过拟合。如今的深度学习技术能有效地解决这些问题，在增加网络深度的同时，利用贪婪逐层训练法防止过拟合，提高网络性能。

3.2　深度学习基础

主流的深度学习模型大多是在简单的浅层网络模型基础上演化而来，故在介绍深度学习模型之前，先介绍两种常见的浅层神经网络模型。

3.2.1　BP 神经网络

反向传播(backpropagation，BP)神经网络是一种按误差反向传播算法训练的多层前馈网络，是目前神经网络领域中算法结构最为成熟，应用最为广泛的神经网络模型之一。BP 网络模型的拓扑结构包括输入层、隐含层以及输出层，可通过学习大量输入输出数据样本，由其学习规则——梯度下降算法，通过反向传播方式不断调整网络的权值与阈值，建立起能够反应该种模式间输入和输出关系的数学模型。该算法可逼近任意的连续函数，具有很强的非线性映射能力。

1. 模型结构

BP 神经网络的结构一般由一个输入层、一个或多个隐藏层(也称中间层)和一个输出层构成，关键参数主要有层的数目、每一层中神经元的数目、网络的权重和偏置。一个具有三层的 BP 神经网络的结构如图 3.1 所示，该模型由一个输入层(input layer)、一个隐藏层(hidden layer)和一个输出层(output layer)组成。每一层都由若干个神经元(又称节点)构成，每个神经元具有一个或多个输入信号和一个输出信号；输入信号通过带权重的连接，经过加法器求和，再通过激活函数得到输出信号。同一层内的神经元之间没有连接，相邻两层间的神经元之间存在全连接。激活函数的主要作用是限制神经元输出信号的幅值，可以为线性函数或非线性函数。

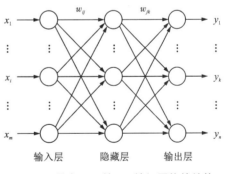

图 3.1　具有三层的 BP 神经网络的结构

2. 激活函数

激活函数的主要作用是限制神经元输出信号的幅值，可以为线性函数或非线性函数。常用的激活函数包括线性函数、阶跃函数和 sigmoid 函数，如图 3.2 所示，分别定义如下。

(1)线性函数

$$f(x) = x \tag{3.1}$$

如图 3.2(a)所示，线性激活函数将输入信号不经过任何变换，直接传输给神经元作为输入信号。

（2）阶跃函数

$$\mathrm{sgn}(x)=\begin{cases}1,\ x\geqslant 0\\0,\ x<0\end{cases} \tag{3.2}$$

理想的激活函数为阶跃函数，如图 3.2（b）所示。该函数将输入信号映射为输出信号的"0"或"1"，因此，阶跃函数具有不光滑、不连续的性质。

（3）sigmoid 函数

$$\mathrm{sigmoid}(x)=\frac{1}{1+e^{-x}} \tag{3.3}$$

实际工程中常用的激活函数一般选取 sigmoid 函数，也称为 S 型函数、logistic 函数或挤压函数，如图 3.2（c）所示。sigmoid 函数及其导数均连续，无论输入信号的幅值多大，都能将输出信号挤压到（0，1）的范围内。

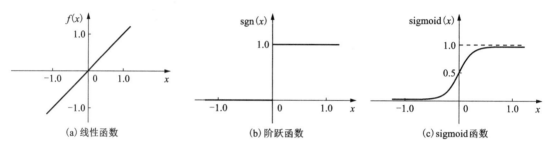

(a) 线性函数　　　　　　　(b) 阶跃函数　　　　　　　(c) sigmoid 函数

图 3.2　常用的神经元激活函数

除了以上最常用的两种激活函数外，还有双曲正切函数（hyperbolic tangent）、饱和线性函数（saturating linear）、竞争函数（competitive）、ReLU 激活函数（rectified linear unit，ReLU）等类型。

3. 学习算法

BP 神经网络的训练过程是通过最小化输出误差的二次函数来实现的，即损失函数。如果网络的输出达不到期望值，则进行误差的逆向传播，不断地调整网络的权重矩阵和偏置，并修正预测误差，直至预设的最大迭代次数或者训练精度，使得模型的实际输出与期望输出逐渐逼近。

如图 3.1 所示的 BP 神经网络，给定训练样本 x_1，x_2，$\cdots$，x_m，对应的期望输出为 y_1，y_2，$\cdots$，y_n，网络的实际输出为 $\hat{y}_1$，$\hat{y}_2$，$\cdots$，$\hat{y}_n$，BP 神经网络的训练过程简介如下。

步骤 1：输入信号的正向传播。输入层的各个神经元接收输入样本，并正向传递给隐藏层的各个神经元。隐藏层对接收到的信息进行处理，将处理后的信息传递给输出层。

（1）计算隐藏层神经元 j 的输入：

$$u_j=\sum_{i=1}^{m}w_{ij}x_i+\theta_j,\ j=1,2,\cdots,l \tag{3.4}$$

式中，w_{ij} 为输入层神经元 i 与隐藏层神经元 j 之间的连接权值；x_i 为输入信号；θ_j 为隐藏层神经元 j 的偏置；u_j 为隐藏层神经元 j 的输入。

（2）计算隐藏层神经元 j 的输出：

$$h_j = f_1(u_j) = \frac{1}{1 + e^{-u_j}}, \quad j = 1, 2, \cdots, l \tag{3.5}$$

式中, $f_1(\cdot)$ 为隐藏层神经元的激活函数, 一般为 sigmoid 函数或者双曲正切函数; h_j 为隐藏层神经元 j 的输出。

(3) 计算输出层神经元 k 的输入:

$$o_k = \sum_{j=1}^{l} w_{jk} h_j + \alpha_k, \quad k = 1, 2, \cdots, n \tag{3.6}$$

式中, w_{jk} 为隐藏层神经元 j 与输出层神经元 k 之间的连接权值, $k = 1, 2, \cdots, n$; α_k 为输出层神经元 k 的偏置; o_k 为输出层神经元 k 的输出。

(4) 计算输出层神经元 k 的输出:

$$\hat{y}_k = f_2(o_k) = \frac{1}{1 + e^{-o_k}}, \quad k = 1, 2, \cdots, n \tag{3.7}$$

式中, $f_2(\cdot)$ 为输出层的激活函数; $\hat{y}_k$ 为输出层神经元 k 的输出。

步骤 2: 误差反向传播。网络的期望输出与实际输出的差值即网络的误差。从网络的输出层开始, 逐层求出神经元的输出误差; 根据误差的梯度下降法来微调每一层的连接权重和阈值, 使网络的输出误差逼近期望值。

(1) 计算输出层神经元 k 的误差:

$$e_k = (y_k - \hat{y}_k)\hat{y}_k(1 - \hat{y}_k), \quad k = 1, 2, \cdots, n \tag{3.8}$$

(2) 计算隐藏层神经元 j 的误差:

$$d_j = \left(\sum_{k=1}^{n} e_k w_{jk} \right) h_j(1 - h_j), \quad j = 1, 2, \cdots, l \tag{3.9}$$

(3) 更新输出层与隐藏层之间的权值和偏置:

$$\Delta w_{jk}(t + 1) = \eta_1 e_k h_j, \quad j = 1, 2, \cdots, l, \quad t = 1, 2, \cdots, m \tag{3.10}$$

$$\Delta \alpha_k(t + 1) = \eta_1 e_k, \quad t = 1, 2, \cdots, m \tag{3.11}$$

式中, η_1 为学习率, $1 < \eta_1 < 0$。

(4) 更新隐藏层与输入层之间的权值和偏置:

$$\Delta w_{ij}(t + 1) = \eta_2 d_j x_i, \quad i = 1, 2, \cdots, m, \quad t = 1, 2, \cdots, m \tag{3.12}$$

$$\Delta \theta_j(t + 1) = \eta_2 d_j, \quad t = 1, 2, \cdots, m \tag{3.13}$$

式中, η_2 为学习率, $1 < \eta_2 < 0$。

步骤 3: 计算网络期望输出和实际输出的误差。

$$E_k = \frac{1}{2} \sum_{k=1}^{n} (y_k - \hat{y}_k)^2 \tag{3.14}$$

式中, y_k 为期望输出; $\hat{y}_k$ 为实际输出; E_k 为网络期望输出与实际输出间的误差, 若 E_k 小于预设的误差值, 则网络收敛, 训练完毕, 否则转到步骤 1 继续训练, 直到 E_k 小于预设的误差值。

3.2.2 受限 Boltzmann 机

1986 年, Hinton 教授和 Sejnowski 提出了一种基于概率的随机神经网络模型, 称为 Boltzmann 机。该模型由随机的神经元构成, 输出为激活或抑制(采用二进制的 0 或 1 表示)的二元状态, 状态的取值是基于概率统计的法则获得的。Boltzmann 机由一个可视层和一个隐藏层构成,其中可视层包含 Boltzmann 机的输入和输出;隐藏层是网络的信息容器,用来扩展网络的记忆容量,增强模型的信息处理能力。构成网络的神经元之间采用双向对称的全连接方式,神经元自身无反馈。Boltzmann 机能够从复杂的数据中学习到潜在的特征,具有较强的特征学习能力;但是网络的训练速度较慢,耗时较长,无法准确计算其表示的分布,相应的样本也难得到。为了克服 Boltzmann 机的不足,Smolensky 引入了一种受限 Boltzmann 机。

1. 模型结构

受限 Boltzmann 机的网络结构如图 3.3 所示。受限 Boltzmann 机与 Boltzmann 机的拓扑结构相似,都由可视层和隐藏层构成。图 3.3 中 v_i 和 h_j 分别表示可见层第 i 个神经元和隐藏层第 j 个神经元的状态,$\boldsymbol{W}$ 为可视层和隐藏层间的权重矩阵;两层的神经元之间具有双向对称的全连接,即可视层第 i 个神经元和隐藏层第 j 个神经元之间连接权重为 $w_{ij}=w_{ji}$,但可视层或隐藏层同层内的神经元之间没有连接,这是其与 Boltzmann 机的区别。

经典受限 Boltzmann 机的可见层和隐藏层神经元均符合伯努利分布,给定一组可见层神经元和隐藏层神经元的状态 (v, h),则其能量函数为:

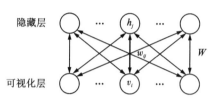

图 3.3　受限 Boltzmann 机

$$E(v, h) = -a^{\mathrm{T}}v - b^{\mathrm{T}}h - h^{\mathrm{T}}\boldsymbol{W}v \quad (3.15)$$

式中,a 和 b 分别为可视层和隐藏层神经元的偏置向量;v 和 h 分别为可视层和隐藏层神经元的状态向量,每个神经元均为二值状态。

由于隐藏层内神经元之间无连接,则能量函数的解析形式为:

$$FE(v) = -a^{\mathrm{T}}v - \sum_j \lg \sum_{h_j} e^{h_j(a_j + \boldsymbol{W}_j v)} \quad (3.16)$$

给定可视层的状态时,隐藏层条件概率分布为:

$$P(h \mid v) = \prod_j P(h_j \mid v) \quad (3.17)$$

$$P(h_j = 1 \mid v) = f(b_j + \boldsymbol{W}v) \quad (3.18)$$

式中,$f(\cdot)$ 为 sigmoid 函数。

由式(3.18)可知,若给定可视层神经元状态时,隐藏层神经元的概率分布为相互条件独立。

由于受限 Boltzmann 机的拓扑结构中可视层和隐藏层是对称的,若给定隐藏层神经元的状态,则可视层神经元的条件概率分布为:

$$P(v \mid h) = \prod_i P(v_i \mid h) \quad (3.19)$$

$$P(v_i = 1 \mid h) = f(a_i + \boldsymbol{W}v) \quad (3.20)$$

受限 Boltzmann 机的训练过程为不断地调整参数 $\{\boldsymbol{W}, a, b\}$,使得由模型表示的概率分布在该参数下尽可能地拟合训练样本。用参数 θ 表示模型的参数 $\{\boldsymbol{W}, a, b\}$,给定独立同分布的训练样本,受限 Boltzmann 机采用最大似然法则进行训练:

$$\theta^* = \arg \max_\theta \lg P(v, \theta) \quad (3.21)$$

当参数 θ 分别取 W、a 和 b 时,对数似然函数关于参数 θ 的梯度为:

$$\frac{\partial \lg P(v)}{\partial W} = \langle vh \rangle_{\mathrm{data}} - \langle vh \rangle_{\mathrm{model}} \quad (3.22)$$

$$\frac{\partial \lg P(v)}{\partial a} = \langle v \rangle_{\text{data}} - \langle v \rangle_{\text{model}} \tag{3.23}$$

$$\frac{\partial \lg P(v)}{\partial b} = \langle h \rangle_{\text{data}} - \langle h \rangle_{\text{model}} \tag{3.24}$$

式中，$\langle \cdot \rangle_{\text{data}}$ 和 $\langle \cdot \rangle_{\text{model}}$ 分别为变量关于数据和模型分布的数学期望。

受限 Boltzmann 机训练采用梯度下降法来更新模型的参数，通过不断迭代的方式进行逼近：

$$\theta(k+1) = \theta(k) + \alpha \frac{\partial \lg P(v)}{\partial \theta} \tag{3.25}$$

式中，θ 为模型的参数；α 为参数的学习速率。

2. 对比散度算法

Hinton 教授于 2002 年提出了对比散度算法（contrastive divergence，CD），通过采样对式（3.22）~式（3.24）中的数据和模型分布的数学期望进行估计。其中数据分布的数学期望可通过实际样本进行估计，模型分布的数学期望则对模型分布采样。对比散度算法使用 Gibbs 采样算法进行采样。假设 n 个随机变量的集合为 $S = \{S_1, S_2, \cdots, S_n\}$，执行 K 步 Gibbs 采样，每个步骤都可以表示为：

$$S_i \sim P(S_i | S_{n-i}) \tag{3.26}$$

式中，S_{n-i} 为集合 S 中除了变量 S_i 以外的其他变量集合。

式（3.26）表示给定其他变量集合 S_{n-i} 时，采样变量 S_i 的概率密度分布，得到变量 S_i 的样本。如此循环采样 K 次，当集合 S 中的 n 个变量的样本均采样完成后，得到一个样本集 S。若采样的次数 K 趋近于无穷大时，得到的样本集收敛于 $P(S)$。

根据式（3.26）可以发现，给定可视层神经元的状态时，受限 Boltzmann 机的隐藏层神经元的状态条件独立；给定隐藏层神经元的状态时，可视层神经元的状态条件独立。所以，受限 Boltzmann 机的 Gibbs 采样过程分为两步，如图 3.4 所示。

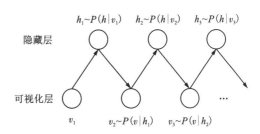

图 3.4　Gibbs 采样过程

图 3.4 中，首先给定可视层神经元的状态 v。根据式（3.26）对隐藏层的所有神经元进行采样，得到隐藏层神经元的状态 h；再给定隐藏层神经元的状态 h。根据式（3.26）对可视层的所有神经元进行采样，得到可视层神经元的状态 v。通过上述两个步骤的采样，得到一组状态样本 $\{v, h\}$。如此循环采样 K 次，当采样步数 K 趋向于无穷大时，此时得到的状态样本 $\{v, h\}$ 收敛于模型分布的状态样本。

在对比散度算法中，受限 Boltzmann 机通过 K 步 Gibbs 采样可以得到近似模型分布的状态样本，梯度计算采用实际样本作为期望。与直接使用对数似然梯度来更新模型相比，对比散度算法进行了以下两步近似：

（1）梯度计算时，数据分布的期望采用单个样本或者一批样本（batch）的均值近似处理。

（2）模型的样本使用 K 步采样得到的状态样本近似处理。

当采样步数 K 趋向于无穷大时，采样得到了模型的无偏样本。由于计算量的限制，实际

应用时采样步数 K 根本无法取到很大的值。Hinton 教授通过大量的实验发现，当 K 为 1 时能够得到理想的训练结果。

3.3   深度信念网络

深度信念网络(deep belief network, DBN)是一个概率生成模型，与传统判别模型的神经网络相对应，生成模型是建立一个观察数据和标签之间的联合分布。深度信念网络通过采用逐层训练的方式，解决了深层次神经网络的优化问题；通过逐层训练为整个网络赋予了较好的初始权值，使得网络只需经过微调即可达到最优解。

3.3.1   模型结构

深度信念网络是由多个受限 Boltzmann 机堆叠构成，包含一个输入层(又称为可见层)、多个隐藏层和一个输出层。其模型的拓扑结构如图 3.5 所示。深度信念网络中可视层神经元服从高斯分布或伯努利分布，隐藏层神经元服从伯努利分布。模型中每一层层内的神经元之间没有连接，每一层的每个神经元与其相邻层的所有神经元之间均相连。

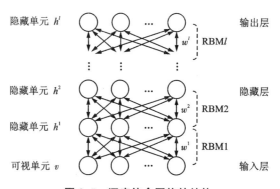

图 3.5   深度信念网络的结构

由图 3.5 可知，第一个受限 Boltzmann 机的可视层作为深度信念网络的输入层；第一个受限 Boltzmann 机的隐藏层作为深度信念网络的第一个隐藏层，同时也是第二个受限 Boltzmann 机的输入层；第二个受限 Boltzmann 机的隐藏层作为深度信念网络的第二个隐藏层，同时也是第三个受限 Boltzmann 机的输入层。依此类推，通过向上层层堆叠，构成具有 l 个隐藏层的深度信念网络。此时，可视层和隐藏层的联合分布概率可以表示为：

$$P(v, h^1, \cdots, h^l) = P(v|h^1)P(h^1|h^2)\cdots P(h^{l-1}|h^l) \tag{3.27}$$

若给定深度信念网络模型中上一个隐藏层，则下一个隐藏层的条件概率分布可以利用受限 Boltzmann 机的条件概率密度公式计算得到：

$$P(h^{k-1}|h^k) = \prod_j P(h_j^{k-1}|h^k) \tag{3.28}$$

$$P(h_j^{k-1} = 1|h^k) = \varphi\left(b_j^{k-1} + \sum_j w_j^{k-1}h_j^{k-1}\right) \tag{3.29}$$

式中，$\varphi(\cdot)$ 为 sigmoid 激活函数；b 为偏置；w 为深度信念网络相邻两层神经元间的连接权重。

若给定第一个隐藏层，则可视层的条件概率分布为：

$$P(v|h^1) = \prod_j P(v_j|h^1) \tag{3.30}$$

$$P(v_j|h^1) = \mathscr{N}\left(v; \ b^1 + w^1 h^1, \ \sum\right) \tag{3.31}$$

式中，$\mathscr{N}(\cdot)$ 为高斯分布，又称为正态分布；$\sum$ 为正态分布的协方差阵，一般在训练深度信念网络前对数据进行预处理，将协方差阵变为单位矩阵，表示可视层的各神经元在给定隐藏层时条件独立。

深度信念网络的边缘概率密度函数为：

$$P(v) = \sum_{h^1} \sum_{h^2} \cdots \sum_{h^l} P(v, \ h^1, \ h^2, \ \cdots, \ h^l) \tag{3.32}$$

深度信念网络模型中最顶层的两个隐藏层为一个受限 Boltzmann 机，$P(h^{l-1}|h^l)$ 服从受限 Boltzmann 机分布。当模型中只有一个隐藏层时，退化为一个受限 Boltzmann 机。由于深度信念网络的概率密度分布中包含一个受限 Boltzmann 机分布，所以其配分函数无法求得；深度信念网络的概率分布需要对隐藏层的所有神经元求和，所以深度信念网络的边缘概率密度没有解析表达式，无法计算，不能直接采用最大似然准则进行训练。

3.3.2 学习算法

Hinton 等提出了一种快速高效的贪婪逐层训练算法，即一个个受限 Boltzmann 机按叠加的顺序进行训练，如图 3.6 所示。具体的训练过程如下。

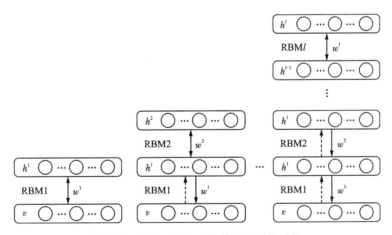

图 3.6　深度信念网络贪婪逐层训练过程

首先训练深度信念网络中最下面两层所组成的受限 Boltzmann 机；随机选择训练数据，从可视层输入到网络，利用最大似然准则得到第一个受限 Boltzmann 机模型的参数。然后固定其参数，采用条件概率分布的公式，计算下一隐藏层的概率：

$$P(h_i^1 = 1|v) = \varphi\left(b_i^1 + \sum_j w_{ij}^1 v_j^1\right) \tag{3.33}$$

以此作为训练数据用来训练下一层受限 Boltzmann 机，即下一层受限 Boltzmann 机的训练是实际数据输入时对上一层受限 Boltzmann 机隐藏层的采样进行的建模。这一步可以作最大

化，即

$$E_{v \sim P_{\text{data}}} E_{h^1 \sim P^1(h^1|v)} \lg P^2(h^1) \tag{3.34}$$

不断重复上述训练过程，直到深度信念网络中最上层的受限 Boltzmann 机训练完成，此时深度信念网络训练完成。

3.4 卷积神经网络

卷积神经网络的运行与传统的前馈神经网络非常相似，它们都由具有可学习的权重和偏置常量的神经元组成。每个神经元都接收一些输入，并做点积计算；输出是每个分类的分数，普通神经网络里的一些计算技巧到这里依旧适用。它们的区别在于，卷积神经网络默认输入是图像，且其层中操作是通过层之间稀疏的连接在空间上组织的。

卷积神经网络通常包含卷积层（convolutional layer）、线性整流层（rectified linear units layer, ReLU layer）、池化层（pooling layer）和全连接层（fully-connected layer）。卷积神经网络中每层卷积层由若干卷积单元组成，每个卷积单元的参数都是通过反向传播算法优化得到。卷积运算的目的是提取输入的不同特征，第一层卷积层只能提取一些低级的特征，如边缘、线条和角等，更多卷积层能从低级特征中迭代提取更复杂、更深层的特征。线性整流层又称为 ReLU 层，因为这一层神经元的激活函数使用了线性整流函数 ReLU，即 $f(x) = \max(0, x)$。通常在卷积层之后会得到维度很大的特征，池化层将特征切成几个区域，取其最大值或平均值，得到新的维度较小的特征。全连接层把所有局部特征结合变成全局特征，用来计算最后每一类的得分。

3.4.1 卷积层

普通神经网络把输入层和隐藏层进行全连接设计。从计算的角度来讲，相对较小的图像从整幅图像中计算特征是可行的。但如果是更大的图像（比如 96×96 的图像），使用全连接方法来学习整幅图像上的特征将非常耗时。此时需要设计大约 10^4 个输入单元，如果有 100 个特征，则约有 10^6 个参数需要学习。与 28×28 的小块图像相比，96×96 的图像使用前向传播或者后向传导的计算方式，计算过程大约会慢 100 倍。对此，在卷积层中对隐藏单元和输入单元间的连接加以限制，即每个隐藏单元仅仅连接输入图像的一小片相邻区域，而每个隐藏单元连接的输入区域大小称为神经元的感受野。

1. 卷积操作

在卷积神经网络中，参数被组织成一组三维结构单元，称为滤波器或核。滤波器在空间维度上通常是正方形的，比滤波器所应用的层的空间尺寸小得多。另外，滤波器的深度始终与应用它的层的深度相同。假设第 q 层中滤波器的高度（长度）、宽度（广度）和深度表示为 $F_q \times B_q \times d_q$，图 3.7(a) 是 $F_q = B_q = 5$ 和 $d_q = 3$ 的一个滤波器示例。F_q 的值通常为 3 和 5，有时也会选择 1。

卷积操作指将滤波器放置在输入图像中每个可能的位置，使得滤波器与需要操作的图像部分（感受野）完全重叠，并且对滤波器中的 $F_q \times F_q \times d_q$ 参数与感受野（具有相同尺寸大小 $F_q \times F_q \times d_q$）中的匹配网格执行点积，进而得到下一层的特征空间尺寸。有多少个位置可以放置滤波器？滤波器和图像之间的对齐数定义了下一个隐藏层的空间高度和宽度。比如，在第 q 层

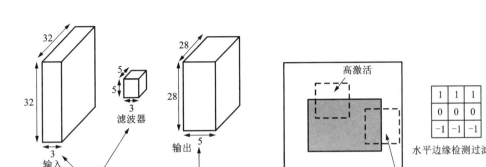

图 3.7　卷积层中滤波器的性质

中执行卷积时，可以将滤波器在沿高度为 $L_{q+1}=L_q-F_q+1$ 且沿宽度为 $B_{q+1}=B_q-F_q+1$ 的位置对齐，即使滤波器的一部分不从图像的边界伸出。这就产生了 $L_{q+1}\times B_{q+1}$ 个可能的点积，定义了下一个隐藏层的大小。在图 3.7（a）中，第二个隐藏层的尺寸计算如下：

$$L_2 = 32 - 5 + 1 = 28$$
$$B_2 = 32 - 5 + 1 = 28$$

即，第二个隐藏层尺寸为 28×28。注意，该隐藏层的深度 $d_2=5$。这个深度是通过使用 5 个不同的滤波器和它们自己独立的参数集得到的。从单个滤波器的输出获得的这 5 组空间排列特征中的每一组都被称为特征图。特征图数量的增加是由于滤波器数量（即参数占用）的增加，第 q 层的滤波器数量为 $F_q^2 \cdot d_1 \cdot d_{q+1}$。每个层中使用的滤波器数量控制模型的容量，因为它直接控制参数的数量。此外，增加特定层中的滤波器的数量会增加下一层的特征图的数量（即深度）。根据前一层中用于卷积操作的滤波器的数量，不同的层可能具有非常不同数量的特征图。通常，在卷积神经网络结构中，后面的层往往具有较小的空间占用，但特征图的数量较多，具有较大的深度。例如，图 3.7（b）所示的滤波器表示具有一个通道的灰度图像上的水平边缘检测过滤器，生成的特征在每个检测到水平边缘的位置具有高激活。完全垂直的边缘将提供零激活，倾斜的边缘可能提供中等激活。在图像中的所有位置滑动滤波器，将在输出的单个特征图中检测到图像的多个关键轮廓。多个滤波器用于创建具有多个特征图的输出。例如，另一个滤波器可能会创建垂直边缘激活的空间特征图。

基于上述介绍，给出卷积操作的数学描述。第 q 层中的第 p 个滤波器具有由三维张量 $W^{(p,q)} = \left[w_{ijk}^{(p,q)}\right]$ 表示的参数。字母 i、j 和 k 分别表示滤波器沿高度、宽度和深度的位置。第 q 层的特征图由三维张量 $H^{(q)} = \left[h_{ijk}^{(q)}\right]$ 表示。当 q 的值为 1 时（即 $H^{(1)}$）仅表示输入层。从第 q 层到第 $q+1$ 层的卷积操作定义如下：

$$h_{ijp}^{(q+1)} = \sum_{r=1}^{F_q} \sum_{s=1}^{F_q} \sum_{k=1}^{d_q} w_{rsk}^{(p,\,q)} h_{i+r-1,\,j+s-1,\,k}^{(q)}$$

$$\forall\, i \in \{1, \cdots, L_q - F_q + 1\}$$

$$\forall\, j \in \{1, \cdots, B_q - F_q + 1\}$$

$$\forall\, p \in \{1, \cdots, d_{q+1}\}$$

如图 3.8 所示，以两个具体的卷积操作为例，介绍卷积操作过程。为简单起见，将输入层和滤波器的深度均设为 1。在最下面一行有一个大小为 7×7×1 的层和一个 3×3×1 的滤波器。此外，下一层的整个特征图显示在图 3.8 的右上角。图 3.8 中两个例子的输出分别为 16 和 26，运算过程如下：

$$5 \times 1 + 8 \times 1 + 1 \times 1 + 1 \times 2 = 16$$

$$4 \times 1 + 4 \times 1 + 4 \times 1 + 7 \times 2 = 26$$

在上式的求和中省略了带零的乘法。如果层及其对应的滤波器的深度大于 1，则对每个空间图执行上述运算，然后在滤波器的整个深度上求和。

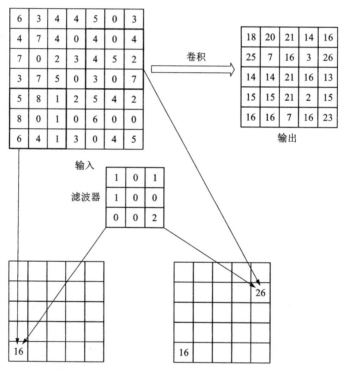

图 3.8   卷积操作示例

第 q 层的卷积将特征的感受野从第 q 层增加到第 $q+1$ 层，即下一层中的每个特征会在输入层中捕获更大的空间区域。当在三层中连续使用 3×3 滤波器卷积时，第一、第二和第三隐藏层中的激活模块分别捕获原始输入图像中大小为 3×3、5×5 和 7×7 的像素区域。例如，在图 3.8 中，卷积操作之后的元素 26 对应着上一层的 3×3 的矩形感受野。此外，当执行从第 q 层到第 $q+1$ 层的操作时，计算层的深度 d_{q+1} 取决于第 q 层中的滤波器数量，并独立于第 q 层的深度或其他维度。换句话说，第 $q+1$ 层中的深度 d_{q+1} 始终等于第 q 层中的滤波器数量。

2. 填充

在上述的卷积过程中，与第 q 层的大小相比，卷积操作减小了第 $q+1$ 层的大小。这种类型的尺寸缩减通常是不可取的，因为它往往会丢失沿图像边界或在隐藏层中沿特征图边界的一些信息。对此，研究者使用填充来解决，即在特征图的边界周围添加 $(F_q-1)/2$ 个像素，以保持空间占用。注意，在填充隐藏层的情况下，这些像素是实际的特征值。将每个填充特征值设为 0，与填充的是输入层还是隐藏层无关。输入空间的高度和宽度都将增加 F_q-1，这正是执行卷积之后在输出空间中减少的量。由于填充值为 0，填充部分对最终的点积结果没影响。在某种意义上，填充就是让卷积操作实现滤波器的一部分从层的边界"伸出"，然后仅在定义值的层的部分执行点积。这种类型的填充称为半填充，可以精确地保持空间占用。

另一种填充形式是完全填充。它允许滤波器完全从输入的各个方向伸出，例如，滤波器和输入图像可能在一个末端角落的单个像素处重叠。因此，输入在每一侧用 F_q-1 个零填充。换句话说，输入的每个空间维度增加 $2(F_q-1)$。如果原始图像中的输入维度为 L_q 和 B_q，输入中的填充空间维度变为 $L_q+2(F_q-1)$ 和 $B_q+2(F_q-1)$。在执行卷积之后，$q+1$ 层中的特征图维度分别变为 L_q+F_q-1 和 B_q+F_q-1。卷积通常会减少空间占用，完全填充则会增加空间占用。有趣的是，完全填充将空间占用的每个维度增加相同的值 F_q-1，而没有填充会减少该值。这种关系不是巧合，因为反向卷积操作可以通过在完全填充输出（原始卷积的）上应用另一个卷积来实现。该卷积具有适当定义的相同大小的核。这种反向卷积经常出现在卷积神经网络的反向传播和自编码器算法中。完全填充的输入增加了空间占用，这在卷积自编码器中是需要的。

3. 步长

卷积还有其他方法可以减少图像（或隐藏层）的空间占用。上述方法在特征图的每个空间位置执行卷积，但这不是必要的。通过使用步长的概念可以降低卷积的粒度级别。上面的描述对应于使用步长为 1 时的情况。在第 q 层中使用 S_q 的步长时，沿着第 q 层的两个空间维度在位置 1、S_q+1、$2S_q+1$ 等处执行卷积。执行此卷积时输出空间的高度和宽度分别为 $(L_q-F_q)/S_q+1$ 和 $(B_q-F_q)/S_q+1$。这样，步长将使层的每个空间维度约减少至 1/5，面积减少至 $1/S_q^2$。由于边缘效应，实际的因子可能会变化。通常使用步长 1，但偶尔也会使用步长 2。在正常情况下很少使用超过 2 的步长。较大的步长可能有助于内存受限的设置或在空间分辨率很高时减少过拟合。步长具有快速增加隐藏层中每个特征的感受野，同时减少整个层的空间占用的效果。当需要在图像的更大空间区域中捕获复杂特征时，增加感受野是有用的。卷积神经网络的层次特征计算过程会在后面的层中捕获更复杂的形状。

4. 偏置

可以在所有神经网络的前向操作中增加偏置。层中的每个滤波器都与其自身的偏置相关联，第 q 层中的第 p 个滤波器的偏置为 $b^{(p,q)}$。当使用第 q 层中的第 p 个滤波器执行任何卷积时，$b^{(p,q)}$ 的值都被添加到点积中。使用偏置只会将每个滤波器中的参数数量增加 1，因此不会产生显著的开销。像所有其他参数一样，在反向传播过程中学习偏置的值。可以将偏置视为输入始终设置为+1 的连接权重。不管卷积的空间位置如何，所有卷积都使用这个特殊的输入。因此，可以假设在输入中出现了一个特殊像素，其值始终设置为 1。因此，第 q 层的输入特征数为 $1+L_q×B_q×d_q$。这是一个标准的特征工程技巧，用于在所有形式的机器学习中处理偏置。

3.4.2　ReLU 层

激活函数是为了增加深度学习模型的非线性,如果没有激活函数,每层就相当于只是做了矩阵相乘。每一层输出都是上层输入的线性函数,无论神经网络有多少层,输出和输入之间都是线性关系,是最基本的感知机。加入激活函数,相当于神经元引入了非线性因素。神经网络可以任意逼近任何非线性函数,这样深度学习模型能够添加到众多的非线性模型中。目前,ReLU 函数被广泛地应用于深度学习模型中,其函数公式如下:

$$h(x)=\begin{cases} x & (x>0) \\ 0 & (x\leq 0) \end{cases} \tag{3.35}$$

深度学习中最大的问题是梯度消失问题,使用 tanh、sigmoid 等饱和激活函数的情况下特别严重。神经网络在进行方向误差传播时,各个层都要乘以激活函数的一阶导数,梯度每传递一层就会衰减一层;网络层数较多时,梯度 G 会不停衰减直到消失,使得训练网络收敛越来越慢。ReLU 函数克服了梯度消失的问题,凭借其线性、非饱和的形式,加快了模型的训练速度。

对于层中的每个 $L_q \times B_q \times d_q$ 值,可应用 ReLU 激活函数创建 $L_q \times B_q \times d_q$ 阈值。这些值随后传递到下一层。因此,应用 ReLU 不会更改层的维度,因为它是激活值的简单一对一映射。在传统神经网络中,激活函数与权重矩阵的线性变换相结合,产生下一层激活。类似地,ReLU 通常在卷积操作(这粗略等价于传统神经网络中的线性变换)之后,并且在卷积神经网络架构的图示中,ReLU 层通常没有明确显示。

3.4.3　池化层

池化层主要放在每个卷积层后,用于紧缩数据量和参数数目并削减过拟合。简单来说,如果输入的是图像,则池化层的主要功能是紧缩图像,将卷积层提取出的各个图像特征值放大。其运算量与卷积层基本相同,但下层样本的卷积核只取对应位置(最大池和平均池)的最大值和平均值。即矩阵之间的运算规律不同,且不会受到反向传播的影响。其主要目的是对图像进行特征提取,选取适当的卷积核、步长后,对相应范围内的值进行池化操作。池化层能够增大感知视野,帮助卷积看到更多信息,但经过池化操作后的图像也会丢失部分信息。所以,池化层增大感知视野的代价就是降低部分分辨率。

池化操作在每层 $P_q \times P_q$ 的小网格区域上工作,并生成具有相同深度的另一层;对于每一个激活图中的每一个 $P_q \times P_q$ 的正方形区域,都返回其中的最大值。这种方法称为最大池化。如果设步长为 1,则将产生一个尺寸为 $(L_q-P_q+1) \times (B_q-P_q+1) \times d_q$ 的新层。但是,在池化中使用步长 $S_q>1$ 更为常见。在这种情况下,新层的长度为 $(L_q-P_q)/S_q+1$,宽度为 $(B_q-P_q)/S_q+1$。因此,池化极大地减少了每个激活图的空间维度。

与卷积操作不同,池化是在每个激活图的层次完成的。卷积操作同时使用所有 d_q 个特征图和滤波器来生成单个特征值,而池化独立地在每个特征图上操作生成另一个特征图。因此,池化操作不会改变特征图的数量。换句话说,使用池化创建的层的深度与执行池化操作的层的深度相同。图 3.9 显示了步长为 1 和步长为 2 的池化示例。执行池化的区域的典型大小 P_q 为 2×2。如果步长为 2,则被池化的不同区域之间不会有重叠,并且使用这种类型的设置非常常见。

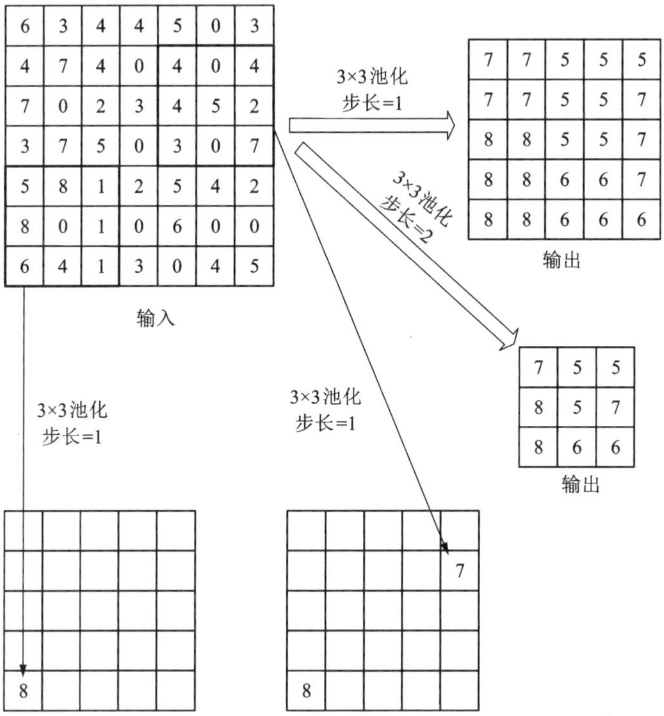

图 3.9　最大池化示例

减少激活图的空间占用，通常使用 2×2 的滤波器和步长 2 进行池化。由于稍微移动图像不会显著改变激活图，因此池化具有平移不变性。其思想是，相似的图像中的独特形状往往有非常不同的相对位置，而平移不变性有助于以类似的方式分类激活图图像。池化的另一个重要目的是，由于使用了大于 1 的步长，增加了感受野的大小，减少了层的空间占用；当需要能够在后面的层的复杂特征中捕获图像的更大区域时，需要增大感受野的大小。层的空间占用的快速减少以及特征的感受野的相应增加大多是由池化操作引起的。除非步长大于 1，否则卷积只会略微增加感受野。

3.4.4　全连接层

全连接层指层中的每个节点都会连接它下一层的所有节点，它是模仿人脑神经结构构建的。脑神经科学家们发现，人的认知能力、记忆力和创造力源于不同神经元之间的连接强弱。因此，早期的神经网络一派的创立有点仿生学的意思，以至于现在还有学者在研究脑神经科学和 AI 的结合。全连接层在 CNN 网络中饰演分类器的角色。卷积层、池化层和激活函数层的操纵是把图像数据映射到隐层特点空间，全连接层则是把从图像中提取的特征数据映照到样本标志空间。全连接的核心操作是矩阵矢量积，实质上是从一个特点空间到另一个特点空间的线性映射。目标空间的任何尺寸（即隐藏层中的单元）都被认为受源空间的每个尺寸影响。在 CNN 中，全连接用于将嵌入空间拉到隐藏层空间，并将隐藏层空间转换回标签空间。在 CNN 结构中，一个或多个完全连接的层在几个卷积层和混合层之后连接，全连接层中的每一个神经元都完全连接到前一层的全部神经元。全连接层可以将卷积层的局部信息与类别区分结合起来，全连接层中每个神经元的激活函数一般为关联函数。最后一层全连接层的输出值被传递给一个输出，可以采用 softmax 逻辑回归进行分类，该层也可称为 softmax 层。

3.4.5　层与层之间的交织

卷积层、池化层和 ReLU 层通常交织在神经网络中，以提高网络的表达能力。ReLU 层通常在卷积层之后，类似于传统神经网络中非线性激活函数通常在线性点积之后。因此，卷积层和 ReLU 层通常一个接一个地黏在一起。在两组或三组卷积层和 ReLU 层的组合之后，可能有一个最大池化层。例如：CRCRP 或 CRCRCRP，此处卷积层用 C 表示，ReLU 层用 R 表示，最大池化层用 P 表示。要创建一个深度神经网络，整个模式(包括最大池化层)需要重复几次。例如，如果上面的第一个模式重复三次，然后跟着一个全连接层(用 F 表示)，则有以下神经网络：CRCRPCRCRPCRCRPF。注意，这种描述并不完整，因为需要指定滤波器/池化层的数量/大小/填充。池化层是减少激活图的空间占用的关键步骤，因为它使用的步长大于 1；还可使用跨步卷积而不是最大池化来减少空间占用。

3.5　循环神经网络

大部分神经网络架构本质上都是为多维数据设计的，且数据的属性在很大程度上彼此独立。对于时间序列、文本和生物数据等具有内在相关性的数据，前述方法难以有效处理。对此，有研究者提出了循环神经网络。循环神经网络中的层与序列中的每个位置一一对应。序列中的位置又称时间戳。因此，网络包含可变数量的层，而不是可变数量的输入，并且每层都有单独的输入，与其所对应的时间戳一致。输入可以根据其在序列中的位置，直接与后续隐藏层进行交互。每一层使用相同的参数以确保每个时间戳都能进行相似的建模，因此参数的数量固定不变。换句话说，隐藏层会在时间上重复，因此该网络称为循环网络。循环神经网络是基于时间分层概念的具有特定结构的前馈网络，可以接受一系列输入并产生一系列输出。每个时间层可以接受一个输入数据点(单个属性或多个属性)，并且可以选择是否生成多维输出。这样的模型对具有序列特性的数据非常有效，能挖掘数据中的时序信息以及语义信息，广泛地用于语音识别、语言模型、机器翻译以及时序分析等领域。

3.5.1　循环神经网络

图 3.10(a)为循环神经网络的典型结构。相比于简单的神经网络，其区别是图 3.10(a)中存在自循环，这将导致每输入一个值，神经网络的隐藏层状态会发生变化。事实上，网络只处理有限长度的序列，因此可以将环路展开成一个看起来更像前馈网络的时间分层网络，如图 3.10(b)所示。注意，在这种情况下，每个时间戳都有一个不同的隐藏层状态节点，并且自循环已经展开到前馈网络中。这在数学上等同于图 3.10(a)，但是由于它与传统网络相似，所以更容易理解。不同时间层共享权重矩阵，从而确保在每个时间戳使用相同的函数。从图 3.10(b)中权重矩阵 W_{xh}、W_{hh} 和 W_{hy} 的标注可以看出，它们明显是共享的。

注意，图 3.10 的例子中，每个时间戳都有一个输入、输出和隐藏单元。实际上，任何一个时间戳都可以缺失输入或输出单元。图 3.11 为缺失输入和输出的情况。是否可以缺失输

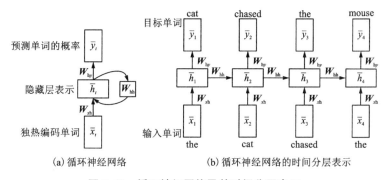

图 3.10　循环神经网络及其时间分层表示

入和输出取决于具体应用。例如，在时间序列预测应用中，可能需要每个时间戳的输出，以便预测时间序列中的下一个值；在序列分类应用中，可能只需要在序列末尾输出一个对应于其类别的标签。一般来说，在特定应用中，输入或输出的任何子集都可以缺失。下面的讨论将假设所有的输入和输出都存在，通过简单地移除相应的项或等式，也很容易将其推广到输入或输出缺失的情况。

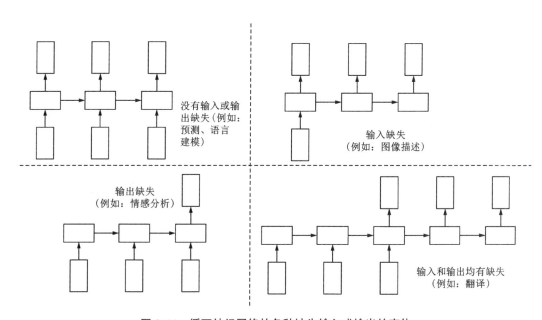

图 3.11　循环神经网络的各种缺失输入或输出的变体

　　图 3.10 所示的特定架构适用于语言建模。语言模型是自然语言处理中的一个众所周知的概念，它通过给定单词的先前历史来预测下一个单词。给定一个单词序列，每次向图 3.10(a) 中的神经网络馈入一个单词的编码。这一过程相当于在图 3.10(b) 中向相关时间戳输入各个单词。时间戳对应于序列中的位置，从 0(或 1)开始，并通过在序列中向前移动一个单位来增加 1。在语言建模中，输出是预测序列中下一个单词的概率向量。例如，图 3.10(b) 中的句子："the cat chased the mouse"。输入单词"the"时，输出将是包括单词

"cat"的整个词典的概率向量; 输入单词"cat"时, 将再次获得预测下一个单词出现概率的向量。这是一种语言模型的经典词义, 其中一个单词的概率是基于它之前的单词来估计的。通常, 时间 t 的输入向量(例如, 第 t 个单词的编码向量)是 $\bar{x}_t$, 隐藏状态是 $\bar{h}_t$, 输出向量(例如, 第 $t+1$ 个单词的预测概率)是 $\bar{y}_t$。对于大小为 d 的词典, $\bar{x}_t$ 和 $\bar{y}_t$ 都是 d 维的。隐藏向量 $\bar{h}_t$ 是 p 维的, 其中 p 对应于词嵌入的复杂度。为了便于讨论, 假设这些向量都是列向量。在分类等应用中, 仅在句尾的最后一个时间戳进行输出。尽管输出和输入单元可能仅出现在时间戳的一个子集中, 但需要研究它们出现在所有时间戳中的简单情况。然后, 时间 t 的隐藏状态由时间 t 的输入向量和时间 $t-1$ 的隐藏向量的函数给出:

$$\bar{h}_t = f(\bar{h}_{t-1}, \bar{x}_t) \tag{3.36}$$

该函数通过使用权重矩阵和激活函数(所有神经网络都使用它来进行学习)来定义, 每个时间戳使用相同的权重。因此, 即使隐藏层状态随时间改变, 训练过后, 权重和函数 $f(\cdot, \cdot)$ 在所有时间戳上仍保持不变。函数 $\bar{y}_t = g(\bar{h}_t)$ 被单独用于从隐藏状态中学习输出概率。

对于函数 $f(\cdot, \cdot)$ 和 $g(\cdot, \cdot)$。首先定义了一个 $p \times d$ 输入-隐藏矩阵 $\boldsymbol{W}_{xh}$、一个 $p \times p$ 隐藏-隐藏矩阵 $\boldsymbol{W}_{hh}$ 和一个 $d \times p$ 隐藏-输出矩阵 $\boldsymbol{W}_{hy}$。扩展式(3.36), 得到隐藏层输出和输出层输出分别为:

$$\bar{h}_t = \tanh(\boldsymbol{W}_{xh}\bar{x}_t + \boldsymbol{W}_{hh}\bar{h}_{t-1})$$

$$\bar{y}_t = \boldsymbol{W}_{hy}\bar{h}_t$$

这里, tanh 采用了一种宽松的用法, 其含义是该函数以逐个元素的方式应用于 p 维列向量, 得到取值范围在 $[-1, 1]$ 内的 p 维向量。在本节, 这一符号将用于 tanh 和 sigmoid 等激活函数。在第一个时间戳中, 因为句子开头没有隐藏层输入, 可以假设 $\bar{h}_{t-1}$ 是某个默认常数值向量, 例如 0。如果需要, 也可以学习此向量。尽管隐藏状态在每个时间戳上都发生变化, 但权重矩阵在各个时间戳上都保持固定。注意, 输出向量 $\bar{y}_t$ 是一组与词典具有相同维数的连续值。在 $\bar{y}_t$ 上应用 softmax 层, 将输出转化为概率。在 t 个单词的文本段末尾的隐藏层的输出 $\bar{h}_t$, 实际上就是该文本段的一个嵌入表示, 而 $\boldsymbol{W}_{xh}$ 的 p 维列向量对应于单个单词的嵌入。

式(3.36)是一个递归函数, 所以循环神经网络能够计算可变长度输入的函数。换句话说, 可以通过扩展式(3.36), 将 $\bar{h}_t$ 转化成一个关于 t 的函数。假设 $\bar{h}_0$ 为某个常数向量(例如零向量), 反复利用式(3.36), 有 $\bar{h}_1 = f(\bar{h}_0, \bar{x}_1)$ 和 $\bar{h}_2 = f((\bar{h}_0, \bar{x}_1), \bar{x}_2)$。这里, $\bar{h}_1$ 是 $\bar{x}_1$ 的函数, 而 $\bar{h}_2$ 是 $\bar{x}_1$ 和 $\bar{x}_2$ 的函数。以此类推, $\bar{h}_t$ 是 $\bar{x}_1, \bar{x}_2, \cdots, \bar{x}_t$ 的函数。因为输出 $\bar{y}_t$ 是 $\bar{h}_t$ 的函数, 所以这些属性也被 $\bar{y}_t$ 继承。因此有:

$$\bar{y}_t = F_t(\bar{x}_1, \bar{x}_2, \cdots, \bar{x}_t) \tag{3.37}$$

注意, 函数 $F_t(\cdot, \cdot)$ 随 t 值的变化而变化, 尽管它与其前一状态的关系总是相同的[基于公式(3.36)]。这种方法对于可变长度的输入特别有用。例如, 在语言建模应用中, 函数 $F_t(\cdot, \cdot)$ 表示考虑句子中所有先前单词的下一个单词的概率。

3.5.2 双向循环神经网络

循环神经网络的缺点是,特定时间单元的状态只知道句子中某一点之前的输入,而不知道将来的状态。在某些应用(例如语言建模)中,通过了解过去和将来的状态,可以明显改善结果。例如手写识别,其中同时使用过去和将来符号的知识会有明显的优势,因为它提供了对底层前后状态更好的理解。

在双向循环神经网络中,对于前向和后向,分别有独立的隐藏状态 $\overline{\boldsymbol{h}}_t^{(f)}$ 和 $\overline{\boldsymbol{h}}_t^{(b)}$。主要区别是前向状态在向前的方向上相互作用,后向状态在向后的方向上相互作用。$\overline{\boldsymbol{h}}_t^{(f)}$ 和 $\overline{\boldsymbol{h}}_t^{(b)}$ 接收来自相同向量 $\overline{\boldsymbol{x}}_t$ 的输入(例如,单词的独热编码),并且它们与相同的输出向量 $\hat{\boldsymbol{y}}_t$ 交互。双向循环神经网络的三个时间层的示例如图 3.12 所示。

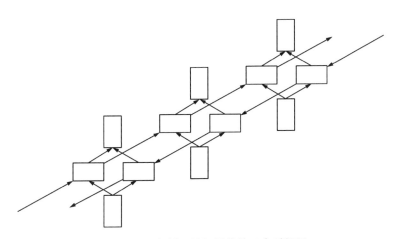

图 3.12 双向循环神经网络的三个时间层

一些应用试图预测当前符号的属性,例如手写样本中的字符识别、句子中的词性区分或自然语言每个词的分类。一般来说,使用这种方法可以更有效地预测当前单词的属性,因为它使用了双向的上下文。例如,根据语法结构,几种语言中的单词顺序有差别。因此,双向循环网络通常使用前向和后向状态,以更健壮的方式对句子中任何特定点的隐藏表示进行建模,而不考虑语言结构的特定细微差别。事实上,在语音识别等各种以语言为中心的应用中使用双向循环神经网络越来越普遍。

在双向网络中,有独立的前向和后向参数矩阵。输入–隐藏、隐藏–隐藏和隐藏–输出交互的前向矩阵分别由 $\boldsymbol{W}_{xh}^{(f)}$、$\boldsymbol{W}_{hh}^{(f)}$ 和 $\boldsymbol{W}_{hy}^{(f)}$ 表示。输入–隐藏、隐藏–隐藏和隐藏–输出交互的后向矩阵分别由 $\boldsymbol{W}_{xh}^{(b)}$、$\boldsymbol{W}_{hh}^{(b)}$ 和 $\boldsymbol{W}_{hy}^{(b)}$ 表示。循环条件如下:

$$\begin{cases} \overline{\boldsymbol{h}}_t^{(f)} = \tanh(\boldsymbol{W}_{xh}^{(f)} \overline{\boldsymbol{x}}_t + \boldsymbol{W}_{hh}^{(f)} \overline{\boldsymbol{h}}_{t-1}^{(f)}) \\ \overline{\boldsymbol{h}}_t^{(b)} = \tanh(\boldsymbol{W}_{xh}^{(b)} \overline{\boldsymbol{x}}_t + \boldsymbol{W}_{hh}^{(b)} \overline{\boldsymbol{h}}_{t+1}^{(b)}) \\ \overline{\boldsymbol{y}}_t = \boldsymbol{W}_{hy}^{(f)} \overline{\boldsymbol{h}}_t^{(f)} + \boldsymbol{W}_{hy}^{(b)} \overline{\boldsymbol{h}}_t^{(b)} \end{cases} \tag{3.38}$$

不难发现,双向方程是原有方程的简单推广。假设式(3.38)显示的神经网络中总共有 T 个时间戳,其中 T 是序列的长度。对于边界条件对应于 $t=1$ 的前向输入和 $t=T$ 的后向输入都没有定义的问题可以在每个地方都使用 0.5 的默认常数值，也可以在学习过程中确定这些值。直观上看，前向和后向的隐藏层状态相互独立。因此，可以先进行前向计算，再进行后向计算。此时，输出状态是从两个方向上的隐藏状态计算出来的。

计算出输出之后，应用反向传播算法来计算关于各种参数的偏导数。首先，相对于输出状态计算偏导数，因为前向和后向状态都指向输出节点。其次，仅对从 $t=T$ 到 $t=1$ 的前向隐藏状态计算反向传播遍历。然后，对从 $t=1$ 到 $t=T$ 的后向隐藏状态计算反向传播遍历。最后，将关于共享参数的偏导数相加。因此，可以将 BPTT 算法轻松修改为双向网络。其步骤总结如下：

（1）分别遍历计算前向和后向隐藏状态。

（2）根据前向和后向隐藏状态计算输出状态。

（3）计算损失函数关于输出状态和它的每个副本的偏导数。

（4）使用反向传播独立地计算损失关于前向状态和后向状态的偏导数，使用这些计算来评估关于前向和后向参数的每个副本的偏导数。

（5）将共享参数上的偏导数相加。

双向循环神经网络适用于预测与历史窗口没有因果关系的应用。因果设置的经典示例是符号流，在符号流中根据先前符号的历史来预测事件。虽然语言建模应用在形式上被视为因果应用（即基于先前单词的即时历史记录），但现实情况是，可以通过使用每个单词两边的上下文单词来更准确地预测给定单词。通常，双向循环神经网络在基于双向上下文进行预测的应用中效果很好。这种应用程序的示例包括手写识别和语音识别，其中序列中各个元素的属性取决于其任一侧的属性。如果用笔画来表示笔迹，则特定位置任一侧的笔画都有助于识别正在合成的特定字符。此外，某些字符比其他字符更可能相邻。双向循环神经网络获得结果的质量几乎与使用两个独立的循环神经网络的融合（其中一个网络以原始形式呈现输入，另一个网络的输入为反向）相同。主要区别在于，在这种情况下，对前向和后向状态的参数进行了联合训练。这种融合相当薄弱，因为两种状态不会直接相互影响。

3.5.3 多层循环神经网络

为了易于理解，前文使用了单层 RNN 架构为例。在实际应用中，为了构建更高复杂度的模型，一般会使用多层架构。图 3.13 所示为一个包含三层的深度网络示例。注意，较高层的节点从较低层的节点接收输入。隐藏状态之间的关系可以直接从单层网络归纳出来。首先，以易于适应多层网络的形式重写隐藏层（对于单层网络）的递归方程：

$$\bar{h}_t = \tanh(W_{xh}\bar{x}_t + W_{hh}\bar{h}_{t-1}) = \tanh W \begin{bmatrix} \bar{x}_t \\ \bar{h}_{t-1} \end{bmatrix} \tag{3.39}$$

此处引入 $W = [W_{xh}, W_{hh}]$，它包括 W_{xh} 和 W_{hh} 的列。创建一个更大的列向量，将时间 $t-1$ 的第一个隐藏层中的状态向量和时间 t 的输入向量叠加起来。为了区分上层隐藏节点，在隐藏状态上添加一个附加上标，并用 $\bar{h}_t^{(k)}$ 表示时间戳 t 和 k 层隐藏状态的向量。类似地，令第 k 个隐藏层的权重矩阵由 $W^{(k)}$ 表示。注意，权重在不同的时间戳之间共享（如在单层递归网络中），但不在不同的层之间共享。因此，权重由 $W^{(k)}$ 中的层索引 k 进行上标。第一个隐藏层是特殊的，因为它在当前时间戳接收来自输入层的输入，并且在前一个时间戳接收相邻的隐藏状态。因此，矩阵 $\boldsymbol{W}^{(k)}$ 仅对第一层（即 $k=1$）具有 $p\times(d+p)$ 的大小。其中 d 是输入向量 $\overline{\boldsymbol{x}}_t$ 的大小，p 是隐藏向量 $\overline{\boldsymbol{h}}_t$ 的大小。注意，d 通常与 p 不同。通过设置 $\boldsymbol{W}^{(1)} = \boldsymbol{W}$，式（3.38）已经显示了第一层的循环条件。事实证明，$k \geqslant 2$ 的层的循环条件也与式（3.39）所示的等式非常相似，即

$$\overline{\boldsymbol{h}}_t^{(k)} = \tanh \boldsymbol{W}^{(k)} \begin{bmatrix} \overline{\boldsymbol{h}}_t^{(k-1)} \\ \overline{\boldsymbol{h}}_{t-1}^{(k)} \end{bmatrix}$$

在这种情况下，矩阵 $\boldsymbol{W}^{(k)}$ 的大小为 $p\times(p+p) = p\times 2p$。从隐藏层到输出层的转换与单层网络中的相同。这种方法是

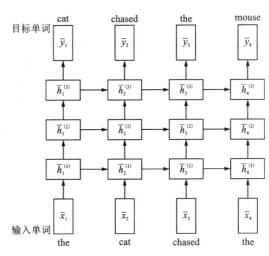

图 3.13　三层循环神经网络示例

单层网络情况的简单多层推广。在实际应用中，通常使用两到三层，使用更多层时，需要使用更多训练数据以避免过拟合。

3.5.4　回声状态网络

回声状态网络是一种简化的循环神经网络，适用于输入维度很小的情况。因为回声状态网络对时间单元的数量能很好的进行扩展，但无法扩展输入的维度。因此，该网络是在相对较长的时间范围内，对单个或少量实值时间序列进行基于回归的建模的可靠选择。但对于输入维度（基于独热编码）等于文本词典大小的文本建模来说是一个糟糕的选择。即使是在这种情况下，回声状态网络在初始化网络中的权重也有实际的用处。

回声状态网络在隐藏层到隐藏层（其至输入层到隐藏层）之间使用随机权重，但隐藏层状态的维数几乎总是远大于输入层状态的维数。对于单个输入序列，使用约 200 维的隐藏层状态并不少见。因此，在回声状态网络中只训练输出层，训练通常使用能得到实值输出的线性层完成。注意，虽然不同输出节点上的权重是共享的，但是对输出层的训练只是将不同节点上的误差整合在一起。不过，目标函数仍将对线性回归的情况进行评估，这种情况下的训练很简单并且无须反向传播。因此，回声状态网络的训练非常快速。

与传统的循环网络一样，回声状态网络的隐藏层到隐藏层之间有非线性激活，比如 sigmoid 函数和 tanh 激活函数。隐藏单元到隐藏单元的初始化中，非常重要的是权重矩阵 $\boldsymbol{W}_{hh}$ 最大的特征向量应设置为 1。通过先从标准正态分布中随机采样矩阵 $\boldsymbol{W}_{hh}$ 中的权重，然后将每个条目除以这个矩阵的最大特征值的绝对值 $|\lambda_{\max}|$，即

$$\boldsymbol{W}_{hh} \Leftarrow \boldsymbol{W}_{hh} / |\lambda_{\max}| \tag{3.40}$$

归一化之后，该矩阵特征值的最大值将为 1，对应于其谱半径。但使用为 1 的谱半径可能过于保守，因为非线性激活会对状态值产生阻尼作用。例如，当使用 sigmoid 激活函数时，sigmoid 激活函数的最大可能偏导数始终为 0.25。因此可以使用比 4 大得多的谱半径，例如 10。使用 tanh 激活函数时，采用 2 或 3 的谱半径才有意义。因为在时间序列中，长期关系通常比短期关系弱得多。还可以基于性能来调整谱半径，根据保留数据的缩放因子 γ 的不同值

来设置 $W_{hh} = \gamma W_0$。在这里，W_0 是一个随机初始化的矩阵。

建议在隐藏层之间使用稀疏连接，这在有随机映射转换的设置中并不罕见。为了实现此目标，可以将其中的一些连接采样设置为非 0，将其他连接设置为 0。连接的数量和隐藏层单元的数量之间的关系通常是线性的。另一个关键技巧是将隐藏层单元划分成索引为 1，2，…，K 的 K 组，并且只允许具有相同索引的隐藏层状态进行连接。这种方法等效于训练整体的回声状态网络。

一个问题是关于设置输入层到隐藏层的权重矩阵 W_{xh}。这里需要注意的是矩阵 W_{xh} 的缩放比例，否则每个时间戳的输入可能会严重破坏前一时间戳在隐藏层状态中携带的信息。首先将矩阵 W_{xh} 随机选择为 W_1，然后使用超参数 β 的不同值对其进行缩放以确定最终矩阵 $W_{xh} = \beta W_1$，在保留数据的基础上得到最佳的准确度。

回声状态网络的核心思想是通过非线性变换扩展数据集的特征数量通常可以提高输入表示的表达能力。例如，根据 cover 模式可分性定理，RBF 网络和核支持向量机都通过扩展基础特征空间获得功能，唯一的区别是回声状态网络通过随机映射实现特征扩展。这种方法并非没有先例，因为机器学习时使用了各种类型的随机转换作为核方法的快速替代方法。注意，特征扩展主要通过非线性变换来实现，而这些变换是通过隐藏层中的激活函数实现。从某种意义来说，回声状态方法的工作原理与时域中的 RBF 网络类似，就像循环神经网络是时域中前馈网络的替代一样；就像 RBF 网络很少通过训练来提取隐藏特征一样，回声状态网络也很少通过训练来提取隐藏特征，相反，它依赖于特征空间的随机扩展。

当回声状态网络法用于时间序列数据时，它能够在预测未来值时提供出色的结果。关键技巧是在时间戳 t 处选择时间序列的输出值对应于时间戳 $t+k$ 处的输入值，其中 k 是预测所需的前瞻量。换句话说，回声状态网络是一种出色的非线性自回归技术，可以用于对时序数据进行建模。甚至可以使用这种方法来预测多元时间序列，但在时间序列非常长的情况下不建议使用。这是因为建模所需的隐藏状态的维数非常大。尽管该方法不能实际用于超高维输入，如文本，但对于初始化仍然非常有用。其基本思想是通过使回声状态变量训练输出层来初始化循环网络。此外，初始化权重矩阵 W_{hh} 和 W_{xh} 的适当缩放可以通过尝试缩放因子 β 和 γ 的不同值来设置（正如上文所述）。随后，使用传统的反向传播训练循环网络。这种方法可以看作循环网络的轻量级预训练。

另一个问题是权重连接的稀疏性。前期的研究工作表明，稀疏的连接性会导致各个子网的解耦，鼓励了个体动态的发展。这似乎是增加回声状态网络所学特征的多样性的一个论据。如果解耦是目标，则显式地将隐藏状态分为不相关的组将更有意义。回声状态网络法具有以整体为中心的解释。通常建议增强涉及随机映射方法的稀疏性，以提高计算效率。密集的连接会导致不同状态的激活结果被嵌入大量高斯随机变量的乘法噪声中，更加难以提取。

3.5.5 长短期记忆网络

循环神经网络存在与梯度消失和梯度爆炸相关的问题，这是神经网络更新中的常见问题。其中矩阵 $W^{(k)}$ 的连乘本质上是不稳定的，要么导致梯度在反向传播过程中消失，要么导致梯度以不稳定的方式爆炸至较大的值。这种类型的不稳定性是在各个时间戳上连续乘以（循环）权重矩阵的直接结果。使用乘法更新的神经网络仅擅长短序列学习，因此自然有着良好的短期记忆能力，但长期记忆能力较差。为了解决这个问题，一种解决方案是通过使用长短期记忆网络（long short-term memory，LSTM）和长期记忆来更改隐藏向量的递归方程。LSTM 的操作旨在对写入此长期记忆的数据进行细粒度控制。

与前文一样，符号 $\overline{h}_t^{(k)}$ 表示多层 LSTM 的第 k 层的隐藏状态，输入层 $\overline{x}_t$ 可以用 $\overline{h}_t^{(0)}$ 表示（尽管该层显然不是隐藏的）。与循环网络的情况一样，输入向量 $\overline{x}_t$ 为 d 维，而隐藏状态为 p 维。LSTM 是图 3.13 循环神经网络架构的增强，其中主要更改了隐藏状态 $\overline{h}_t^{(k)}$ 传播的循环条件。为了有较好的长期记忆能力，假设有一个额外的 p 维隐藏向量，用 $\overline{c}_t^{(k)}$ 表示，称为单元状态。将单元状态视为一种长期记忆，通过对先前的单元状态进行部分"遗忘"和"增加"操作的组合，将至少部分信息保留在较早的状态中。已有研究表明，$\overline{c}_t^{(k)}$ 中的记忆特性在应用于诸如文学作品之类的文本数据时，有时是可解释的。例如，$\overline{c}_t^{(k)}$ 中的 p 个值之一在开引号之后可能会改变符号，仅在该引号关闭时才改变回来。这使得最终的神经网络能够对语言的长期依赖关系进行建模，甚至可以对扩展到大量符号上的特定模式（如报价）进行建模。这是通过使用温和的方法随时间更新这些单元状态来实现的，信息存储具有更大的持久性。状态值的持久性避免了在梯度消失和梯度爆炸等情况下的不稳定。直观地理解这一点的一种方式是，如果不同时间层中的状态（通过长期记忆）共享更高级别的相似性，则相对于传入权重的梯度很难完全不同。

与多层递归网络一样，更新矩阵用 $\boldsymbol{W}^{(k)}$ 表示，并用于对列向量 $[\overline{h}_t^{(k-1)}, \overline{h}_{t-1}^{(k)}]^\mathrm{T}$ 进行预乘。该矩阵的大小为 $4p \times 2p$，将大小为 $2p$ 向量预乘以 $\boldsymbol{W}^{(k)}$ 将得到大小为 $4p$ 的向量。在这种情况下，更新中使用对应于 $4p$ 维向量的 4 个 p 维中间变量 $\overline{i}$、$\overline{f}$、$\overline{o}$、$\overline{c}$。中间变量 $\overline{i}$、$\overline{f}$ 和 $\overline{o}$ 分别称为输入、遗忘和输出变量，它们在更新单元状态和隐藏状态中扮演着重要角色。隐藏状态向量 $\overline{h}_t^{(k)}$ 和单元状态向量 $\overline{c}_t^{(k)}$ 的确定使用多步骤过程：首先计算这些中间变量，然后根据中间变量计算隐藏变量。注意，中间变量 $\overline{c}$ 和主要单元状态 $\overline{c}_t^{(k)}$ 之间的区别，它们的作用完全不同。更新如下：

$$\begin{matrix}\text{输入门：}\\ \text{遗忘门：}\\ \text{输出门：}\\ \text{新 }C\text{ 状态：}\end{matrix}\begin{bmatrix}\overline{i}\\ \overline{f}\\ \overline{o}\\ \overline{c}\end{bmatrix}=\begin{pmatrix}\text{sigm}\\ \text{sigm}\\ \text{sigm}\\ \text{tanh}\end{pmatrix}\boldsymbol{W}^{(k)}\begin{bmatrix}\overline{h}_t^{(k-1)}\\ \overline{h}_{t-1}^{(k)}\end{bmatrix}\quad(\text{设置中间变量})$$

$$\overline{c}_t^{(k)}=\overline{f}\odot\overline{c}_{t-1}^{(k)}+\overline{i}\odot\overline{c}\quad(\text{选择性遗忘和加入长期记忆})\tag{3.41}$$

$$\overline{h}_t^{(k)}=\overline{o}\odot\tanh(\overline{c}_t^{(k)})\quad(\text{选择性泄露长期记忆至隐藏状态})$$

其中，向量的元素乘积用 $\odot$ 表示，符号 sigm 表示 sigmoid 运算。对于第一层（即 $k=1$），应将式（3.41）的符号 $\overline{h}_t^{(k-1)}$ 替换为 $\overline{x}_t$，并且矩阵 $\boldsymbol{W}^{(1)}$ 的大小为 $4p \times (p+d)$。在实际情况下，式（3.41）的更新使用了偏置，但为了简单起见在此将其省略，下面对更新做进一步说明。

在式（3.41）的第一个方程中，使用第 k 层的权重矩阵 $\boldsymbol{W}^{(k)}$ 设置了四个中间变量 $\overline{i}$、$\overline{f}$、$\overline{o}$ 和 $\overline{c}$。对于第二个方程，使用了一些中间变量来更新单元状态：

$$\overline{c}_t^{(k)}=\underbrace{\overline{f}\odot\overline{c}_{t-1}^{(k)}}_{\text{重置}}+\underbrace{\overline{i}\odot\overline{c}}_{\text{增量}}\tag{3.42}$$

其中，式(3.42)分为两部分，第一部分使用 $\bar{f}$ 中的 p 个遗忘位来决定将前一个时间戳的 p 个单元状态中的哪一个重置为 0。使用 $\bar{i}$ 中的 p 个输入位来决定是否将 $\bar{c}$ 中的相应分量增加到每个单元状态中。注意，单元状态的这种更新是以加法形式进行的，这有助于避免由乘法更新引起的梯度消失问题。可以将单元状态向量视为连续更新的长期记忆，其中遗忘位和输入位分别决定是否从前一个时间戳重置单元状态并忘记过去，以及是否从前一个时间戳增加单元状态，以将新信息从当前单词合并到长期记忆中。向量 $\bar{c}$ 包含用于增加单元状态的 p 个向量，它们是 $[-1, +1]$ 中的值，且都为 tanh 函数的输出。

最后，使用来自单元状态的泄露来更新隐藏状态 $\bar{h}_t^{(k)}$。隐藏状态更新如下：

$$\bar{h}_t^{(k)} = \underbrace{\bar{o} \odot \tanh(\bar{c}_t^{(k)})}_{\text{泄露}\bar{c}_t^{(k)}\text{至}\bar{c}_t^{(k)}} \tag{3.43}$$

此处根据输出门(由 $\bar{o}$ 定义)是 0 还是 1，将每 p 个单元状态的功能形式复制到每 p 个隐藏状态中。在神经网络的连续设置中，会发生部分门控，只有一部分信号从每个单元状态复制到相应的隐藏状态。注意，最终函数并不总是使用 tanh 激活函数。可以使用以下替代更新：

$$\bar{h}_t^{(k)} = \bar{o} \odot \bar{c}_t^{(k)} \tag{3.44}$$

与所有神经网络一样，反向传播算法也用于训练目的。

通过分析具有单层且 $p=1$ 的简单 LSTM 的更新来解释 LSTM，比普通 RNN 能提供更好的梯度流。在这种情况下，可以将单元更新简化为以下内容：

$$c_t = c_{t-1} \times f + i \times c \tag{3.45}$$

c_t 相对于 c_{t-1} 的偏导数为 f，这意味着 c_t 的后向梯度流与遗忘门 f 的值相乘。由于元素操作，该结果可泛化为状态维数 p 的任意值。最初，遗忘门的偏置通常设置为较高的值，因此梯度流的衰减相对较慢。遗忘门 f 在不同的时间戳上也可以不同，这降低了出现梯度消失问题的可能性。隐藏状态可以用单元状态表示为 $h_t = o \times \tanh(c_t)$，因此可以使用单个 tanh 导数来计算 h_t 的偏导数。换句话说，长期单元状态就像梯度超高速公路，有一部分梯度到达输出门为它选定的出口就会下高速，前往隐藏层。

3.5.6 门控循环单元

门控循环单元(gated recurrent unit，GRU)可以看作是 LSTM 的简化，它不使用显式的单元状态。LSTM 使用单独的遗忘门和输出门直接更改在隐藏状态的信息，而 GRU 使用单个重置门来实现相同的目标。GRU 的部分重置隐藏状态的基本思想与 LSTM 十分相似。与前文一样，符号 $\bar{h}_t^{(k)}$ 表示 $k \geq 1$ 的第 k 层的隐藏状态，输入层 $\bar{x}_t$ 可以用 $\bar{h}_t^{(0)}$ 表示(尽管该层显然没有隐藏)。与 LSTM 一样，假设输入向量 $\bar{x}_t$ 是 d 维的，而隐藏状态是 p 维的。

在 GRU 的情况下，分别使用大小为 $2p \times 2p$ 和 $p \times 2p$ 的两个矩阵 $\boldsymbol{W}^{(k)}$ 和 $\boldsymbol{V}^{(k)}$。将大小为 $2p$ 的向量与 $\boldsymbol{W}^{(k)}$ 预乘得到大小为 $2p$ 的向量，这个向量通过 sigmoid 激活函数来创建两个 p 维中间变量 $\bar{z}_t$ 和 $\bar{r}_t$，分别称为更新门和重置门。确定隐藏状态向量 $\bar{h}_t^{(k)}$ 的使用两步过程，首先计算这些门，然后通过它们决定利用权重矩阵 $\boldsymbol{V}^{(k)}$ 对隐藏向量改变的多少：

$$更新门：\begin{bmatrix} \bar{z} \\ \bar{r} \end{bmatrix} = \begin{pmatrix} \text{sigm} \\ \text{sigm} \end{pmatrix} W^{(k)} \begin{bmatrix} \bar{h}_t^{(k-1)} \\ \bar{h}_{t-1}^{(k)} \end{bmatrix} \quad （设置门）$$

$$\bar{h}_t^{(k)} = \bar{z} \odot \bar{h}_{t-1}^{(k)} + (1 - \bar{z}) \odot \tanh V^{(k)} \begin{bmatrix} \bar{h}_t^{(k-1)} \\ \bar{r} \odot \bar{h}_{t-1}^{(k)} \end{bmatrix} \quad （更新隐藏状态） \qquad (3.46)$$

其中，向量的元素乘积用 $\odot$ 表示，sigm 表示 sigmoid 运算。对于第一层（即 $k=1$），应将上述方程中的符号 $\bar{h}_t^{(k-1)}$ 替换为 $\bar{x}_t$。此外，矩阵 $W^{(1)}$ 和 $V^{(1)}$ 的大小分别为 $2p \times (p+d)$ 和 $p \times (p+d)$。下面将 GRU 和 LSTM 的更新进行对比说明。

正如 LSTM 使用输入门、输出门和遗忘门来决定从前一个时间戳中传递给下一步的信息一样，GRU 使用更新门和重置。GRU 没有单独的内部记忆，需要较少的门来执行从一个隐藏状态到另一个隐藏状态的更新。对于更新门和重置门的确切作用，重置门 $\bar{r}$ 决定从前一个时间戳保留多少隐藏状态以进行基于矩阵的更新（如循环神经网络）；更新门 $\bar{z}$ 决定此次基于矩阵更新所做贡献的相对强度，以及来自前一时间戳的隐藏向量 $\bar{h}_{t-1}^{(k)}$ 的更直接的贡献。通过允许直接（部分）复制上一层的隐藏状态，在反向传播期间，梯度流变得更加稳定。GRU 的更新门同时扮演输入的角色，LSTM 中的遗忘门分别以 $\bar{z}$ 和 $1-\bar{z}$ 的形式出现。GRU 和 LSTM 之间的映射并不精确，因为 GRU 直接在隐藏状态（并且没有单元状态）上执行前文提到的更新门、重置门中的更新。像 LSTM 中的输入门、输出门和遗忘门一样，更新门和重置门是中间的"暂存"变量。

以具有单层和单个状态维度 $p=1$ 的 GRU 为例，说明 GRU 能比普通 RNN 提供更好的性能。在单层和单个状态维度 $p=1$ 的情况下，GRU 的更新公式可以写为：

$$h_t = z \cdot h_{t-1} + (1 - z) \cdot \tanh[v_1 \cdot x_t + v_2 \cdot r \cdot h_{t-1}] \qquad (3.47)$$

注意，在这种单层情况下缺少层上标。在式（3.47）中，v_1 和 v_2 是 2×1 矩阵 V 的两个元素，则

$$\frac{\partial h_t}{\partial h_{t-1}} = z + （加法项） \qquad (3.48)$$

将后向梯度流乘以该因子。$z \in (0, 1)$ 项有助于传递无阻碍的梯度流，并使计算更稳定。此外，由于加法项在很大程度上取决于 $1-z$，因此即使 z 的值很小，总的乘法因子也趋于 1。另外，每个时间戳的 z 值和乘数 $\dfrac{\partial h_t}{\partial h_{t-1}}$ 都不同，这往往会降低梯度消失或爆炸的可能性。

研究者们对 LSTM 和 GRU 进行了比较研究，这两个模型的性能大致相似，相对性能似乎取决于具体的任务。GRU 更简单，并具有易于实施和提高效率的优势。由于参数足迹较小，它可能通过较少的数据概括出更好的结果。随着数据量的增加，LSTM 将更可取。因为 LSTM 是一个较旧的架构并且广泛流行，所以比 GRU 得到了更广泛的测试。因此，通常将其视为更安全的选择，尤其是在使用更长的序列和更大的数据集时。LSTM 的任何变体都不能以稳定的方式获得更可靠的结果，这是因为显式的内部记忆和更新 LSTM 时更多的以门为中心的控制。

3.6 生成对抗学习

在介绍生成对抗网络之前，先介绍生成模型和判别模型的概念：

(1)判别模型：在给定特征值 $\overline{X}$ 时，判别模型直接估计标签了的条件概率 $P(y|\overline{X})$，例如第二章中介绍的逻辑回归。

(2)生成模型：生成模型评估联合概率 $P(\overline{X}, y)$，代表了一个数据实例的生成概率。这个联合概率可以用来估计在给定 $\overline{X}$ 时关于 y 的条件概率，其依据是贝叶斯理论：

$$P(y \mid \overline{X}) = \frac{P(\overline{X}, y)}{P(\overline{X})} = \frac{P(\overline{X}, y)}{\sum_z P(\overline{X}, z)}$$

第 2 章中朴素贝叶斯分类器就是这样的生成模型。

判别模型只能用在监督任务中，而生成模型在监督任务和无监督任务中均可使用。例如，在一个多分类任务中，可以事先对某一类定义一个合适的先验分布，然后从这个先验分布中采样得到这个类的生成样本，以构建一个只有一个类的生成模型。同样，可以用一个带有特定先验的概率模型来生成整个数据集的每一个点。在变分自编码器中使用了这种方法，从高斯分布中采样(作为先验)，将这些样本用作解码器的输入，以生成类似的数据。

生成对抗网络同时运用两个神经网络模型进行工作。第一个是生成模型，用于产生和资料库中的真实样本非常相似的人造样本。更进一步，希望能够生成足够真实的样本，以至于经过训练的观察者不能区分这个样本到底是属于原始数据集还是人工生成。例如，如果有一个关于汽车的图片集合，生成网络会利用生成模型来产生关于汽车的人工图片样本，得到真实的汽车图片以及虚假的汽车图片。第二个网络是一个判别网络，它已经在一个数据集上进行了训练，其中的图片已经被标注了是否为虚假的或合成的。判别模型把从原始数据中得到的真实样本或生成器中生成的人工样本当作输入，并努力区分样本的真伪。可以将生成网络看成是一个试图制造假钞的"造假者"，将判别网络看成是逮捕"造假者"的"警察"。这样，这两个网络就是对抗的，并且训练会让两者性能变得更好，直到两者达到平衡。

本质上，对抗训练最终为一种极大极小问题。当判别网络能够正确地将人工样本标记为假样本时，生成网络会更新它的权重，使得判别网络越来越难分辨出生成样本。更新权重之后，新的样本从中产生，整个过程不断重复，生成网络在生成假样本方面表现得越来越好。最终，判别器不能分辨出真实的样本和人工样本。事实上，这个极大极小值的纳什均衡是将生成器参数进行某种设置，使得生成数据的分布和原始数据的分布一致。为了使该方法有好的效果，判别器应该是一个强大的模型，并且能够接触到大量的数据。

训练生成对抗网络的过程就是交替更新生成器和判别器的参数。生成器和判别器都是神经网络。判别器有 d 维输入，并有一个$(0, 1)$间的输出，代表了 d 维输入的样本是真实样本的概率。1 表示样本是真实的，0 表示样本是人工的。输入 $\overline{X}$ 时，判别器的输出记为 $D(\overline{X})$。

生成器将从一个 p 维概率分布中采集噪声样本作为输入，并以此产生 d 维的数据样本。可以将生成器看作与变分自编码器的解码器部分相似，即从一个高斯分布(也就是先验分布)中采样出 p 维点作为输入，输出一个与真实样本的分布相似的 d 维数据。但二者的训练过程截然不同，判别器并不是用重构误差来训练，而是用判别误差来训练生成器，生成与输入数据分布相似的其他样本。

判别器的目标是正确地将真实样本分类为标签 1，将人工生成的样本分类为标签 0。生成器的目标是生成能够迷惑判别器的样本（例如，迷惑判别器将这样的样本分类为 1）。假设 R_m 是从真实数据集中随机采样的 m 个样本，S_m 是用生成器生成的 m 个人工样本。为了生成人工样本，首先创建 p 维的噪声样本集合 $\{\overline{Z}_1, \overline{Z}_2, \cdots, \overline{Z}_m\}$，记为 N_m。将这些噪声样本输入生成器，创建数据样本 $S_m = \{G(\overline{Z}_1), G(\overline{Z}_2), \cdots, G(\overline{Z}_m)\}$。对于判别器，最大化如下的目标函数 J_D：

$$\text{maximize}_D J_D = \sum_{\overline{X} \in R_m} \lg[D(\overline{X})] + \sum_{\overline{X} \in S_m} \lg[1 - D(\overline{X})] \tag{3.49}$$

当真实数据被正确地分类为 1，并且人工数据被正确地分类为 0 时，这个目标函数将会达到最大值。

接下来定义生成器的目标函数，其目标是迷惑判别器。对于生成器来说，它只关心它生成的样本。生成器产生 m 个人工样本 S_m，最终想确保判别器将这些样本识别成真实样本。因此，生成器的目标函数 J_G 用来最小化这些样本被标记为人工的可能性，则：

$$\text{minimize}_G J_G = \sum_{\overline{X} \in S_m} \lg[1 - D(\overline{X})] = \sum_{\overline{Z} \in N_m} \lg[1 - D(G(\overline{Z}))] \tag{3.50}$$

当人工样本被错误地分类为 1 时，这个目标函数达到最小。通过最小化这个目标函数，能够有效地习得让生成器迷惑判别器的参数，使判别器错误地将人工样本分类为来自数据集的真实样本。生成器的另一种目标函数是对于每一个 $\overline{X} \in S_m$，最大化 $\lg[D(\overline{X})]$ 而不是最小化 $\lg[1 - D(\overline{X})]$。这种目标函数有时在优化的早期阶段效果更好。

因此上述优化问题被定义为在 J_D 上的极大极小博弈。在生成器 G 的不同参数选择中，最小化 J_G 和最大化 J_D 是一样的，因为 $J_D - J_G$ 不再包括生成器 G 的任何参数。因此，可将上述的优化问题写成如下形式（基于生成器和判别器）：

$$\text{minimize}_G \text{maximize}_D J_D \tag{3.51}$$

最终结果是达到这个优化问题的鞍点（saddle point）。

使用随机梯度上升来学习判别器的参数，使用随机梯度下降来学习生成器的参数。梯度更新在生成器和判别器之间交替进行。实际上判别器为单步更新，而生成器每 k 步更新一次。因此，可以将梯度更新步骤描述如下。

（1）重复 k 次。大小为 $2 \times m$ 的小批量样本由同等数量的真实样本和人工样本组成。这些人工样本通过将从先验分布中采集到的噪声样本输入生成器中产生，而真实样本从原始数据集中选择出来。随机梯度上升用于判别器的参数优化，最大化判别器正确分类真实样本和人工样本的可能性。在每一步更新中，基于 $2 \times m$ 个真实/人工的小批量样本，在判别器网络上进行反向传播。

（2）进行一次。如图 3.14 所示，将判别器接在生成器的末端。给生成器提供 m 个噪声输入，产生 m 个人工样本（当前的小批量）。随机梯度下降用于生成器的参数优化，最小化判别器正确分类人工样本的可能性。最小化损失函数中的 $\lg[1 - D(\overline{X})]$ 显式地鼓励了假样本被预测为真实样本。

即使判别器接在生成器的后面,(反向传播中的)梯度更新只在生成器网络的参数上进行。在这种情况下,反向传播会自动计算生成器和判别器网络参数的梯度,但是仅在生成器网络上进行更新。

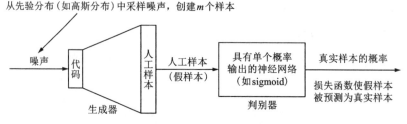

图 3.14   连接生成器和判别器,在生成器上进行梯度下降更新

k 值一般较小(小于5),$k=1$ 也是可能的。这个迭代过程会一直重复直至纳什平衡。这时,判别器无法分辨出真实样本和人工样本。

在训练的过程中需要注意一些问题。首先,如果生成器训练了很多次而没有更新判别器,将导致生成器重复产生非常相似的样本。换句话说,生成器产生的样本缺乏多样性。这也是生成器和判别器同时且交叉进行训练的原因。其次,生成器在早期会产生质量很差的样本,此时 $D(\bar{X})$ 会接近于 0,损失函数也会接近于 0,使得梯度非常小。这种类型的饱和导致了生成器参数训练缓慢,因此很有必要在训练早期最大化 $\lg[D(\bar{X})]$ 而不是最小化 $\lg[1-D(\bar{X})]$。尽管这种方法是启发式的,不会写出像式(3.51)的极大极小公式,但在实际中会表现得很好(尤其是在训练的早期阶段,此时判别器拒绝所有的样本)。

3.7   强化学习

人类不是从训练数据的具体概念中学习的,人类的学习是一种持久的靠经验驱动的过程。人类在这个过程中做决策,从环境中获得奖励或惩罚用于在未来决策的学习过程作指导。一个系统从奖励驱动的试错过程中学习与复杂的环境交互,获取奖励的结果,这个过程被称为强化学习(reinforcement learning,RL)。强化学习与其他无监督学习的区别在于,无监督学习侧重对目标问题进行类型划分或者聚类,强化学习侧重在探索与行为之间做权衡,找到达到目标的最佳方法。例如,在向用户推荐新闻文章的任务中,无监督学习会找到用户先前已经阅读过的文章并向他们推荐类似的文章;强化学习先向用户推荐少量的文章,并不断获得来自用户的反馈,构建用户可能喜欢的文章的"知识图"。有监督学习的反馈是及时的,而强化学习没有标签值作为监督信号,系统只会给算法执行的动作一个评分反馈,系统可能运行很多步之后才知道之前某一步的选择是好是坏,这使得反馈具有延迟性。

3.7.1   强化学习的组成部分

强化学习模型的核心主要包括智能体、奖励、状态和环境、动作 5 个部分,如图 3.15 所示。这些重要组成部分都基于一个假设：强化学习解决的都是可以被描述成最大化累计奖励目标的问题。

1. 智能体

智能体是强化学习的核心，主要包括策略（policy）、价值函数（value function）和模型（model）三个部分。其中，策略可以理解为行动规则（策略在数学上可以理解为智能体会构建一个从状态到动作的映射函数），即让智能体执行什么动作；价值函数是对未来总奖励的一个预测；模型是对环境的认知框

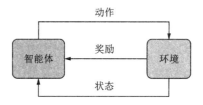

图 3.15　智能体和环境交互

架，其作用是预测智能体采取某一动作后的下一个状态。在没有模型的情况下，智能体会直接通过与环境进行交互来改进本身的行动规则，即提升策略。

2. 奖励

奖励是一种可以标量的反馈信息，能够反映智能体在某一时刻的表现。

3. 状态

状态又称为状态空间或状态集，主要包含环境状态（environment state）、智能体状态（agent state）和信息状态（information state）三部分。环境状态是智能体所处环境包含的信息（包括特征数据和无用数据）；智能体状态即特征数据，是需要输入智能体的信息；信息状态包括对未来行动预测所需要的有用信息，过去的信息对未来行动预测不重要，该状态满足马尔可夫决策。

4. 环境

这里的环境可以是电子游戏的虚拟环境，也可以是真实环境。环境能够根据动作做出相应的反馈。强化学习的目标是让智能体产生好的动作，从而解决问题；而环境是接受动作、输出状态和奖励的基础。根据环境的可观测程度，可以将强化学习所处环境分为完全可观测环境（fully observable environment）和部分可观测环境（partially observable environment）。前者是一种理想状况，是指智能体了解自身所处的整个环境；后者表明智能体了解部分环境情况，不明确的部分需要智能体去探索。

3.7.2　马尔可夫决策过程

在现实生活中，人们也会面临各种决策。为了解决某一问题，有时可能需要进行一系列决策，这就涉及序列决策问题。在序列决策问题中，人们在某个时刻所做的决策不仅会对当前时刻的问题变化产生影响，而且会对今后问题的解决产生影响；此时人们所关注的不仅是某一时刻问题解决带来的利益，更关注的是在整个问题解决过程中，每一时刻所做的决策是否能够带来最终利益的最大化。强化学习涉及的就是序列决策问题。由此可知，序列决策问题通常是由状态集合、智能体所采取的有效动作集合、状态转移信息和目标构成。由于状态无法有效地表示决策所需要的全部信息，或由于模型无法精确描述状态之间的转移信息等原因，序列决策问题存在一定的不确定性，而这种不确定性可能恰恰是解决问题的关键。马尔可夫决策过程（Markov decision process，MDP）能对序列问题进行数学表达，有效地找到不确定环境下序列决策问题的求解方法，因而是强化学习的核心基础，几乎所有的强化学习问题都可以建模为 MDP。

　　马尔可夫决策过程利用概率分布对状态迁移信息以及即时奖励信息建模，通过一种"模糊"的表达方法，对序列决策过程中无法精确描述状态之间的转移信息进行"精确"描述；转移信息描述的是从当前状态转移到下一个状态，这一过程是用概率表示的，具有一定的不确定性，称为状态转移概率。马尔可夫决策过程可以表示成一个五元组：

$$\{S,\ A,\ P_a,\ R_a,\ \gamma\} \tag{3.52}$$

式中，S 和 A 分别为状态和动作的集合；P_a 为系统（环境）的状态转移概率；R_a 为回报函数，γ 为折扣因子。假设 t 时刻状态为 s_t，智能体执行动作 a_t，下一时刻进入状态 s_{t+1}。这种状态转移与马尔可夫过程有些不同，马尔可夫过程下一个时刻的状态由当前时刻的状态决定，与更早的时刻无关。在马尔可夫过程中，由于智能体可以执行动作改变自己和环境的状态，并且得到惩罚或奖励下一时刻的状态，因此下一个时刻的状态由当前状态以及当前采取的动作共同决定。这一状态转移的概率为：

$$p_a(s,\ s') = p(s_{t+1} = s' \mid s_t = s,\ a_t = a) \tag{3.53}$$

　　这是当前状态为 s 时执行动作 a，下一时刻进入状态 s' 的条件概率。式（3.53）表明下一时刻的状态与更早时刻的状态和动作无关，状态转换具有马尔可夫性。有一种特殊的状态称为终止状态（又称吸收状态），到达该状态之后不会再进入其他后续状态。对于围棋，终止状态是一局的结束。

　　执行动作之后，智能体会收到一个立即回报 $R_a(s,\ s')$，立即回报与当前状态、当前采取的动作以及下一时刻进入的状态有关。在每个时刻 t，智能体选择一个动作 a_t 执行，然后进入下一状态 s_{t+1}，环境给出回报值。智能体从某一初始状态开始，每个时刻选择一个动作执行，然后进入下一个状态，得到一个回报，如此反复：

$$s_0 \xrightarrow{a_0} s_1 \xrightarrow{a_1} s_2 \xrightarrow{a_2} s_3 \cdots$$

　　如图 3.16 所示为寻找路径任务，在地图上有 9 个地点，编号从 A 到 I，终点是 I；现在以任意一个位置为起点，走到终点。对于前述的强化学习，状态有 9 种，即当前所处的位置，其中 I 为终止状态。在每个状态可以执行的动作有 4 种：向上走、向下走、向左走、向右走。将这 4 种动作简写为 u, d, l, r。由此得到状态的集合为：

$$S = \{A, B, C, D, E, F, G, H, I\}$$

动作的集合为：

$$A = \{u, d, l, r\}$$

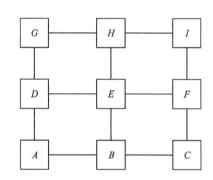

图 3.16　寻找路径任务

　　无论在什么位置，执行一个动作之后，下一步到达的位置是确定的。因此，状态转移概率为 1。除非到了终点 I，否则每一次执行动作之后的回报值为 0，到达终点后的回报值为 100。马尔可夫决策过程，如图 3.17 所示。

　　图 3.17 中每条边表示执行动作后的状态转移，包含的信息有动作、转移概率以及得到的立即回报。例如，从 F 到 I 的边表示执行动作 u（向上走），到达状态 I，转移的概率是 1，得到的回报是 100。除了进入终止状态 I 的两条边各有 100 的回报之外，其他动作的回报都为 0。

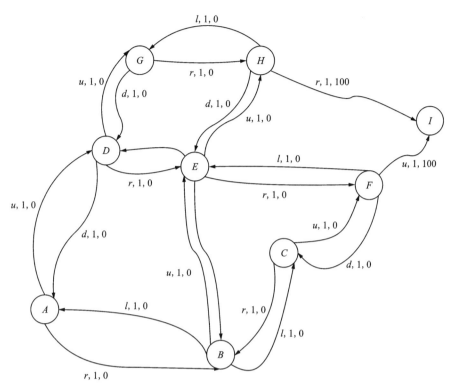

图 3.17 寻找路径任务的马尔可夫决策过程

问题的核心是执行动作的策略,它可以抽象成函数 π,定义了在每种状态时要选择执行的动作 a,即 $a = \pi(s)$。这是确定性策略,即在每种状态下,智能体要执行的动作是唯一的。另外还有随机性策略,智能体在一种状态下可以执行的动作有多种,策略函数给出的是执行每种动作的概率 $\pi(a|s) = p(a|s)$,即按概率从各种动作中随机选择一种执行。策略只与当前所处的状态有关,与历史时间无关,在不同时刻对于同一个状态所执行的策略是相同的。强化学习的目标是要达到某种预期,当前执行的动作会影响系统后续的状态。因此,需要确定动作在未来是否能够得到好的回报,这种回报具有延迟性。对于围棋,当前走的一步棋通常不会导致本局结束,但会影响后续的棋局,需要使得未来赢的概率最大化,而未来又具有随机性。

选择策略的依据是按照这个策略执行后,在各个时刻的累计回报值最大化,即未来的预期回报最大。按照某一策略执行的累计回报定义为:

$$G = \sum_{t=0}^{+\infty} \gamma^t R_{t+1} \tag{3.54}$$

这里使用了带衰减系数的回报和,γ 称为折扣因子,是 $[0,1]$ 区间的一个数。在每个时刻 t 执行完动作 a_t,得到的回报为 R_{t+1}。使用折扣因子是因为未来具有更大的不确定性,所以回报值要随着时间衰减。另外,如果不加上这种按照时间的指数级衰减会导致整个求和项趋向于无穷大,级数不收敛。假设状态转移概率以及每个时刻的回报是已知的,算法要寻找最佳策略来最大化式(3.54)的累计回报。

如果每次执行一个动作进入的下一个状态是确定的，则可以直接用式(3.54)的累计回报计算公式。如果执行完动作后进入的下一个状态是随机的，则需要计算各种情况的数学期望。类似于有监督学习中需要定义损失函数来评价预测函数的优劣，在强化学习中也需要对策略函数的优劣进行评价。为此定义状态价值函数的概念，它是 t 时刻在状态 s 下，按照策略 π 执行动作，累计回报 G_t 的数学期望。状态价值函数的计算公式为：

$$
\begin{aligned}
V_\pi(s) &= E_\pi[G_t \mid s_t = s] \\
&= E_\pi\Big[\sum_{k=0}^{+\infty} \gamma^k R_{t+k+1} \mid s_t = s\Big] \\
&= E_\pi\Big[R_{t+1} + \gamma \sum_{k=0}^{+\infty} \gamma^k R_{t+k+2} \mid s_t = s\Big] \\
&= E_\pi[R_{t+1} + \gamma G_{t+1} \mid s_t = s] \\
&= \sum_{s'} p_a(s, s')\{R_a(s, s') + \gamma E_\pi[G_{t+1} \mid s_{t+1} = s']\} \\
&= \sum_{s'} p_a(s, s')[R_a(s, s') + \gamma V_\pi(s')]
\end{aligned}
\tag{3.55}
$$

式(3.55)是一个递归的函数，函数的自变量是状态与策略函数，每个状态的价值函数依赖于从该状态执行动作后能到达的后续状态的价值函数。在状态 s 时执行动作 a，下一时刻的状态 s' 是不确定的，进入每个状态的概率为 $p_a(s, s')$，当前获得的回报是 $R_a(s, s')$。因此，需要对下一时刻的所有状态计算数学期望。而总的回报包括当前的回报和后续时刻的回报值之和，即 $V_\pi(s')$。如果是非确定性策略，还须考虑所有动作，这种情况的状态价值函数计算公式为：

$$
V_\pi(s) = \sum_a \pi(a \mid s) \sum_{s'} p_a(s, s')(R_a(s, s') + \gamma V_\pi(s'))
\tag{3.56}
$$

对于终止状态，无论使用什么策略函数，其状态价值函数为0。类似地可以定义动作价值函数。它是智能体按照策略 π 执行，在状态 s 时执行具体的动作 a 后的预期回报，计算公式为：

$$
Q_\pi(s, a) = \sum_{s'} p_a(s, s')(R_a(s, s') + \gamma V_\pi(s'))
\tag{3.57}
$$

动作价值函数除了指定初始状态 s 与策略 π 之外，还指定了在当前的状态 s 时执行的动作 a。这个函数衡量的是按照某一策略，在某一状态时执行各种动作的价值。这个值等于在当前状态 s 下执行一个动作后的立即回报 $R_a(s, s')$，以及在下一个状态 s' 时按照策略 π 执行所得到的状态价值函数 $V_\pi(s')$ 之和。另外，此时也要对状态转移概率 $p_a(s, s')$ 求数学期望。状态价值函数和动作价值函数的计算公式称为贝尔曼方程。

因为算法要寻找最优策略，所以需要定义最优策略的概念。状态价值函数定义了策略的优劣，可以根据此函数值对策略的优劣进行比较。对于两个不同的策略 π 和 π'，如果对于任意状态 s 都有 $V_\pi(s) \geqslant V_{\pi'}(s)$，则称策略 π 优于策略 π'。对于有限状态和动作的马尔可夫决策过程，至少存在一个最优策略，它优于其他任何不同的策略。根据最优策略的定义与性质，马尔可夫决策过程的优化目标为：

$$
V^*(s) = \max_\pi V_\pi(s)
\tag{3.58}
$$

即寻找任意状态的最优策略函数 π。最优化问题的求解目前有3种主流方法：动态规划、蒙特卡洛算法和时序差分算法。

对于有限状态和动作的马尔可夫决策过程，所有的最优策略有相同的状态价值函数和动作价值函数值。最优动作价值函数定义为：

$$Q^*(s, a) = \max_\pi Q_\pi(s, a) \tag{3.59}$$

对于状态–动作对 (s, a)，最优动作价值函数给出了在状态 s 时执行动作 a，后续状态时按照最优策略执行的预期回报。根据最优动作价值函数可以得到最优策略，具体做法是在每个状态时执行动作价值函数值最大的那个动作：

$$\pi^*(s) = \arg \max_a Q^*(s, a) \tag{3.60}$$

因此，可以通过寻找最优动作价值函数得到最优策略函数。如果只使用状态价值函数，虽然能找到其极值，但并不知道此时所采用的策略函数。

3.7.3 基于动态规划的算法

强化学习的目标是求解最优策略，最直接的求解手段是动态规划算法。动态规划通过求解子问题的最优解得到整个问题的最优解。其基本原理是如果要保证一个解为全局最优，则每个子问题的解也要是最优的。

上一节定义了状态价值函数和动作价值函数，并根据它们的定义建立了递推的计算公式。强化学习的优化目标是寻找一个策略，使得状态价值函数极大化，即

$$\pi^*(s) = \arg \max_\pi V_\pi(s) \tag{3.61}$$

假设最优策略 π^* 的状态价值函数和动作价值函数分别为 $V^*(s)$ 和 $Q^*(s, a)$，根据最优策略的定义，最优状态价值函数和最优动作价值函数之间存在如下关系：

$$V^*(s) = \max_a Q^*(s, a) \tag{3.62}$$

即要保证状态价值函数是最优的，则当前的动作也要是最优的。状态价值函数和动作价值函数都满足贝尔曼最优方程。对于状态价值函数，有：

$$V^*(s) = \max_a \sum_{s'} p_a(s, s')(R_a(s, s') + \gamma V_\pi(s')) \tag{3.63}$$

式 (3.63) 的意义是对任何一个状态 s，要保证一个策略 π 能让状态价值函数取得最大值，则需要本次执行的动作 a 所带来的回报与下一状态 s' 的最优状态价值函数值之和是最优的。对于动作价值函数，类似地有：

$$Q^*(s, a) = \sum_{s'} p_a(s, s')(R_a(s, s') + \gamma \max_{a'} Q^*(s', a')) \tag{3.64}$$

算法要寻找状态价值函数最大的策略，需要确定一个策略的状态价值函数；得到一个策略的状态价值函数之后，可以调整策略，让价值函数不断变大。动态规划算法在求解时采用了分步骤迭代的思路解决这两个问题，分别称为策略评估和策略改进。

1. 策略迭代算法

给定一个策略，可以用动态规划算法计算它的状态价值函数，称为策略评估。在每种状态下执行的动作有多种可能，需要对各个动作计算数学期望。按照定义，状态价值函数的计算公式为：

$$V_\pi(s) = \sum_a \pi(a \mid s) \sum_{s'} p_{\pi(s)}(s, s')(R_{\pi(s)}(s, s') + \gamma V_\pi(s')) \tag{3.65}$$

由于状态 s 的价值函数依赖于后续状态，因此，计算时需要利用后续状态 s' 的价值函数

依次更新状态 s 的价值函数。联立所有状态的价值函数计算公式,得到一个关于所有状态的价值函数的方程组。因此,计算所有状态的价值函数本质上是求解方程组。

求解时使用迭代法。首先为所有状态的价值函数设置初始值,然后用公式更新所有状态的价值函数。第 k 次迭代时的更新公式为:

$$V_{k+1}(s) = \sum_a \pi(a \mid s) \sum_{s'} p_a(s, s')(R_a(s, s') + \gamma V_k(s')) \tag{3.66}$$

式中, V_k 为第 k 次迭代时的初始值, V_{k+1} 为迭代更新后的值。算法最后会收敛到真实的价值函数值。更新方法有两种:第一种是更新某一状态的价值函数时用其他所有状态的价值函数在上一次迭代时的值;第二种方法是更新某一状态的价值函数时用其他状态最新的迭代值,而不用等所有状态一起更新。从上面的公式可以看到,策略估计需要知道状态转移概率与回报函数。

策略评估的目的是为了找到更好的策略,即策略改进。策略改进通过按照某种规则对当前策略进行调整,得到更好的策略。如果在某一状态下执行一个动作 a 所得到的预期回报比之前计算出来的价值函数还要大,即 $Q_\pi(s, a) > V_\pi(s)$,则至少存在一个策略比当前策略更好。因为即使只将当前状态下的动作改为 a,其他状态下的动作按照策略 π 执行,得到的预期回报也比按照 π 执行要好。假设 π 和 π' 是两个不同的策略,如果对于所有状态,都有 $Q_\pi(s, \pi'(s)) \geq V_\pi(s)$,则称策略 π' 比 π 更好。可以遍历所有状态和所有动作,用贪心策略获得新策略。具体做法是对于所有状态都按照公式(3.67)计算,即

$$\pi(s) = \arg\max_a Q_\pi(s, a) = \arg\max_a \sum_{s'} p_a(s, s')(R_a(s, s') + \lambda V_\pi(s')) \tag{3.67}$$

每次选择的都是能获得最好回报的动作,用它们来更新每个状态下的策略函数,从而完成对策略函数的更新。

策略迭代是策略评估和策略改进的结合。从一个初始策略开始,不断地改进这个策略达到最优解。每次迭代时首先用策略估计一个策略的状态价值函数,然后根据策略改进方案调整该策略,最后计算新策略的状态价值函数,如此反复直到收敛。策略迭代的原理如图 3.18 所示。

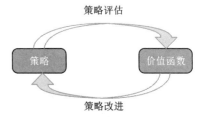

图 3.18　策略迭代的原理

完整的策略迭代算法流程如下。

对所有的状态 s,将策略函数 $\pi(s)$ 和状态价值函数 $V(s)$ 初始化为任意值

第一阶段:策略估计

循环

　　初始化相邻两次迭代的价值函数的差值: $\Delta = 0$

　　循环,对于每个状态 $s \in S$

　　　　获取上次迭代的状态价值函数: $v = V(s)$

　　　　更新状态价值函数:

$$V(s) = \sum_{s'} p_{\pi(s)}(s, s')(R + \gamma V(s'))$$

　　　　更新差值:

$$\Delta = \max(\Delta, |v - V(s)|)$$

直到 $\Delta < \theta$

第二阶段：策略改进

初始化策略是否没有改进的标志变量：flag＝true

循环，对于每个状态 $s \in S$

获取之前的策略所确定的动作：$a = V(s)$

计算当前状态的最优动作：

$$\pi(s) = \arg \max_a \sum_{s'} p_a(s, s')(R + \gamma V(s'))$$

如果 $a \neq \pi(s)$

　　则 flag←false

如果 flag＝true 则停止迭代，返回 π 和 V；否则继续执行策略估计

其中，θ 是人工设置的阈值，用于判断状态价值函数的估计值是否已经收敛。这通过相邻两次迭代时的价值函数之差与阈值 θ 进行比较来实现。算法首先计算给定策略的状态价值函数，收敛之后，执行策略改进；如果无法继续改进，则认为已经收敛到最优策略。

2. 价值迭代算法

在策略迭代算法中，策略评估的计算量很大，需要多次处理所有状态并不断地更新状态价值函数。实际上不需要知道状态价值函数的精确值也能找到最优策略，价值迭代就是其中的一种方法。

根据贝尔曼最优化原理，如果一个策略是最优策略，整体最优的解其局部一定也最优。因此，最优策略可以被分解成两部分：从状态 s 到 s' 采用了最优动作，在状态 s' 时采用的策略也是最优的。根据这一原理，每次选择当前回报和未来回报之和最大的动作，价值迭代的更新公式为：

$$V_{k+1}(s) = \max_a \sum_{s'} p_a(s, s')(R_a(s, s') + \gamma V_k(s'))　\qquad(3.68)$$

价值迭代算法与策略迭代算法的区别在于，不是对某一策略的状态价值函数进行计算，而是直接收敛到最优的价值函数。

价值迭代算法的流程如下。

初始化所有状态的价值函数值为任意值

循环

　　初始化相邻两次迭代时价值函数的最大差值；$\Delta = 0$

　　循环，对于状态集中的每个状态 s。

　　　　获取迭代之前的状态价值函数：$v = V(s)$

　　　　更新价值函数：

$$V(s) = \max_a \sum_{s'} p_a(s, s')(R + \gamma V(s'))$$

　　　　更新差值：

$$\Delta = \max(\Delta, |v - V(s)|)$$

直到 $\Delta < \theta$

迭代结束后，输出一个确定性的策略 π，每个状态下选择价值最大的动作：

$$\pi(s) = \arg \max_a \sum_{s'} p_a(s, s')(R + \gamma V(s'))$$

其中，θ 为人工设置的阈值，用于迭代终止的判定。价值迭代利用贝尔曼方程来更新状

态价值函数,每次选择在当前状态下达到最优值的动作。策略迭代算法和价值迭代算法都依赖于环境模型,需要知道状态转移概率和回报函数,因此,被称为有模型的强化学习算法。

3.7.4　蒙特卡洛算法

策略迭代算法和价值迭代算法虽然都可以得到理论上的最优解,但是它们的计算过程依赖于事先知道状态转移概率和立即回报值,难以应用于无法得到准确状态转移模型和回报函数的场景。对于无法建立精确的环境模型的问题,只能根据一些状态、动作、回报值序列样本进行计算,估计出价值函数和最优策略。基本思想是按照某种策略随机执行不同的动作,观察得到的回报,然后进行改进,即通过随机试探来学习。这类算法称为无模型的算法,典型代表有蒙特卡洛算法和时序差分算法。

蒙特卡洛算法是一种随机数值算法,它通过使用随机数来近似求解某些难以直接计算的问题。在强化学习中,蒙特卡洛算法可以根据样本得到状态价值函数和动作价值函数的估计值,用于近似它们计算公式中的数学期望值。

1. 算法简介

蒙特卡洛算法通过随机样本来计算目标函数的值。下面举例说明如何用这种算法来计算单位圆的面积。以原点为圆心的单位圆的方程为 $x^2+y^2=1$,圆内部的点满足下面的不等式为 $x^2+y^2<1$。用蒙特卡洛算法求解时,使用大量的随机点 (x, y),其中,x 和 y 都服从区间 $[-1, 1]$ 内的均匀分布。算法维护了两个计数器,第一个是落在圆内的点的数量,第二个是随机点的总数。实现时,生成大量的样本点,如 10000 个。对于每个点,判断它是否在圆的内部;如果是,则将第一个计数器加 1。通过生成大量的点,最后得到圆内部点数的计数器值,除以随机点的总数,得到一个比值。这个比值是圆的面积与矩形面积的比,即落在园内的点数/总点数。由于这个圆的外接正方形的面积是 4,用比值乘以正方形的面积,即得到圆的面积。

蒙特卡洛算法用随机采样的样本点近似计算数学期望值,对于离散型概率分布有:

$$E[f(x)] = \sum_j p(x_j)f(x_j) \approx \frac{1}{N}\sum_{i=1}^{N} f(x_i) \tag{3.69}$$

式中,x 为随机变量;$f(x)$ 为随机变量的函数,这里要计算它的数学期望;x_i 为采样点;N 为采样点的数量。由于 x_i 采样于概率分布 $p(x)$,因此已经蕴含了概率值 $p(x_j)$。对于连续型概率分布,其结果类似,此时蒙特卡洛算法近似计算定积分的值。

2. 状态价值函数估计

在上面的例子中,样本是一些随机的点。而在用于计算强化学习的价值函数时,样本是一些片段。在这里先定义片段的概念,它是从某一状态开始,执行一些动作,到终止状态为止的一个完整的状态和动作序列。蒙特卡洛算法从这些片段样本中学习,估算出状态价值函数和动作价值函数。实现时的做法非常简单:按照一个策略执行,得到一个状态和回报序列,即片段;多次执行,得到多个片段;最后根据这些片段样本估计出价值函数。

在蒙特卡洛算法中,状态价值函数的估计值是所有片段中以该状态为起点的累计的回报的均值。具体实现时,根据给定的策略生成一些片段样本:

$$s_1, a_1, R_2, s_2, a_2, \cdots, s_t, a_t, R_{t+1}, \cdots$$

如果要计算状态 s 的价值函数,则在这个片段中找到 s 出现的位置,假设为 s_t。计算该状

态的累计回报值为:

$$G_t = R_{t+1} + \gamma R_{t+2} + \gamma^2 R_{t+3} + \cdots$$

然后对所有片段计算出的累计回报取均值作为价值函数定义中数学期望的近似值:

$$V_\pi(s) = E[G_t \mid s_t = s] \approx \frac{1}{N} \sum G_t \tag{3.70}$$

式中, N 为片段数。

在这个过程中可能会出现: 从状态 s 离开之后, 经过一段时间又回到这个状态。有两种处理策略: first-visit 和 every-visit。前者只使用第一次到达状态时所计算的累计回报值, 后者对每次进入状态时计算出的累计回报取平均。蒙特卡洛策略评估算法的流程如下。

初始化所有状态的价值函数, 将所有状态 s 的回报值列表 returns(s) 初始化为空
循环
　　按照策略 π 生成一个片段
　　循环, 对于片段中出现的每个状态 s
　　　　寻找状态 s 在片段中的第一次出现的位置, 计算它的累计回报值 G
　　　　将 G 加入列表 returns(s) 中
　　结束循环
　　返回列表的均值作为状态价值函数的估计值 avg(returns(s)):
结束循环

其中, avg 为计算列表 returns(s) 的均值。

每次得到价值函数的估计值之后, 使用类似梯度下降法的公式(3.71)进行更新, 以保证平滑性。

$$V(s) = V(s) + \alpha(\overline{G} - V(s)) \tag{3.71}$$

这里的更新项使用了蒙特卡洛估计值与当前函数值的差分, 类似于梯度下降法, 以保证函数值收敛, 参数 α 是人工设置的学习率。

3. 动作价值函数估计

估计动作价值函数的做法和估计状态价值函数类似。给定一个策略, 在状态 s 下执行动作 a, 后面的动作遵循策略 π, 生成片段。根据片段计算累计回报值, 用这些累计回报值的均值作为价值函数的估计值。

用蒙特卡洛算法估计价值函数时需要按照某一策略执行动作以生成片段; 对于随机性策略, 在每个状态下有以下 3 种可选的动作。

(1)等概率地随机挑选出一个动作执行, 称为探索。这种方案可以探索之前未尝试的动作。

(2)选择当前策略下最优动作执行, 称为利用。这种方案利用了之前迭代时已经得到的最优策略信息。

(3) ε 贪心策略。以 $1-\varepsilon$ 的概率选择当前策略下的最优动作执行, 以 ε 的概率从其他动作中随机挑选一个执行。其中 ε 为人工设定的 $[0, 1]$ 内的一个数。这种方案是探索与利用的结合。

4. 蒙特卡洛控制

蒙特卡洛控制是动作价值函数估计与策略改进的结合。算法的流程如下。

```
初始化策略函数 π(s) 为随机值, 初始化所有状态的动作价值函数 Q(s, a) 为随机值
初始化 returns(s, a) 列表为空
循环
    随机选择初始状态 s₀, 初始动作 a₀
    按照策略 π 生成一个片段
    循环, 对片段中出现的每个状态-动作对 s、a
        计算 s、a 第一出现时的价值函数值 G
        将 G 加入列表 returns(s, a) 中
        计算列表的均值, 赋予动作价值函数:
    Q(s, a) = avg(returns(s, a))
    结束循环
    循环, 对片段中的每个状态 s
        π(s) = arg max Q(s, a)
                  a
    结束循环
结束循环
```

与价值迭代算法类似, 这里首先计算所有状态-动作对的价值函数; 然后更新策略, 将每种状态下的动作置为使得动作价值函数最大的动作, 反复迭代直至收敛。

3.7.5　时序差分算法

蒙特卡洛算法需要使用完整的片段进行计算, 这在有些问题中是不现实的, 尤其是对于没有终止状态的问题。时序差分算法(temporal difference learning, TD)对此进行了改进, 执行一个动作之后就进行价值函数估计, 无须使用包括终止状态的完整片段。与蒙特卡洛算法一样, TD 无须依赖状态转移概率, 可直接通过生成的随机样本来计算。最基本的 TD 用贝尔曼方程估计价值函数的值, 然后构造更新项。迭代更新公式为:

$$V(s) = V(s) + \alpha(R + \gamma V(s') - V(s)) \tag{3.72}$$

算法用当前动作的立即回报值与下一状态当前的状态价值函数估计值之和构造更新项, 更新本状态的价值函数。更新项为:

$$R + \gamma V(s')$$

上式没有使用状态转移概率, 而是和蒙特卡洛算法一样随机产生一些样本进行计算, 因此属于无模型的算法。用于估计状态价值函数时, 算法的输入为策略, 输出为该策略的状态值函数。用于估计状态价值函数值的 TD 流程如下。

```
初始化所有状态的价值函数 V(s), 可以全部初始化为 0
循环, 对于所有的片段
    选择一个初始状态 s
    循环, 对于片段中的每一步
        按照策略 π 为状态 s 确定一个动作 a 来执行
        执行动作 a, 得到立即回报 R 以及下一个状态 s'
        更新价值函数:
            V(s) = V(s) + α(R + γV(s') - V(s))
        进入新状态: s = s'
    直到 s 为终止状态
结束循环
```

实现时需要将状态价值函数存在一维数组中, 然后根据公式迭代更新数组中的每个元素, 直到收敛。

1. SARSA 算法

前面介绍的算法用于估计状态价值函数的值, 而 SARSA 算法用于估计给定策略的动作价值函数, 同样是每次执行一个动作之后就进行更新。它的迭代更新公式为:

$$Q(s, a) = Q(s, a) + \alpha(R + \gamma Q(s', a') - Q(s, a)) \tag{3.73}$$

更新值的构造使用了 $\{s, a, R, s', a'\}$ 这 5 个变量, 因此被命名为 SARSA 算法。根据所有状态-动作对的价值函数可以得到最优策略。算法的流程如下。

初始化, 将所有非终止状态的 $Q(s, a)$ 初始化为任意值, 终止状态的初始化为 0
循环, 对所有片段
　　选择一个初始状态 s
　　根据 Q 函数为状态 s 确定一个动作 a, 可以采用 ε-贪心策略
　　循环, 对于片段中的每一步
　　　　执行动作 a, 得到立即回报 R 以及下一个状态 s'
　　　　根据 Q 函数为状态 s' 确定一个动作 a', 可以采用 ε-贪心策略
　　　　更新 Q 函数:
　　　　　　$Q(s, a) = Q(s, a) + \alpha(R + \gamma Q(s', a') - Q(s, a))$
　　　　更新状态和动作: $s = s', a = a'$
　　直到 s 为终止状态
结束循环

对于有限的状态和动作集合, 可以将动作价值函数存储在二维数组中, 行代表状态, 列代表动作, 每个元素为在某种状态下执行某种动作的价值函数值。算法运行时迭代更新这个数组中的每个元素, 直到收敛。

2. Q 学习

Q 学习算法类似于 SARSA 算法, 不同的是通过估计动作价值函数的最大值, 迭代可以直接找到价值函数的极值, 从而确定最优策略。算法的流程如下。

初始化, 将所有非终止状态的 $Q(s, a)$ 初始化为任意值, 终止状态的初始化为 0
循环, 对所有的片段
　　选择一个初始状态 s
　　循环, 对于片段中的每一步
　　　　根据 Q 函数为状态 s 确定一个动作 a, 可以采用 ε-贪心策略
　　　　执行动作 a, 得到立即回报 R 以及下一个状态 s'
　　　　更新价值函数:
　　　　　　$Q(s, a) = Q(s, a) + \alpha(R + \gamma \max_{a'} Q(s', a') - Q(s, a))$
　　　　进入新状态: $s = s'$
　　直到 s 为终止状态
结束循环

使用 ε-贪心策略时以 $1-\varepsilon$ 的概率执行 Q 值最大的动作:

$$a = \arg\max_{a'} Q(s, a')$$

以 ε 的概率从其他动作中随机挑选一个执行。执行完动作之后，进入状态 s'，寻找状态 s' 下所有动作的价值函数的极大值、构造更新项。算法最终会收敛到动作价值函数的最优值。用于预测时，在每个状态下选择函数值最大的动作执行，这就是最优策略。具体实现时同样可以采用 ε-贪心策略。

3.8　迁移学习

智能大数据时代，机器学习和深度学习持续不断地训练和更新模型。然而，这些巨大的数据却带来严重的问题：缺乏完备的数据标注，需要高功率、强计算能力的设备进行存储和计算，普适化模型不能满足个性化的需求。

迁移学习的理论研究从 20 世纪 90 年代开始，随着深度学习的快速发展，利用深度神经网络进行迁移学习的研究不断涌现。迁移学习是将解决一个问题时获得的知识应用于解决另一个不同但相关的问题，目的是在新的任务中获得更好的学习效果。

传统的学习方法与迁移学习的原理如图 3.19 所示。传统的学习方法针对每个不同的分类任务，建立不同的分类器。迁移学习使用源任务的知识，构建新（目标）任务分类器，只需更少的训练数据与训练时间。传统的学习方法要求训练和检验数据服从同一分布，具有相同的特征空间。一旦分布发生改变，须重建模型。迁移学习允许分布、任务不同，甚至用于训练和检验的数据域也可以不同。

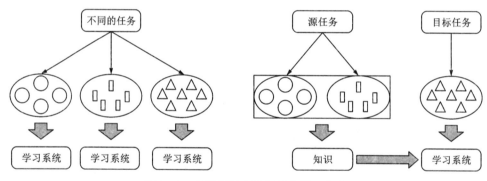

图 3.19　传统学习方法与迁移学习方法

迁移学习基本概念有两个：领域（简称域）和任务。已有的知识称为源域，要学习的新知识称为目标域，其中知识包括数据知识和模型知识。任务指解决问题需要建立的模型。对源域的知识进行迁移的目的是完成目标域的任务，即建立一个理想的目标域模型。

（1）领域（domain）。领域 D 通常包含两部分：特征空间 X 和边缘概率分布 $P(X)$，即 $D = \{X, P(X)\}$，其中 $X = \{x_1, x_2, \cdots, x_n\} \in X$。如果两个领域的特征空间不同，或者边缘概率分布不同，则认为两个领域不同。

（2）任务（task）。对于给定的领域 $D = \{X, P(X)\}$，对应的任务 T 包含两部分：标记空间 Y 和预测函数 $f(\cdot)$，即 $T = \{Y, f(\cdot)\}$。其中 $f(\cdot)$ 是通过训练样本 $\{x_i, y_i\}$ 学习得到的，可以对新的样本 x 预测其标签 $f(x)$，$x_i \in X$，$y_i \in Y$。如果两个任务不同，则它们可能是标记空间 Y 不同，或者是预测函数 $f(\cdot)$ 不同。

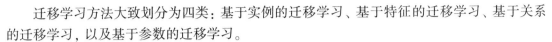

迁移学习方法大致划分为四类：基于实例的迁移学习、基于特征的迁移学习、基于关系的迁移学习，以及基于参数的迁移学习。

（1）基于实例的迁移学习：根据需要，从相似度匹配原则中选定某一个原则，从源域数据集中挑选出和目标域数据相似度高的样本迁移到目标域中，辅助目标域建立模型，解决目标域因标记样本不足或没有标记信息而无法训练出满意的模型的问题。

（2）基于特征的迁移学习：通过在源域和目标域之间寻找典型特征，使二者在特征空间内域之间的差异最小，实现知识从源域到目标域的迁移和复用。特征迁移学习方法又可以分为基于对称特征迁移的方法和基于非对称特征迁移的方法。对称特征迁移学习将源域目标域数据映射到公共空间中，非对称特征迁移学习将源域数据映射到目标域空间中。

（3）基于关系的迁移学习：假设源域数据之间存在的关系和目标域数据之间存在的关系有一定的相关性，如汉语中语调与情感的关系以及英语中语调与情感之间的关系具有一定的相关性。基于关系的迁移学习即构建源域数据关系模型与目标域数据关系模型的映射模型。

（4）基于参数的迁移学习：源域模型和目标域模型之间存在某些可以共享的参数，基于参数的迁移学习方法即寻找二者之间可以共享的参数信息，将在源域获得的参数知识迁移到目标模型中。

迁移学习的应用可以解决数据获取和数据标注缺少等问题，充分利用历史源域数据，为目标任务提供有价值的信息。个人用户能站在巨人的肩膀上，利用大数据在强计算能力的设备上训练好的模型信息，解决自身任务，提高网络泛化能力。同时，可以建立一个普适性的模型，为多任务的个性化要求建立基础，灵活应对不同环境和任务，满足实际应用中端对端的需求。

第4章 大数据群智能优化算法

大数据是现代信息技术迅速发展的必然产物，实现对大数据的有效分析和处理不仅将带来巨大的经济价值，同时也能推动社会进步。大数据环境下，数据规模、涌现速度和其处理难点使得待优化的问题变得异常复杂，具有大规模、高维、强约束、强动态和多目标等特点。面对这些特点，使用传统优化方法寻找全局最优解变得非常困难。由于群体智能的自组织性、并行、分布式控制和易于实现等特点，在解决复杂优化问题时表现出了良好的性能。针对大数据实际环境中出现的高维、强约束和多目标优化等复杂问题，设计新型群智能优化算法具有非常重要的意义。

以遗传算法（genetic algorithm，GA）、人工免疫系统（artificial immune system，AIS）、蚁群算法（ant colony optimization，ACO）、粒子群优化算法（particle swarm optimization，PSO）和差分进化算法（differential evolution algorithm，DE）为代表的群智能算法具有自学习、自组织、自适应的特征和简单、通用、鲁棒性强、适合于并行处理的优点，一直是智能科学领域的研究热点。智能计算在求解问题时不依赖于梯度信息，特别适用于传统方法难以解决的大规模复杂非线性优化问题，因此已经被广泛应用于复杂工业自动化、航空航天工程、机器人领域、电力系统领域、网络及通信领域、计算机领域、半导体制造领域和工程设计领域、系统辨识与故障诊断等诸多领域优化问题求解。随着工业生产过程朝着大型化、连续化、综合化的方向迅速发展，生产过程变得越来越复杂，随之而来的各类工程问题具有数据规模大、变量维数高、求解目标多等特征，使得大数据环境下的群智能优化算法应用成为新的研究热点。

本章首先概述了群智能优化算法在大数据处理中的应用现状，然后依次介绍了遗传算法、人工免疫算法、蚁群算法、粒子群优化算法和差分进化算法的相关内容。

4.1 大数据处理的难点与群智能优化

大数据的核心问题是如何从数据中挖掘出有效的信息并分析应用。近年来，相关领域的学者在探索数据挖掘技术方面做了巨大的努力，也取得了显著的成果。但目前数据挖掘技术仅对小规模、结构化或半结构化数据的分析优化效果较好，当数据的规模、维度，待解决目标和动态性增大时，传统数据挖掘技术的优化效果也失去了优越性。如大规模问题，在日常的工作和生活中，人们对数据的收集越来越多，数据被储存在不同领域的管理系统中，成爆炸式增长。

如高维问题。在高维空间中，数据集存在数据分布稀疏、噪声水平提高、属性维度高等特点。当维数达到一定高度时，传统意义上的数据距离和区域密度将会变得没有意义，数据集上的距离差将逐渐缩小，甚至出现距离趋零现象。如多目标问题，在应用于金融、工业、生产管理等相关领域时，往往有多个需要优化的目标。对于多目标优化问题，各个优化目标之间可能存在矛盾和制约，因此要寻找一组优先级别最高的解集来达到各目标之间的平衡。

如动态问题。随着时代变迁，信息的时效性变得越来越短暂，只有在实际应用数据源运行的同时对数据进行动态提取并加以分析，才能够充分把握新颖的信息。传统的数据挖掘技术只是针对静态的数据进行分析处理，而不能很好地动态掌握信息的发展，动态数据挖掘是综合现在和未来于一体的知识提取过程。

上述问题的出现使得传统的数据处理技术不再适用，迫切需要大数据环境下的数据挖掘方法来解决上述问题。

随着信息技术应用的不断深入，数据挖掘技术的发展遭遇了瓶颈。一是数据产生的速度和数量、应用的规模和范围在不断扩大，产生了大规模数据集。由于计算量的增大，原来的一些数据挖掘方法不能在短时间内挖掘到有用的信息，挖掘信息的质量下降甚至无法执行；二是数据挖掘研究对象的特征维数越来越高，产生了大量的具有冗余特征和噪声特征的高维小样本数据，直接进行数据挖掘容易造成维数灾难；三是在数据挖掘的过程中，会出现许多规则，但其中的一部分并不是有用的信息，这就需要用约束来指导数据挖掘方向，现有的挖掘方法大多缺乏指导和控制的交互性；四是对各类算法和模型还没有形成正确的评估体系，难以对数据挖掘的实际项目起到指导作用，单个目标所建立的数学模型往往不足以描述优化决策问题的全部特征，应通过多目标决策方法建立一个客观的定量化综合评价体系；五是数据的复杂性，这种复杂性并不仅源于数据的本身，更多体现在多源异构、多空间和多实体的交互动态性，对数据的处理要求很高，难以用传统的方法从大量动态甚至无法辨识的数据中提取出有用的信息。

作为最优化方法的新生力量，一些典型的群智能算法已经广泛应用到数据的分析和处理当中。纵观这些优化算法，它们的建模方法具有一定的相似性：首先，在一定的地域范围之内存在由多个能力简单的个体组成的生物种群，算法群体结构上都具有"个体动态+通信拓扑"的特点；其次，群体智能是由简单的个体行为规则和局部信息产生的；然后，它们都是利用生物的繁殖、变异、迁移、觅食、死亡等相关表型特征，简化了生物进化的机理，通过表型特征模拟了生物系统的进化过程。

群智能计算是启发于自然界的生命个体、生物群体以及生态系统而建立的仿真模型与计算方法。上千亿个几乎拥有相同结构和功能神经元的细胞组成了人类的神经系统，人类的智能可通过它们简单的相互连接展现出来。自然界中单个个体大多不具备完成复杂行为的能力，但却能协作完成觅食、迁徙、筑巢等复杂的群体行为。计算机通过描述生物的这些行为，发现蕴含在其中的丰富的信息处理机制，并利用它们的规律设计求解问题的方法，进而用于人类社会科技和经济的发展。群智能算法不依赖优化问题的本身，不针对特定的问题设计，应用范围广泛，可以有效地解决传统人工智能方法难以解决的甚至无法解决的问题。

现有研究表明，群智能算法能够实现大数据环境下的有效数据分析。一方面，群智能算法在应用于数据处理的过程中，利用全局搜索能力可以优化一些陷入局部最优的数据挖掘模型，使其找到全局最优解，提高了数据的分析处理能力。另一方面，群智能算法在优化的同时也会得到自身的不断完善，以取得更好的实际应用效果。群智能优化算法是面向海量、高维、动态特性大数据分析的一种重要方法。基于群智能优化算法的分布式实现是大数据分布式优化中的一个重要分支，基于分布式计算环境能够加速优化算法搜索的过程，在大数据优化问题中占据重要地位。目前主要集中于群智能优化算法在 MapReduce 编程框架上的分布式实现，用于提高算法运行效率，加快求解速度。当数据量具有一定规模时，基于 MapReduce 的群智能算法在收敛速度上优于非分布式实现。本节简要概述三种常用的群智能算法在大数据环境下的应用研究。

4.1.1 基于粒子群算法的大数据分析

基于 MapReduce 进行粒子群算法的分布式实现是大数据分布式优化的关键，采用分而治之的方式是处理高维数据集上粒子群优化问题的一个有效策略。有研究者在 Map 阶段和 Reduce 阶段设计合适的键值对，实现了基于 MapReduce 的分布式粒子群算法；有研究者提出一种协同演化粒子群算法，通过使用动态随机分组策略，将高维空间划分为大小可变的低维子空间，从而实现大规模高维数据空间的优化；还有研究者提出了一种数据拆分与融合策略，改进了划分样本子集规模、子集之间的信息传递、各子集结果的融合等问题。

基于目标函数的聚类可视为优化问题，可采用群智能算法进行求解。研究者根据效率、准确性和错误计数三个因素，基于 MapReduce 运用粒子群算法对学生数据进行分布式并行聚类；从 HDFS 的数据存储、群智能的并行计算、任务调度出发，对群智能算法在 MapReduce 等大数据平台中的运用进行分析，实现了粒子群优化算法对 Twitter 数据集的聚类；还有将大数据挖掘中的特征选择视为大数据驱动的组合优化问题，并将其用于高维数据搜索和减轻生物信息大数据的处理负荷中。

群智能算法在大数据工程中已普遍得到应用研究。大数据具有"4V"特点（体量大、速度快、模态多、价值大密度低），对应于群智能算法，分别表示为大规模、高维、动态、噪声/不确定/代理。有研究者以大数据驱动的港口物流和旅行商问题作为实例，运用粒子群算法进行物流路径规划和问题求解，都取得了较好的效果。针对高维流式大数据搜索速度较慢的问题，研究者提出通过加速的粒子群优化算法进行群搜索，提高了分析速度和精度。研究者们还采取维度分布式策略加速对决策空间解的搜索，基于 MapReduce、Spark 分布式计算框架缩短协同粒子群优化算法的搜索进程。进一步，针对量子智能等较新算法，一些研究者基于 MapReduce 探讨了吸引子、量子旋转门这两种不同编码和再生方式下的量子粒子群优化算法的分布式实现策略。

4.1.2 基于蚁群算法的大数据分析

蚁群算法是一种本质上并行的算法，具有较强的全局搜索能力。蚁群优化收敛速度较慢，且容易陷入停顿状态。对此有研究者提出一种动态正负反馈蚁群优化算法，即采取在内部正馈、群体之间负反馈的策略，在使用迭代 MapReduce 模型构建的框架 Hadoop 上分布式实现。还有研究者将分治策略和模拟退火算法共同引入蚁群算法，提出基于 MapReduce 的蚁群算法，提高了蚁群算法处理大数据的能力。针对云制造的动态服务组合优化问题，有研究者提出一种改进的蚁群算法，即在蚁群算法中引入最优路径列表和轮盘赌的选择机制。

4.1.3 基于进化算法的大数据分析

MapReduce 不适合迭代计算，但是进化算法却包含了大量迭代计算，因此如何使

MapReduce 适用于进化算法的迭代计算是需要解决的关键问题。有研究者通过在 MapReduce 中增加一个 Reduce 过程，使得改进的 MapReduce 能够实现遗传算法的分布式，实现了基于 MapReduce 的遗传算法。对大数据进行分组可以提升算法执行效率，对此，有研究者从理论上证明了随机分组的策略可以增加相关变量被划分至同一子分量的概率，并将其应用于大规模协同进化计算中。这一随机分组策略在高维优化问题中具有明显优势。还有研究者提出差分分组的自动分组策略，使得不同分组内变量之间的相互依赖度最小化，克服了简单地采用随机分组策略的不足，使分组更加智能。针对基于多目标演化算法的子集选择算法在处理大规模数据非常耗时的不足，有研究者提出一种基于分解策略的多目标演化子集选择算法：首先将整个子集空间进行分解；然后逐步调用蚁群算法进行求解，在分解个数增加的同时，运行时间超线性下降。针对云制造资源的优化组合问题，研究人员结合云制造实际工况改进差分进化算法，增添块变异、块交叉和块选择操作，实现最大完工时间最小化。在智能制造领域，生产流程的设计、制造资源分配等本质上都是最优化问题。有研究者采用量子多目标进化算法对大数据环境下的云联盟数据资源多服务组合问题进行求解。

4.2　遗传算法

4.2.1　遗传算法原理

受到生物模拟技术的启发并借鉴了达尔文的进化论和孟德尔的遗传学说，美国密歇根大学的 Holland 教授等提出了遗传算法(genetic algorithm，GA)。其本质是一种自适应随机全局搜索优化方法，模拟了自然选择和遗传中发生的复制、交叉和变异等现象。即从任意一个初始种群出发，通过随机选择、交叉和变异操作，产生一群更适合环境的个体，使群体进化到搜索空间中越来越好的区域；这样一代一代不断地繁衍进化，最后收敛到一群最适应环境的个体，求得问题的优质解。

遗传算法包含两个数据转换操作：编码和解码。前者是从表现型到基因型的转换，即在遗传算法开始之前将搜索空间中的参数或解转换成遗传空间中的染色体；后者是从基因型到表现型的转换，即在遗传算法寻优之后将最优个体转换成搜索空间中的参数。

1. 编码

从问题的解到基因型的映射称为编码，即把一个问题的可行解从其解空间转换到遗传算法的搜索空间的转换方法。遗传算法在进行搜索之前先将解空间的解表示成遗传算法的基因型串(即染色体)结构数据，串结构数据的不同组合构成了不同的点。编码是遗传算法首要解决的问题，也是设计遗传算法的一个关键步骤。编码方法影响到交叉算子、变异算子等遗传算子的运算方法，很大程度上决定了遗传进化的效率。常见的编码方法有二进制编码、格雷码编码、浮点数编码、参数级联编码、多参数交叉编码和符号编码法等，本节介绍三种常用的编码方法。

(1)二进制编码。

相比于人体的基因有四种碱基序列，遗传算法中组成染色体的基因序列只用了 0 和 1 两种碱基，然后将其串成一条链形成染色体。一个位能表示出两种状态的信息量，因此足够长的二进制染色体便能表示所有的特征。这便是二进制编码的原理。这种表示方法的优点在于：①编码、解码操作简单易行；②交叉、变异等遗传操作便于实现；③符合最小字符集编码原则；④利用模式定理对算法进行理论分析。其缺点在于：对于一些连续函数的优化问题，由于其随机性使得其局部搜索能力较差。如对于一些高精度的问题，当解迫近于最优解，其变异后表现型变化很大、不连续，所以会远离最优解，达不到稳定。

（2）格雷编码。

格雷码是将二进制编码通过一个变换进行转换得到的编码。设二进制串$<\beta_1, \beta_2, \cdots, \beta_n>$对应的格雷串为$<\gamma_1, \gamma_2, \cdots, \gamma_n>$，则从二进制编码到格雷编码的变换为：

$$\gamma_k = \begin{cases} \beta_1, & k = 1 \\ \beta_{k-1} \oplus \beta_k, & k > 1 \end{cases} \tag{4.1}$$

式中，$\oplus$表示模2的加法。

从一个格雷串到二进制串的变换为：

$$\beta_k = \sum_{i=1}^{k} \gamma_i (\mathrm{mod}2) = \begin{cases} \gamma_1, & k = 1 \\ \gamma_{k-1} \oplus \gamma_k, & k > 1 \end{cases} \tag{4.2}$$

格雷码的优点是克服了二进制编码的 Hamming 悬崖缺点。

（3）浮点数编码。

浮点编码中个体的每个基因值用某一范围内的一个浮点数来表示。在浮点数编码方法中，必须保证基因值在给定的区间限制范围内，遗传算法中所使用的交叉、变异等遗传算子也必须保证其运算结果所产生的新个体的基因值也在这个区间限制范围内。采用浮点数表达不必进行数制转换，可直接在解的表现型上进行遗传操作，可以引入与问题领域相关的启发式信息来增强算法的搜索能力。特别是在求解高维或者复杂优化问题时一般使用浮点数编码。

2. 解码

解码是遗传算法得到最优染色体后向问题解的转换，是编码的逆向操作。以二进制编码解码为例，假设寻优某一参数X的取值范围记作$[U_1, U_2]$，具体取值为$[2, 4]$，现用5位二进制进行编码，可得到$2^5 = 32$个二进制染色体，即

00000, 00001, 00010, 00011, $\cdots$, 11110, 11111。

这32个染色体表示了$[2, 4]$这个参数的寻优范围。假设解码公式为：

$$X = U_1 + \left(\sum_{i=1}^{k} b_i \cdot 2^{i-1} \right) \frac{U_2 - U_1}{2^k - 1} \tag{4.3}$$

解码时，只需将相应的染色体二进制代入解码公式，即可得到相应的解码。比如编码为10101的染色体，其解码为：

$$X = 2 + (1 + 0 \times 2 + 1 \times 2^2 + 0 \times 2^3 + 1 \times 2^4) \frac{4 - 2}{2^5 - 1} = 3.3548$$

4.2.2 常用术语简介

遗传算法是结合进化论和遗传学机理产生的搜索算法，在这个算法中会用到生物遗传学知识，现简介如下。

（1）染色体(chromosome)：染色体又称基因型个体(individuals)，一定数量的个体组成群

体(population)，群体中个体的数量称为群体大小。

(2)位串(bit string)：个体的表示形式，对应于遗传学中的染色体。

(3)基因(gene)：基因是染色体中的元素，用于表示个体的特征。例如有一个串(即染色体)$S = 1011$，则其中的1，0，1，1这4个元素分别称为基因。

(4)特征值(feature)：在用串表示整数时，基因的特征值与二进制数的权一致。例如在串 $S = 1011$ 中，基因位置3中的1，它的基因特征值为 $2^1 = 2$；基因位置1中的1，它的基因特征值为 $2^3 = 8$。

(5)适应度(fitness)：各个个体对环境的适应程度称为适应度(fitness)。为了体现染色体的适应能力，引入对问题中的每一个染色体都能进行度量的函数，叫适应度函数。这个函数通常会被用来计算个体在群体中被使用的概率。

(6)基因型(genotype)：或称遗传型，是指基因组定义遗传特征和表现。对应遗传算法中的位串。

(7)表现型(phenotype)：生物体的基因型在特定环境下的表现特征。对应于遗传算法中的位串解码后的参数。

4.2.3　遗传算法的流程

遗传算法的流程如图4.1所示，主要分为编码、种群初始化、适应度函数、选择操作、交叉操作和变异操作。

步骤1：使用随机方法或者其他方法产生一个有 N 个染色体的初始群体 pop(1)；

步骤2：对群体 pop(t) 中的每一个染色体 $\text{pop}_i(t)$，计算它的适应值 $f_i = \text{fitness}[\text{pop}_i(t)]$；

步骤3：若满足停止条件，则算法停止；否则，以概率：

$$p_i = \frac{f_i}{\sum\limits_{j=1}^{N} f_i} \qquad (4.4)$$

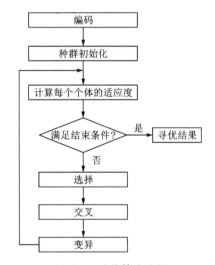

图4.1　遗传算法流程

从 pop(t) 中随机选择一些染色体构成一个新种群：

$$\text{newpop}(t+1) = \{\text{pop}_j(t) \mid j = 1, 2, \cdots, N\}$$

步骤4：以交叉概率 P_c 进行交叉产生一些新的染色体，得到一个新的群体 crosspop($t+1$)；

步骤5：以一个较小的概率 P_m 使得染色体的一个基因发生变异，形成 mutpop($t+1$)；成为一个新的群体 pop(t) = mutpop($t+1$)；返回步骤2。

1.编码

遗传算法不能直接处理问题空间的参数，必须通过编码将要求解的问题表示成遗传空间的染色体或者个体，即由基因按一定结构组成。由于遗传算法的健壮性，对编码的要求并不苛刻。不存在一个通用的编码方法，如何对一个具体的应用问题编码是应用遗传算法求解的首要问题，也是遗传算法应用的难点。关于遗传算法的编码内容详见4.2.1节。

2. 初始化种群

由于遗传算法是对群体进行操作的,所以必须为遗传操作准备一个由若干初始解组成的初始群体。主要包括初始种群的产生和种群规模的确定。一般而言,初始群体中的个体可以随机产生。种群规模就是种群中个体的数量,种群规模影响遗传优化的结果和效率。当种群规模太小时,遗传算法的优化性能一般不会太好,容易陷入局部最优解;当种群规模太大时,计算复杂,故一般选择 20~100。

3. 适应度函数

遗传算法遵循自然界优胜劣汰的原则,在进化搜索中基本不用外部信息,而是用适应度值表示个体的优劣,作为遗传操作的依据。适应度是评价个体优劣的标准。个体的适应度高,则被选择的概率就高,反之就低。适应度函数(fitness function)是用来区分群体中的个体好坏的标准,是算法演化过程的驱动力,是进行自然选择的唯一依据。改变种群内部结构的操作都是通过适应度值加以控制的。因此,对适应度函数的设计非常重要。在具体应用中,适应度函数的设计要结合求解问题本身的要求而定。一般而言,适应度函数是由目标函数变换得到的。最直观的方法是直接将待求解优化问题的目标函数作为适应度函数。

4. 选择

选择操作又称复制操作,是从当前群体中按照一定概率选出有机会作为父代繁殖下一代子孙的优良个体。判断个体是否优良的标准为个体的适应度函数值。注意:如果总是挑选最好的个体,则遗传算法变成确定性优化方法,使种群过快地收敛到局部最优解;如果只作随机选择,则遗传算法变成完全随机的方法,需要很长时间才能收敛,甚至难以收敛。因此,选择操作需要找到一种策略,既要使得种群较快地收敛,又要维持种群的多样性。常用的选择方法有轮盘赌选择、锦标赛选择、最佳个体保存选择方法。

5. 交叉

当两个生物体配对或者复制时,它们的染色体相互混合,产生一对由双方基因组成的新的染色体,这一过程称为交叉或者重组。交叉方法需要将父串的优秀特征遗传给子串,从而产生新的优秀个体,因此如何交叉就是关键。常用的基本交叉方法有一点交叉、两点交叉、以及多点交叉,此外还有部分匹配交叉、顺序交叉和循环交叉等修正的交叉方法。

6. 变异

为防止遗传算法在优化过程中陷入局部最优解,在搜索过程中,需要对个体进行变异,即将个体编码中的一些位进行随机变化。变异的主要目的是为了维持群体的多样性,为选择和交叉过程中可能丢失的某些遗传基因进行修复和补充。变异操作的基本内容是对群体中的个体串上某些基因做变动。变异操作是按位进行的,变异概率是在一个染色体中按位进行变化的概率。目前,常用的变异方法有位点变异、逆转变异、插入变异和互换变异四种。

4.3　人工免疫系统

1974 年,丹麦学者 Jerne 提出了独特性免疫网络模型,拉开了人类对人工免疫系统研究的序幕。近年来,随着生物免疫系统的深入发展,免疫计算智能开始进入人们的视野,成为人工智能系统领域的一个新研究热点。人工免疫系统(artificial immune system, AIS)是模拟生物免疫系统中的智能信息处理机制,是具有高度并行化的分布式、自组织、自适应等特征的智能系统。人工免疫系统的研究成果涉及数值优化、组合优化、多目标优化、故障诊断、计算机系统安全、系统辨识、智能控制、复杂系统优化与控制、数据挖掘及图像处理等诸多领域。随着人们对人工免疫系统的深入研究，一方面不断地挖掘生物免疫系统蕴含的智能信息处理机制并构造新的免疫优化机理；另一方面不断融合其他算法的优点，优势互补，演化出一些新的混合免疫智能优化理论与技术。

可将生物免疫系统看成是一个高级信息处理系统，基于生物免疫系统启发的信息处理方法能为工程技术领域提供各种富有成效的智能技术。典型的人工免疫算法有：①一般免疫算法；②克隆选择算法；③免疫网络算法；④阴性选择算法。

4.3.1　一般免疫算法

受生物免疫系统机制启发，通过仿效人体的免疫系统，结合体细胞和免疫网络理论，以实现对生物免疫系统的抗原自动识别、细胞复制与分化、免疫记忆和自我调节功能的模拟。一般免疫算法的计算机实现流程如图 4.2 所示。

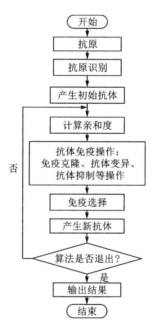

图 4.2　一般免疫算法模型

免疫算法一般框架模型

步骤 1：初始化种群，$t=0$；$A(0)=[a_1(0), a_2(0), \cdots, a_n(0)] \in I^n$，$I$ 为抗体空间，t 为算法执行代数，A 为抗体集合；

步骤 2：计算亲和度，$A(0)$：$[\Phi(A(0))]=[\Phi(a_1(0)), \Phi(a_2(0)), \cdots, \Phi(a_n(0))]$；

do｛进行抗体免疫相关操作：

抗体克隆：$A'(k)=T_c^C(A(k))=[T_c^C a_1(k), T_c^C a_2(k), \cdots, T_c^C a_n(k)]^T$；

抗体变异：$A''(k)=T_m^C(A'(k))$；

抗体抑制：$A'''(k)=T_i^C(A''(k))$；

计算亲和度：$A'''(k):\{\mathit{\Phi}A'''(k)\}$；

抗体选择：$A(k+1)=T_s^C(A'''(k))$；

得到新抗体：

$A(k+1):\{\mathit{\Phi}(A(k+1))\}=[\mathit{\Phi}(a_1(k+1)),\mathit{\Phi}(a_2(k+1)),\cdots,\mathit{\Phi}(a_n(k+1))]$；

$T=t+1$；

｝while(算法终止条件判断是否为真)；

每一个具体的人工免疫算法的基本操作过程都可以归结为以上一般免疫算法框架为基础，根据每种具体免疫算法的特点，通过对上面一般算法模型做适当修改而成。

4.3.2　克隆选择算法

1958 年，免疫学领域的著名学者 Burnet 等根据生物免疫系统原理最先提出了克隆选择学说。该学说核心思想为：抗体作为天然产物，以受体的方式遍布于细胞表面，抗原是有选择性的与之相对应的抗体进行反应。抗原与相应抗体受体之间的相互刺激等反应可导致细胞克隆增殖与快速分化。在具有相同的抗体特异性细胞群体中，一部分细胞克隆被分化为抗体生成细胞，另一部分形成免疫记忆细胞参加接下来的免疫应答操作。在此过程中，借助克隆操作使其激活、分化与增殖，实现抗体群规模的增大，再通过免疫应答反应达到体内抗原最终清除。因此，克隆选择是生物免疫系统内自适应性抗原刺激的动态过程。在这一过程体现出的学习、记忆、抗体多样性等生物智能特征，恰是建立人工免疫计算智能模型的理论依据。根据 Burnet 的抗体克隆选择学说，De Castro 提出了一种经典通用的一般克隆选择算法框架。基本克隆选择算法流程如图 4.3 所示。

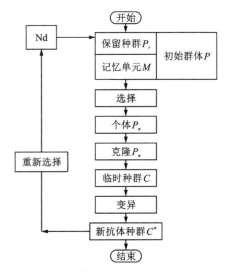

图 4.3　基本克隆选择算法流程

基本克隆选择算法描述

步骤 1：首先生成候选解 P，P 是有记忆单元(M)和保留种群(P_r)组成，即 $P=P_r+M$；

步骤 2：根据亲和度计算，选择 n 个较好个体(P_n)；

步骤 3：对种群中 n 个较好的个体进行克隆复制，生成一个临时抗体克隆种群(C)，抗体克隆规模与抗体—抗原的亲和度成正比；

步骤 4：对临时克隆种群中的抗体进行高频变异，这里高频变异与抗体–抗原的亲和度相关联，获得一个经过变异后的抗体群(C^*)；

步骤 5：从 C^* 中重新选择亲和度得到提升的个体组成记忆单元 M，P 中的一些个体也被 C^* 中其他亲和度高的个体所替代；

步骤 6：利用新产生的抗体代替 d 个亲和度低的旧抗体(引入多样性保持机制)

4.3.3　免疫网络算法

人们从生物免疫网络学说中得到启发，开始进行人工免疫网络研究。目前对免疫网络理论研究已有多种模型，主要包括独特型免疫网络模型、免疫反应网络模型、互联耦合免疫网络模型、对称网络和多值免疫网络等模型。其中，最具影响的是独特型免疫网络理论。该理论最初由 Jerne 在 1974 年根据现代免疫学原理对抗体分子特异型的认识并结合 Burnet 的克隆选择学说所提出的一类网络模型，其动态网络如图 4.4 所示。独特型免疫网络理论认为在抗原的表位 epitope 与抗体的对位 paratope 之间存在相互刺激和抑制关联，还表明抗体本身也具有抗原特性，在其表面存在表征抗原特性的独特位 idiotope；抗体不仅能识别相应的抗原，还能识别体内其他抗体，形成抗原-抗体、抗体-抗体之间相互作用的动态网络体系结构。这种免疫网络结构表明免疫细胞具有动态特性，不仅保持了机体内适当的免疫强度及其内部环境的稳定，还能维持抗体群的多样性。

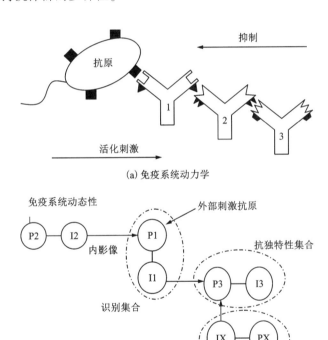

(a) 免疫系统动力学

(b) 抗原内影像示意

图 4.4　独特型免疫网

根据独特型免疫调节网络理论，De Castro 构造了一种模拟免疫网络对抗原刺激的应答过程的 AiNet 算法，成功地模拟了抗原-抗体、抗体-抗体之间的动态稳定平衡、抗体学习、抗体群的多样性保持等过程。其中，AiNet 网络算法学习过程描述如下。

步骤1：随机初始化抗体群，选择 n 个高亲和力抗体，复制(克隆)种群中 n 个最好的个体，生成一个克隆临时种群(C)；

步骤2：对克隆临时种群进行高频变异(这里高频变异和抗体、抗原的亲和度相对应)，获得一个变异后的抗体群(C^*)；

其中 $C^* = C - a \cdot (C - X)$，其中 C 是网络细胞群，X 是抗原细胞，a 是学习率或变异率，变异使抗体朝向识别抗原的方向进化，a 的取值依据网络单元与抗原的亲和度而定，亲和度越高 a 的取值越小；

步骤3：从 C^* 中选出一定比例具有高亲和力的抗体，放入克隆记忆库集中；

步骤4：对记忆抗体相似度进行计算，进行网络抑制操作；

步骤5：免疫网络抗体生成；

步骤6：终止条件判断，抗体达到设定条件或指定迭代次数完成

4.3.4 阴性选择算法

阴性选择原理源于生物免疫系统对外界抗原的特异性反应，仿效生物免疫系统中胸腺T细胞产生过程中的否定选择现象。根据这一原理，Forrest 最先研究了一种基于阴性选择原理的异常数据变化检测方法，自此阴性选择机制开始应用于计算机系统安全领域。阴性选择过程其实是通过识别"自体集"与"非体集"的信息，它首先通过随机产生检测器，然后删除那些检测到自我的检测器，最后保留那些检测到"非己"的检测器。其算法模型如图 4.5 所示。

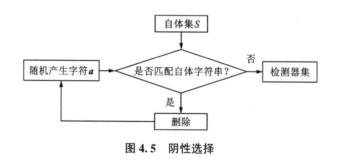

图 4.5 阴性选择

阴性选择流程描述

步骤1：定义一长度为 L 的字符串自体集合 S；

步骤2：随机产生一串长度为 L 的字符向量 a；

步骤3：将字符向量 a 依次与集合 S 中的字符向量进行匹配；

步骤4：依据相关匹配规则，如果 a 遇到集合 S 中相匹配的字符向量，则结束本次字符匹配，转到步骤2重新匹配；

步骤5：如果 a 不与集合 S 中任何字符向量相匹配，则向量 a 成熟，将 a 加入检测器集合中

4.4 蚁群算法

蚁群算法(ant colony optimization，ACO)是 Dorigo 等提出的一种仿生进化算法，是模拟蚁

群在觅食过程中依赖信息素通信行为而演变出的社会群体智能。目前蚁群优化已经成功应用于多个 NP(nondeterminism polynomial) 难的组合优化问题求解。蚁群算法的正反馈机制确保了最优化过程的快速性，具有贪婪启发式的搜索特征，易在算法搜索早期获得问题可接受解；然而在算法的执行后期，易出现早熟、停滞现象。

4.4.1　蚁群算法的基本原理

蚁群算法是对自然界蚂蚁的寻径方式进行模拟演变出的一种群智能优化算法。蚂蚁在运动过程中，能够在它所经过的路径上释放出一种被称为信息素的物质进行信息传递；而且蚂蚁在运动过程中能够感知这种信息素，并以此指导自己的行进方向。自然界大量蚂蚁构成的蚁群集体表现出一种信息正反馈智能行为现象：当某一路径上走过的蚂蚁越多，即释放的信息素越多，后来者选择该路径的概率就越大，从而找到一条巢穴到食物源之间的最短路径。

为模拟蚂蚁实际智能行为，设 m 是蚁群中蚂蚁的数量，d_{ij} 是城市 i 转移到城市 j 之间的距离，η_{ij} 是路径 (i, j) 的能见度，$\eta_{ij} = 1/d_{ij}$，反应由城市 i 转移到城市 j 的启发程度，$\tau_{ij}(t)$ 是在 t 时刻路径 (i, j) 上信息量，p_{ij}^{k} 是蚂蚁 k 从城市 i 转移到城市 j 的状态转移概率，j 是尚未访问的城市节点，状态转移概率 p_{ij}^{k} 如式 (4.5) 所示。

$$p_{ij}^{k} = \begin{cases} \dfrac{\tau_{ij}^{\alpha}(t) \eta_{ij}^{\beta}(t)}{\displaystyle\sum_{s \in \text{allowed}_k} \tau_{is}^{\alpha}(t) \eta_{is}^{\beta}(t)}, & s \in \text{allowed}_k \\ 0, & \text{otherwise} \end{cases} \tag{4.5}$$

式中，$\text{allowed}_k = \{0, 1, \cdots, n-1\} - \text{tabu}_k$ 为蚂蚁 k 下一步允许选择的城市；α 为信息启发式因子，β 为期望启发式因子，α 和 β 分别反映了蚂蚁在寻径过程中所积累的信息量及启发信息在蚁群选择路径中的相对重要性。

为每只蚂蚁设计一个禁忌表 $\text{tabu}_k (k=1, 2, \cdots, m)$，该禁忌表记录 t 时刻蚂蚁 k 已走过城市节点号，且不允许该蚂蚁在本次循环中重复经过该节点。本次循环结束后禁忌表被清空。蚂蚁执行一次循环，对各路径上的信息素按如式 (4.6)~式 (4.7) 进行更新：

$$\tau_{ij}(t + n) = (1 - \rho) \cdot \tau_{ij}(t) + \Delta\tau_{ij} \tag{4.6}$$

$$\Delta\tau_{ij} = \sum_{k=1}^{m} \Delta\tau_{ij}^{k} \tag{4.7}$$

对于单位长度信息素的数量 $\Delta\tau_{ij}$ 可以用不同的形式描述。Dorig 提出了三种不同的蚁群系统模型，分别为 ant-cycle system（蚁圈）、ant-quantity system（蚁量）以及 ant-density system（蚁密）。

（1）ant-cycle system 模型为：

$$\Delta\tau_{ij}^{k} = \begin{cases} \dfrac{Q}{L_k}, & \text{第 } k \text{ 只蚂蚁从城市 } i \text{ 访问城市 } j \\ 0, & \text{其他} \end{cases} \tag{4.8}$$

（2）ant-quantity system 模型为：

$$\Delta\tau_{ij}^{k} = \begin{cases} \dfrac{Q}{d_{ij}}, & \text{第 } k \text{ 只蚂蚁从城市 } i \text{ 访问城市 } j \\ 0, & \text{其他} \end{cases} \tag{4.9}$$

（3）ant-density system 模型为：

$$\Delta\tau_{ij}^{k} = \begin{cases} Q, & \text{第 } k \text{ 只蚂蚁从城市 } i \text{ 访问城市 } j \\ 0, & \text{其他} \end{cases} \quad (4.10)$$

式（4.8）～式（4.10）中，L_k 为当前全局最优解的路径长度；Q 为常量；ρ 为信息素挥发系数；$(1-\rho)$ 为信息素残留因子；$\Delta\tau_{ij}$ 为本次循环中路径(i,j)上的信息素增量；$\Delta\tau_{ij}^{k}$ 是第 k 只蚂蚁在本次循环中路径(i,j)上信息素增量。

三种模型的区别在于 ant-cycle system（蚁圈）应用全局信息，ant-quantity system（蚁量）和 ant-density system（蚁密）应用局部信息。求解 TSP（traveling salesman problem）等组合优化问题时，一般取 ant-cycle system 效果较好，研究人员一般将 ant-cycle system 作为蚁群算法的标准模型。

4.4.2 蚁群算法的流程

蚁群算法实际上是正反馈原理和启发式算法相结合的一种算法。在选择路径时，蚂蚁不仅利用了路径上的信息素，而且用到了城市间距离的倒数作为启发式因子。基本蚁群算法的具体实现步骤如下：

（1）参数初始化。令时间 $t=0$ 和循环次数 $N=0$，设置最大循环次数 G，将 m 个蚂蚁置于 n 个元素（城市）上；令有向图上每条边(i,j)的初始化信息量 $\tau_{ij}(t)=c$，其中 c 表示常数，且初始时刻 $\Delta\tau_{ij}(0)=0$。

（2）循环次数 $Nc=Nc+1$。

（3）蚂蚁的禁忌表索引号 $k=1$。

（4）蚂蚁数目 $k=k+1$。

（5）蚂蚁个体根据状态转移概率公式（4.5）计算的概率，选择元素 j 并前进，$j\in\{J_k(i)\}$。

（6）修改禁忌表指针，即选择好之后将蚂蚁移动到新的元素，并把该元素移动到该蚂蚁个体的禁忌表中。

（7）若集合中元素未遍历完，即 $k<m$，则跳转到第（4）步；否则执行第（8）步。

（8）记录本次最佳路线。

（9）根据式（4.6）和式（4.7）更新每条路径上的信息量。

（10）若满足结束条件，即如果循环次数 $N\geqslant G$，则循环结束并输出程序优化结果；否则清空禁忌表并跳转到第（2）步。

蚁群算法的运算流程如图 4.6 所示。

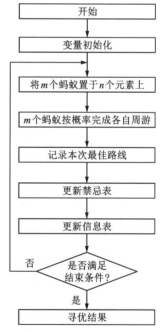

图 4.6　蚁群算法的运算流程

4.2.3 改进的蚁群算法

1. 带混沌扰动算子启发式蚁群算法

由上述可知，蚁群算法的运动规则主要依据信息正反馈原理和启发式相结合。该算法将蚂蚁的搜索行为集中到最优解的附近可以提高解的质量和收敛速度。但这种搜索方式会使早熟收敛行为更容易发生。如果随机产生的某一路径信息量变化过快，很容易出现搜索停滞现象。为控制信息量变化速度的一种改进方法是利用混沌运动的遍历性，选择下一个被访问的城市，以避免蚁群搜索的停滞。这里采用 logistic 混沌序列。

$$U_{n+1} = \mu U_n (1 - U_n) \qquad (4.11)$$

式中，U_{n+1} 为混沌变量，在 $(0, 1)$ 范围内遍历，$n = 0, 1, 2, \cdots, 0 < U_0 < 1$；$\mu$ 为混沌系统的状态控制参数，已证明，当 $\mu = 4$ 时，系统完全处于混沌状态。

在蚁群中以小概率 P'_m 选择出 $m'P'_m$ 个蚂蚁进行混沌搜索，其中蚂蚁从第 i 个节点转移到第 j 个节点时，j 的位置选取可按式(4.12)确定：

$$j = \mathrm{round}(1 + U_{r+1}M_{r+1}) \qquad (4.12)$$

式中，M_{r+1} 为剩下城市的个数。这样适时引入混沌扰动算子，增加解的多样性，避免出现进化停滞现象。其他按式(4.5)计算。

2. max-min 机制

蚁群算法选择下一解元素的概率，它直接依赖于信息素轨迹和启发信息。以往的信息素更新机制，在每个选择点上一个选择的信息素轨迹量明显高于其他的选择，这样有可能导致搜索的停滞。通过限制信息素的轨迹区间，可以有效地避免各信息素轨迹之间的差异过大。为了避免早熟现象，引入 max-min 机制，即一个循环中只有路径最短的蚂蚁才有权限修改本条路径的 τ_{ij}，将之限制在 $[t_{\min}, t_{\max}]$，其他路径则不予修改相应的 τ_{ij}。这样就可以避免抗体群被少数亲和度最高的抗体占满以增强较优秀抗体实现亲和度成熟的机会，即为一些个体有可能经过亲和度成熟成为全局最优解，以免陷入局部极值。修改策略在信息素更新之后，最短路径的 $\tau_{ij}(t)$ 按照下式进行阈值判断选择。

$$\tau_{ij}(t + n) = \begin{cases} t_{\min} & \text{if} \quad \tau_{ij}(t) \leqslant t_{\min} \\ \tau_{ij}(t) & \text{if} \quad t_{\min} \leqslant \tau_{ij}(t) \leqslant t_{\max} \\ t_{\max} & \text{if} \quad \tau_{ij}(t) > t_{\max} \end{cases} \qquad (4.13)$$

$$t_{\max(t)} = \frac{1}{1 - \rho} \cdot \frac{1}{J^{\mathrm{opt}(t-1)}} \cdot m'$$

$$t_{\min(t)} = \frac{t_{\max(t)}(1 - \sqrt[n]{\mathrm{pbest}})}{(\mathrm{avg} - 1)\sqrt[n]{\mathrm{pbest}}} \qquad (4.14)$$

式中，$\mathrm{avg} = n/2$，n 为城市规模；J^{opt} 为全局最优解；$\mathrm{pbest} \in (0, 1)$ 是一个动态调节信息素的控制参数，取 0.5；m 为蚂蚁的个数。

4.5　粒子群优化算法

粒子群优化算法(particle swarm optimization，PSO)基本思想源于对鸟类群体行为进行建模与仿真的研究，它的核心思想是利用群体中的个体对信息的共享使整个群体的运动在问题求解空间中产生从无序到有序的演化过程，获得问题的可行解。由于粒子群算法的实现形式比较简单并且优化速度较快，可用于解决大量非线性、不可微和多模态优化问题，现已广泛应用于科学与工程领域。

4.5.1　粒子群优化算法的基本原理

粒子群优化算法通过个体之间的协作进行迭代优化。设粒子群体规模为 N，每个粒子在

D 维搜索空间，记粒子($i=1,2,\cdots,N$)的当前位置是 $X_i=\{X_{i1},X_{i2},\cdots,X_{id}\}$，飞行的速度为 $v_i=\{v_{i1},v_{i2},\cdots,v_{id}\}$，每个粒子当前找到的最优解为 Pbest_{id}，种群当前找到的全局最优点为 Gbest_d

$$v_{id}(t+1)=\omega v_{id}+c_1\times\text{rand}_1()(\text{Pbest}_{id}(t)-X_{id}(t))+c_2\times\text{rand}_2()(\text{Gbest}_d(t)-X_{id}(t))$$

$$(4.15)$$

式中：ω 为惯性权重，使粒子保持运动惯性，使其有扩展搜索空间的趋势，并有能力搜索新的区域，一般随着进化线性减少；c_1，c_2 为加速度常数，调节 Pbest_{id} 和 Gbest_d 相对重要性的参数，低的值允许粒子在被拉回之前在目标区域外徘徊，高的值则导致粒子突然冲向或者越过目标区域；rand()为生成介于 0 和 1 之间的随机数。这样，可以得到粒子的下一位置：

$$X_{id}(t+1)=X_{id}(t)+V_{id}(t+1)\qquad(4.16)$$

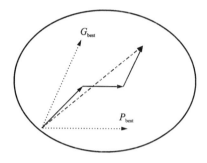

从微粒运动数学表达式(4.16)可知，当群体微粒趋同时，式(4.15)右后两项社会认知部分($\text{Gbest}_d(t)-X_{id}(t)$)与个体自身认知部分($\text{Pbest}_{id}(t)-X_{id}(t)$)趋于 0 时，$\omega$ 小于 1，其速度迅速下降到 0，粒子群停止运动。基本粒子运动轨迹如图 4.7 所示。

图 4.7　基本粒子运动轨迹

4.5.2　粒子群优化算法的流程

每个粒子的优劣程度根据适应度函数来评价，这与待解决的具体问题相关。粒子群优化算法的算法流程如图 4.8 所示。

粒子群算法的基本流程步骤描述如下。

步骤 1：在 n 维搜索空间中，随机初始化粒子群中粒子的速度与位置；

步骤 2：根据目标函数评价每个微粒当前位置的适应值；

步骤 3：将每个微粒当前获得的适应度值与所经历过的个体最优位置 Pbest 的适应值进行比较，若较好，则将其作为当前的 Pbest 值；

步骤 4：将每个微粒当前获得的适应度值与群体全局所经历过的最优位置 Gbest 的适应度值进行比较，若较好，则将其作为当前全局的 Gbest 值；

步骤 5：根据式(3.1)、式(3.2)对每个微粒的速度、位置进行更新；

步骤 6：判断是否满足终止条件，若满足则输出最优解；否则，返回步骤 2 重新计算。

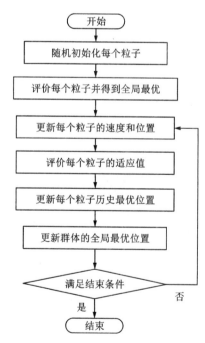

图 4.8　基本粒子群算法流程

4.6　差分进化算法

差分进化算法(differential evolution algorith, DE)是一种基于群体差异的启发式随机搜索算法,通过反复迭代,使得那些适应环境的个体被保存了下来。相比于进化算法,差分进化算法保留了基于种群的全局搜索策略,采用实数编码、基于差分的简单变异操作和一对一的竞争生存策略,降低了遗传操作的复杂性。同时,差分进化算法特有的记忆能力使其可以动态跟踪当前的搜索情况,以调整其搜索策略,具有较强的全局收敛能力和鲁棒性,无须借助问题的特征信息,适于求解一些利用常规的数学规划方法所无法求解的复杂环境中的优化问题。

4.6.1　差分进化算法原理

差分进化算法主要用于求解连续变量的全局优化问题,其主要工作步骤与其他进化算法基本一致,主要包括变异、交叉、选择三种操作。算法的基本思想是从某一随机产生的初始群体开始,利用从种群中随机选取的两个个体的差向量作为第三个个体的随机变化源,将差向量加权后按照一定的规则与第三个个体求和产生变异个体这一操作称为变异。变异个体与某个预先决定的目标个体进行参数混合,生成试验个体。这一过程称为交叉。如果试验个体的适应度值优于目标个体的适应度值,则在下一代由试验个体取代目标个体,否则目标个体仍保存下来这一操作称为选择。在每一代的进化过程中,每一个体矢量作为目标个体一次,算法通过不断地迭代计算,保留优良个体,淘汰劣质个体,引导搜索过程向全局最优解逼近。

差分进化算法相对于遗传算法而言,相同点都是通过随机生成初始种群,以种群中每个个体的适应度值为选择标准,主要过程包括变异、交叉和选择三个步骤。不同之处在于遗传算法是根据适应度值来控制父代杂交,以及变异后产生的子代被选择的概率值,在最大化问题中适应值大的个体被选择的概率相应也会大一些。差分进化算法变异向量是由父代差分向量生成,并与父代个体向量交叉生成新个体向量,直接与其父代个体进行选择。显然差分进化算法相对遗传算法的逼近效果更加显著。

4.6.2　差分进化算法流程

差分进化算法的流程主要是初始化、变异、交叉和选择,如图 4.9 所示。

1. 初始化

设解空间中存在 N 个个体,即种群大小为 N,每个个体是 D 维向量。由下式随机产生初始种群:

$$x_{i,j} = x_j^l + \mathrm{rand}(0,1) \times (x_j^u - x_j^l) \tag{4.17}$$

式中, i 为第 i 个个体; j 为第 j 个分量; x_j^l 为第 j 个分量的下界; x_j^u 为第 j 个分量的上界。

注意,种群规模主要影响种群的多样性以及收敛速度。它的取值一般为 $[5D, 10D]$ (D 为每个个体的维度)。增大种群规模可以提高种群的多样性,使得 DE 算法更能收敛于最优解,但是会增加算法的复杂度以及运行时间。

减小种群规模可以提高收敛速度,但易陷入局部最优,即早熟收敛。当种群规模大于 20 时,还容易发生停滞现象。停滞现象发生后算法不能收敛和继续向最优解方向搜索寻优,但种群继续保持着多样性以及非收敛状态。

2. 变异

差分进化算法使用种群中两个不同向量来干扰一个现有向量,通过差分操作实现变异。假设第 g 代变异个体为:

$$v_i(g) = x_{r1}(g) + F \times (x_{r2}(g) - x_{r3}(g))$$

$$(4.18)$$

式中, $x_{r1}(g)$、$x_{r2}(g)$、$x_{r3}(g)$ 是从当前群体中随机选择的 3 个互不相同的个体,不能与目标个体 x_i 相同。F 为变异因子(缩放因子),决定种群个体差分步长的大小,影响算法最优解的搜索。增大 F 可以加大算法的搜索空间,提高种群多样性,有利于算法搜索最优解,但会降低收敛速率;减小 F 可以增加算法的开发能力,提高算法的收敛速度,但会增加陷入早熟收敛的风险,取值一般为 $[0.4, 0.95]$。$v_i(g)$ 是目标个体 $x_i(g)$ 对应

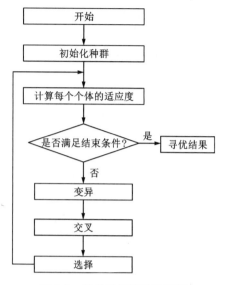

图 4.9　差分进化算法流程图

的变异个体。在进化过程中,为了保证解的有效性,必须判断变异个体中各分量是否满足边界条件;如果不满足边界条件,则变异个体用随机方法重新生成。

3. 交叉

对于每个个体和它所生成的子代变异向量进行交叉,即对每一个分量按照一定的概率选择子代变异向量(否则就是原向量)来生成试验个体。

$$u_{i,j}(g) = \begin{cases} u_{i,j}(g), & \text{当 } \mathrm{rand}(0, 1) \leqslant CR \text{ 或者 } j = j_{\mathrm{rand}} \\ x_{i,j}(g), & \text{其他} \end{cases}$$

$$(4.19)$$

式中, CR 是交叉概率因子,起着平衡算法全局与局部搜索能力的作用。增大 CR 可以提高种群多样性,但可能会造成算法后期收敛速度变慢;减小 CR 有利于分析个体各维可分离问题,取值一般为 $[0.3, 0.9]$。j_{rand} 为随机的一个分量,确保交叉后的实验个体至少有一维分量由变异个体提供。

4. 选择

差分进化算法使用贪婪算法,根据适应度函数的值,从目标个体和试验个体中选择更优的作为下一代。

$$x_i(g+1) = \begin{cases} u_i(g), & \text{当 } f(u_i(g)) \leqslant f(x_i(g)) \\ x_i(g), & \text{其他} \end{cases}$$

$$(4.20)$$

以上的变异、交叉和选择操作,种群进化到下一代并反复循环,直到算法迭代次数达到预定最大次数,或种群最优解达到预定误差精度时结束。

第 5 章　大数据存储

工业 4.0 时代的到来，以及互联网和计算机技术的迅速发展，为工业生产和工业管理等环节带来了大量的工业数据，工业大数据的分析挖掘成为未来工业信息化发展的关键。工业数据的存储分析是工业信息化应用、推进智能制造的前提和基础，而工业数据的海量性、增量性为它的存储管理带来了难度，同时也对数据存储的可拓展性、高效性提出了高要求。在这种情况下，如何结合实际业务有效地组织管理、存储这些数据，进而从大数据中挖掘其更深层次的数据价值，是急需解决的问题。因此，大数据存储技术是后续进行大数据管理、大数据分析、大数据科学与大数据应用的基础。大数据的存储实现是利用分布式存储代替集中式存储，用更廉价的机器代替之前昂贵的机器，让海量存储的成本大大降低。本章依次介绍了 Hadoop 平台、分布式文件系统 HDFS、分布式数据库 HBase 和非关系型数据库 NoSQL。

5.1　Hadoop 平台

Hadoop 是 Apache 软件基金会旗下的一个开源分布式计算平台，为用户提供了系统底层细节透明的分布式基础架构。Hadoop 基于 Java 语言开发，具有很好的跨平台特性，可以部署在廉价的计算机集群中。Hadoop 的核心是分布式文件系统（Hadoop distributed file system, HDFS）和 MapReduce。HDFS 是针对谷歌文件系统（Google file system, GFS）的开源实现，是面向普通硬件环境的分布式文件系统，具有较高的读写速度、很好的容错性和可伸缩性，支持大规模数据的分布式存储，其冗余数据存储的方式很好地保证了数据的安全性。MapReduce 是针对谷歌 MapReduce 的开源实现，允许用户在不了解分布式系统底层细节的情况下开发并行应用程序，采用 MapReduce 来整合分布式文件系统上的数据，可保证分析和处理数据的高效性。借助于 Hadoop，程序员可以轻松地编写分布式并行程序，将其运行于廉价计算机集群上，完成海量数据的存储与计算。

5.1.1　Hadoop 的特性

Hadoop 是一个能够对大量数据进行分布式处理的软件框架，是以一种可靠、高效、可伸缩的方式进行处理。它具有以下几个方面的特性：①高可靠性，采用冗余数据存储方式，即使一个副本发生故障，其他副本也可以保证正常对外提供服务；②高效性，作为并行分布式计算平台，Hadoop 采用分布式存储和分布式处理两大核心技术，能够高效地处理 PB 级数据；③高可扩展性，Hadoop 的设计目标是可以高效稳定地运行在廉价的计算机集群上，并且可以扩展到数以千计的计算机节点上；④高容错性，采用冗余数据存储方式，自动保存数据的多个副本，并且能够自动将失败的任务进行重新分配；⑤成本低，Hadoop 采用廉价的计算机集群，成本比较低，普通用户也很容易用自己的 PC 搭建 Hadoop 运行环境；⑥运行在 Linux 平台上，Hadoop 是基于 Java 语言开发的，可以较好地运行在 Linux 平台上；⑦支持多种编程语言，Hadoop 上的应用程序也可以使用其他语言编写，如 C++。

5.1.2 Hadoop 生态系统

经过多年的发展，Hadoop 生态系统不断完善和成熟，主要涉及 Hadoop 存储系统、Hadoop 计算框架、Hadoop 数据仓库、Hadoop 数据转换与日志处理、Hadoop 应用协调与工作流、大数据安全技术、大数据即时查询与搜索，以及大数据消息订阅等，部分组件简介如下。

1. 分布式文件系统(HDFS)

Hadoop 分布式文件系统(Hadoop distributed file system，HDFS)是 Hadoop 项目的两大核心之一，是针对谷歌文件系统(Google file system，GFS)的开源实现。HDFS 具有处理超大数据、流式处理，以及可以运行在廉价商用服务器上等优点。HDFS 在设计之初就是要运行在廉价的大型服务器集群上。因此在设计上要把硬件故障作为一种常态来考虑，在部分硬件发生故障的情况下仍然能够保证文件系统的整体可用性和可靠性。HDFS 放宽了一部分 POSIX (portable operating system interface)约束，从而实现以流的形式访问文件系统中的数据。HDFS 在访问应用程序数据时，可以具有很高的吞吐率。因此对于超大数据集的应用程序而言，选择 HDFS 作为底层数据存储是较好的选择。

2. 分布式数据库(HBase)

HBase 是一个高可靠性、高性能、可伸缩、实时读写、面向列的分布式存储系统，一般采用 HDFS 作为其底层数据存储。HBase 是针对谷歌 BigTable 的开源实现，二者都采用了相同的数据模型，具有强大的非结构化数据存储能力。HBase 与传统关系数据库的一个重要区别是，前者采用基于列的存储，后者采用基于行的存储。HBase 具有良好的横向扩展能力，可以通过不断增加廉价的商用服务器来增加存储能力。

3. 离线计算框架(MapReduce)

Hadoop MapReduce 是针对谷歌 MapReduce 的开源实现。MapReduce 是一种编程模型，用于大规模数据集(大于 1 TB)的并行运算，它将复杂的、运行于大规模集群上的并行计算过程高度地抽象到了两个函数 Map 和 Reduce 上，并且允许用户在不了解分布式系统底层细节的情况下开发并行应用程序，并将其运行于廉价计算机集群上，完成海量数据的处理。通俗地说，MapReduce 的核心思想是分而治之。它把输入的数据集切分为彼此独立的数据块，用一个主节点管理下的各个分节点来共同并行完成，通过整合各个节点的中间结果得到最终结果。

4. 资源管理系统(YARN)

另一种资源协调者(yet another resource negotiator，YARN)是开发者针对 Hadoop 1.0 存在的问题，在 Hadoop 2.0 中设置的一个通用的资源管理调度模块，可以为上层应用提供统一的资源管理和调度。YARN 不仅可以管理 MapReduce 计算框架，还可以管理 Spark、Storm 等计算框架，具有资源利用率高、运维成本低、数据共享方便等优点。

5. Hadoop 数据仓库(Hive)

Hive 是一个基于 Hadoop 的数据仓库工具，可以用于对 Hadoop 文件中的数据集进行数据整理、特殊查询和分析存储。Hive 的学习门槛较低，它提供了类似于关系数据库 SQL 语言的查询语言——Hive QL，可以通过 Hive QL 语句快速实现简单的 MapReduce 统计；Hive 自身可以将 Hive QL 语句转换为 MapReduce 任务运行，无须开发专门的 MapReduce 应用，十分适合数据仓库的统计分析。

6. 数据转换工具(Sqoop)

Sqoop 是 SQL to Hadoop 的缩写，主要作为 Hadoop 和关系数据库之间交换数据的工具，可以改造数据的互操作性。通过 Sqoop 可以方便地将数据从 MySQL、Oracle、PostgreSQL 等关系数据库导入 Hadoop(还可以导入 HDFS、HBase 或 Hive)，直接将数据从 Hadoop 导出到关系数据库，使传统关系数据库和 Hadoop 之间的数据迁移变得非常方便。Sqoop 主要通过 JDBC(Java database connectivity)和关系数据库进行交互。理论上，支持 JDBC 的关系数据库都可以使 Sqoop 和 Hadoop 进行数据交互。Sqoop 是专门为大数据集设计的，支持增量更新，可以将新记录添加到最近一次导出的数据源上，或者指定上次修改的时间截。

7. 日志处理系统(Flume)

Flume 是 Cloudera 提供的一种分布式、高可靠性、高可用的，用于高效收集、聚合和移动大量日志数据的系统。它使用基于数据流的简单灵活的架构。Flume 支持在日志系统中定制各类数据发送方，用于收集数据；还具有提供对数据进行简单处理，并写到各种数据接收方的能力。

8. 分布式协调服务(ZooKeeper)

ZooKeeper 是针对谷歌 Chubby 的一个开源实现，是高效和可靠的协同工作系统，提供分锁之类的基本服务(如统一命名服务、状态同步服务、集群管理、分布式应用配置项等管理)用于构建分布式应用，减轻分布式应用程序所承担的协调任务。ZooKeeper 使用 Java 编写，易编程接入。它使用了一个和文件树结构相似的数据模型，可以使用 Java 或者 C 语言来进行编程接入。

9. 工作流调度程序(Oozie)

Oozie 是一种 Java Web 应用程序，用于管理 Apache Hadoop 作业的工作流调度系统。Oozie 工作流(workflow)是设置在控制依赖 DAG(有向无环图)中的一组动作(action)集合，DAG 的使用可确保后续操作在前面的操作已成功完成后才会启动。Oozie 可以支持几种类型的 Hadoop 作业(例如 MapReduce、Pig、Hive、Sqoop 等)以及系统特定的作业(例如 Java 程序和 shell 脚本)。

10. 网络认证协议(Kerberos)

Kerberos 这一名词来源于希腊神话"三个头的狗地狱之门守护者"，后来被沿用作为安全认证的概念。该系统设计上采用客户端/服务器结构与数据加密标准(data encryption standard, DES)和高级加密标准(advanced encryption standard, AES)等加密技术。Kerberos 基于共享密钥对称加密，通过密钥系统为客户机/服务器应用程序提供认证服务。

11. 轻量目录访问协议(LDAP)

LDAP(lightweight directory access protocol)轻量目录访问协议，可提供被称为目录服务的信息服务，特别是基于 X.500(构成全球分布式的目录服务系统的协议)的目录服务。LDAP 为应用程序提供访问、认证和授权的集中管理。LDAP 的目录服务允许在整个网络中共享关于用户、系统、网络、服务和应用程序的信息。通常情况下会将用户名和密码存储在 LDAP

的数据库中，允许不同的应用程序和服务访问 LDAP 中的目录信息对用户进行验证。

12. 查询系统(Impala)

Impala 是 Cloudera 公司主导开发的新型查询系统。它提供 SQL 语义，能查询存储在 Hadoop 的 HDFS 和 HBase 中的 PB 级大数据。Impala 与 Hive 使用相同的元数据、SQL 语法和开放数据库连接(open database connectivity, ODBC)驱动程序。不同的是 Hive 查询使用 MapReduce 程序，Impala 则使用高并发的大规模并行处理(massively parallel processing, MPP)查询引擎，Impala 的查询速度要比 Hive 快得多。

13. 搜索系统(Solr)

Solr 是基于 Apache Lucene（Apache 基金会的全文搜索引擎项目）的企业搜索平台。Solr 基于标准的开放式接口(XML、JSON 和 HTTP)，可实现强大的搜索匹配功能，如短语、通配符、连接等。Solr 具有高可靠性、可扩展性和容错性，它可提供分布式索引、复制和负载平衡查询、自动故障转移和恢复、集中配置等功能。Solr 为世界上许多大型的互联网站点提供搜索和导航功能。

14. 大数据消息订阅(Kafka)

Kafka 是一种高吞吐量的分布式发布-订阅消息系统。它最初由 LinkedIn 公司开发，之后成为 Apache 项目的一部分。Kafka 主要用于处理活跃的流式数据，具有以下三个关键功能：发布和订阅信息流(在这方面，它类似于消息队列或企业消息系统)，以容错方式存储信息流和处理信息流。

15. 安装部署工具(Ambari)

Apache Ambari 是一种基于 Web 的工具，支持 Apache Hadoop 集群的安装、部署、配置和管理。Ambari 目前已支持大多数 Hadoop 组件，包括 HDFS、MapReduce、Hive、Pig、HBase、ZooKeeper、Sqoop 等的集中管理。Ambari 使用 Ganglia 收集度量指标；还使用 Nagios 支持系统报警，当需要引起管理员关注时(比如，节点停机或磁盘剩余空间不足等问题)，系统将向其发送邮件。此外，Ambari 能够安装安全的(基于 Kerberos)Hadoop 集群，以实现对 Hadoop 安全的支持；同时提供了基于角色的用户认证、授权和审计功能，并为用户管理集成了 LDAP 和 Active Directory。

16. 大规模数据分析平台(Pig)

Pig 是一种数据流语言和运行环境，可通过 Hadoop 和 MapReduce 平台查询大结构化数据集。Pig 程序的突出特性是其结构可以进行大量的并行化，使其能够处理非常大的数据集。MapReduce 应用程序的编写不复杂，但需要一定的操作经验。Pig 的出现大大简化了 Hadoop 常见的工作任务，它在 MapReduce 的基础上创建简单的过程语言抽象，为 Hadoop 应用程序提供了一种更加接近结构化的查询语言(SQL)接口。Pig 是一个相对简单的语言，它可以执行语句。当需要从大型数据集中搜索满足某个给定搜索条件的记录时，Pig 要比 MapReduce 具有明显的优势。前者只需要一个简单的脚本即可在集群中自动并行处理与分发，后者则需要编写一个单独的 MapReduce 程序。目前，Pig 的基础设施层由一个编译器组成，它可以产生 Map-Reduce 程序序列，而这些程序已经存在大规模的并行实现(例如 Hadoop 子项目)。Pig 的语言层目前由一种名为 Pig Latin 的文本语言组成，它具有以下主要属性：①易于编程。由多个相互关联的数据转换组成的复杂任务被明确编码为数据流序列，使其易于编写、理解和维护。②易于优化。任务的编码方式允许系统自动优化其执行，用户可以专注于语义而不是效率。③可扩展性。用户可以创建自己的功能来进行特殊处理。

17. 机器学习和数据挖掘的分布式计算框架(Mahout)

Mahout 是 Apache 软件基金会旗下的一个开源项目,用于提供一些可扩展的机器学习领域经典算法的实现,旨在帮助开发人员更加方便快捷地创建智能应用程序。Mahout 是基于 Hadoop 的机器学习和数据挖掘的一个分布式框架,建立可伸缩的机器学习算法。目前包含聚类、分类、推荐过滤、频繁子项挖掘等的实现。此外,通过使用 Apache Hadoop 库,Mahout 致力于创建一个可扩容的云平台算法库。

5.2　分布式文件系统 HDFS

大数据存储是后续大数据处理、分析和应用的基础。海量数据对文件系统的存储容量和稳定的读写速率有很高的要求。但本地文件系统是构建于单台电脑上的,其存储容量和读写速度受限于单台电脑的性能,难以支持大规模的数据存储。对此,研究人员在 Google 开发的分布式文件系统(Google file system, GFS)的基础上开发了其开源版本 Hadoop 分布式文件系统(Hadoop distributed file system, HDFS),以通过网络实现文件在廉价服务器集群中进行大规模分布式存储,较好地解决了大数据的存储需求。

5.2.1　分布式文件系统

传统的本地文件系统指的是在单个计算机节点(由处理器、内存、高速缓存和本地磁盘构成)中完成文件的存储和处理。分布式文件系统(distributed file system, DFS)是指文件系统管理的物理存储资源不一定直接连接在本地节点上,而是通过计算机网络与节点(可简单理解为一台计算机)相连;或是由若干不同的逻辑磁盘分区或卷标组合在一起形成的完整的有层次的文件系统。

DFS 为分布在网络上任意位置的资源提供一个逻辑上的树形文件系统结构,使用户访问分布在网络上的共享文件更加简便。相比于使用多处理器和专门高级硬件进行并行化处理的设备,分布式文件系统使用的是由普通计算机构成的计算机集群,硬件成本降低了很多。由于分布式文件系统采用廉价的计算机,集群中的节点(单台计算机)发生故障的风险比较高。为了保证数据的安全和完整性,一般分布式文件系统会进行文件块的备份。即将同一个文件块的多份副本,分别存储到不同的计算机上,并且存储同一文件块的不同副本的各个节点会分布在不同机架上。如此,即便单个节点发生故障,也可以启动备份文件块恢复计算,无须重启整个计算机。即便整个机架都出现故障,由于其余机架上多个备份的存在,也不至于丢失全部文件块。

一般而言,分布式文件系统在物理结构上由计算机集群中多个节点构成,每一个计算机节点存放在机架上,每个机架存放 8~64 个节点;同一机架上的不同节点之间使用以太网进行连接,而不同机架之间采用交换机连接。这些节点可以分为两类:一类是主节点(Master Node)或名称节点(NameNode),用来处理文件和目录的创建、删除和重命名等工作,管理数据节点和文件块的映射关系;另一类是从节点(SlaveNode)或数据节点(DataNode),负责数据的存储和读取。文件在存储时,客户端需要把文件写入名称节点分配的存储位置(数据节点);文件在读取时,客户端需要先访问名称节点获取需要读取文件块所在的位置,进而到相应位置读取所需文件。数据节点需要依据名称节点的命令完成数据块的创建和删除,以及冗余复制。

5.2.2 HDFS 的优缺点

1. HDFS 的优点

(1)容忍硬件失效。由于分布式文件系统运行于普通计算机构成的计算机集群,潜在故障发生率较高,当某个节点失效,可以及时地由其他节点继续提供服务。

(2)实现流式数据读写。由于 HDFS 的上层主要不是用于与用户进行交互,而是被用于批量处理,为了提高数据的读写速度,HDFS 放松了一些 POSIX 的要求,采用流式数据读取方式。每次请求数据时,由于会涉及该数据的大部分甚至全部,应用程序更需要关注数据的吞吐量而不是响应时间。

(3)支持大数据集。HDFS 是为了处理大数据而设计的,可以读写 1 TB 文件。

(4)简化的数据一致性模型。HDFS 采用一次写入多次读取(write once read many,WORM)的数据读写模式。即文件一旦被写入,仅支持在文件末尾添加,不允许在其他位置做修改。这种简化的数据一致性模型,提高了数据的吞吐效率。

(5)强大的跨平台兼容性。HDFS 可以运行于 Linux 等平台。

(6)移动计算比移动数据更划算。由于将大数据移动到其他节点的时间成本比将计算程序放到数据附近执行计算要大,一般采用就近原则,即计算靠近数据。这样可以最大限度地减少网络拥塞的情况,提高系统的整体效率。

2. HDFS 的缺点

(1)不适合低延迟数据访问,不满足实时性处理需求(HBase 可以满足)。设计 HDFS 的目的是为了解决大规模数据的批量处理问题,为此,采用了流式数据读取。即以较高延迟为代价实现数据的快速读取,不适合低延迟的应用场合。

(2)无法高效存储大量小文件。如上所述,由于 HDFS 采用计算靠近数据的就近原则,当文件小时,移动计算比移动数据要费时间,无法体现出 HDFS 的性能。

(3)不支持多用户写入及任意修改文件,且只允许追加不允许修改。

5.2.3 HDFS 相关概念

1. 块

在 Windows、Linux 等操作系统中,文件系统一般会把磁盘空间中的若干字节(一般是512 字节)划分为一组,称为磁盘块。磁盘块是文件系统进行读写操作的最小单位,文件系统的块(block)的容量大小是磁盘块的整数倍。

分布式文件系统 HDFS 中也使用了块的概念,相比于普通文件系统,HDFS 中的文件会被分为若干个块进行存储。当文件小于一个数据块容量时,并不占用整个数据块的存储空间。一般而言,为了最小化寻址开销,分布式文件系统中块的容量要大于普通的文件系统。然而,块的容量也不宜过大。原因在于 MapReduce 中 Map 任务一次只处理一个块中的数据,如果块容量过大,则所分得块的个数减少,牺牲了 MapReduce 的并行度,发挥不了分布式并行处理的效果。HDFS 采用抽象的块的概念的好处:①支持大规模文件存储,将大文件切割成若干文件块,分别存储在不同的节点上,使得一个所存储文件的大小可以突破单个节点

(单台计算机)存储容量的限制。②简化系统设计，一是简化了存储的管理，由于数据块的容量是确定的，这样很容易计算出一个节点可以存储多少个数据块；二是方便元数据的管理，元数据不需要和数据块存储在一起，可以由其他系统进行管理。③提供容错能力和提高可用性，每个数据块都可以冗余副本的方式存储到多个节点上，保障数据的安全；当某个节点发生故障时，可以从其他节点读取备份数据用于继续计算和恢复故障节点的数据，以保障该节点中数据块的可用性和容错能力。

2. 名称节点

在 HDFS 中，名称节点(primary NameNode)相当于整个 HDFS 集群的管家，负责管理和维护整个 HDFS 文件系统的命名空间以及元数据信息，并管理集群中的数据节点。名称节点存储元数据。元数据包含文件，文件被分成的块数，每个块与文件的映射关系，每个块的存储位置。

名称节点上有两个关键的数据结构 FSImage 和 EditLog，如图 5.1 所示。①FSImage 是核心数据结构，用来维护系统文件树以及文件树中所有文件和文件夹的元数据，展现整个文件系统目录。FSImage 具体维护文件的复制等级、修改和访问时间、访问权限、块大小及组成文件的块四类信息，但是没有具体记录块在哪个数据节点存储，内存中有单独一个位置用于记录块的具体存放在哪个节点。为了减少查询节点和数据块的时间开销，在数据节点正常运行期间，FSImage 一直运行在内存中，这样可以快速响应客户端的读操作和写操作。②操作日志文件 EditLog，记录整个运行过程中对文件进行的诸如创建、删除、重命名等操作。

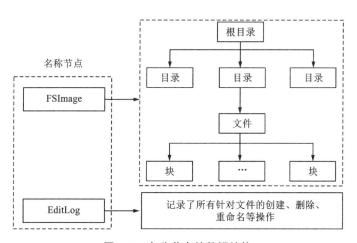

图 5.1   名称节点的数据结构

注意，虽然名称节点记录了每个文件中各个块所在的数据节点的位置信息，但并不会持久化存储这些信息，而是在系统每次启动时扫描所有数据节点重构这些信息。过程简介如下：系统使用 shell 命令启动，从底层磁盘中将 FSImage 加载到内存；读取 EditLog 到内存，接着合成最新的元数据；名称节点产生新的 FSImage 并删除旧的 FSImage，同时创建一个空的 EditLog；名称节点启动成功并进入正常运行状态以后，HDFS 中的更新操作都会被写入空的 EditLog，而不是直接写入 FSImage。原因在于分布式文件系统中的 FSImage 文件都十分庞大，如果所有的更新操作都添加到 FSImage 中，过程会比较缓慢；而 EditLog 是一个空文件，并且

EditLog 远小于 FSImage，更新操作很高效。名称节点在启动时会处于安全模式(safemode)的特殊状态，此时只能对外提供读操作，不提供写操作。名称节点从数据节点接收心跳和数据块列表(blockreport)，以确认数据节点的状态。由于名称节点不对数据块列表作持久化存储，当数据块达到指定的最小副本时，名称节点则认为数据块安全。当一定比例(比例参数可以设置)的数据块被名称节点认为是安全时，名称节点会退出安全模式状态。之后，名称节点会确定不安全的数据块列表，执行复制操作使得这些不安全的数据块达到最小副本数。

3. 第二名称节点

在分布式文件系统运行过程中，HDFS 会频繁地进行更新操作。这些操作都会被 EditLog 文件记录，使得 EditLog 文件越来越大。这对运行期间的名称节点没有太大影响，但当名称节点重启时，需要将 FSImage 加载到内存，并逐条执行 EditLog 文件中的记录，使得 FSImage 保持最新。如果 EditLog 文件很大，则这个更新过程很长，导致名称节点会长时间处于安全模式，而无法对外提供写操作，延迟了系统的启动时间，最终影响用户使用。

为了解决这个问题，研究人员设计了第二名称节点(secondary NameNode)，其作用就是对 EditLog 进行处理，防止其在不断修改中 EditLog 文件逐渐增大，具体流程如图 5.2 所示。第二名称节点会定期地和名称节点进行通信，请求名称节点停止使用 EditLog 文件。名称节点收到请求后停止使用 EditLog，同时生成 EditLog.new，并把新到的更新全部写到 EditLog.new。此时，第二名称节点会以 HTTPGET 的方式将 FSImage 和 EditLog 下载到本地，再加载到内存，然后合并成新的 FSImage，并发送给名称节点。名称节点使用这个新的 FSImage 替换旧的 FSImage，同时将 Edits.new 替换成 EditLog 文件，以减小 EditLog 文件的大小。注意，在第二名称节点上进行合并操作得到新的 FSImage 文件时，HDFS 记录的元数据信息是这之前的元数据信息。在图 5.2 中，第 2 步至第 5 步，HDFS 没有记录元数据信息的更新。也就是说，如果在这个时间点名称节点出现故障，文件系统就会丢失这部分更新的元数据信息。由于在 HDFS 的设计中，不支持将系统切换到第二名称节点，使得第二名称节点只能算是"冷启动"，而不是"热启动"。即第二名称节点的存在并不能完全避免名称节点发生故障时部分原数据信息的丢失。

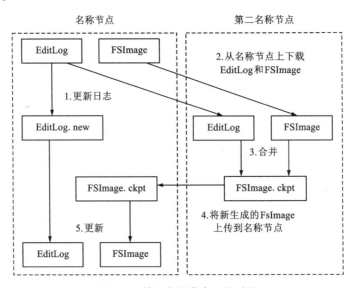

图 5.2　第二名称节点工作过程

4.数据节点

数据节点(DataNode)具体负责实际数据的存储和读取,并在 HDFS 集群启动时和正常工作时间定期地向名称节点发送所存储的数据块列表和心跳信息。当一个数据节点加入一个机器中后,会向名称节点汇报此数据节点保存了哪些数据块,名称节点会构建一个清单,记录数据块被分布到哪些节点上。当某个数据节点发生故障时,名称节点就会收不到来自该数据节点的心跳信息,从而判定该数据节点已失效并在集群中清除其消息,不再对其发送指令。如此,数据节点和名称节点在运行过程中实时沟通来维护这些信息,而不是通过 FSImage 来维护。

5.2.4　HDFS 的体系结构

HDFS 采用了主从(maser/slave)结构模型,一个 HDFS 集群包括一个名称节点和若干个数据节点,如图 5.3 所示。名称节点作为中心服务器,负责管理文件系统的命名空间及客户端对文件的访问。集群中的数据节点一般是一个节点运行一个数据节点进程,负责处理文件系统客户端的读写请求,在名称节点的统一调度下进行数据块的创建、删除和复制等操作。每个数据节点的数据实际上是保存在本地 Linux 文件系统中的。每个数据节点会周期性地向名称节点发送心跳信息,报告自己的状态。没有按时发送心跳信息的数据节点会被标记为宕机,不会再给它分配任何 I/O 请求。

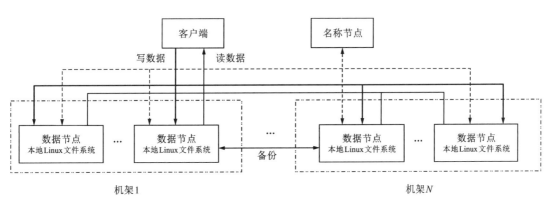

图 5.3　HDFS 的体系结构

用户操作 HDFS 时,仍然可以使用文件名去存储和访问文件。实际上,在系统内部,一个文件会被切分成若干个数据块,这些数据块被分布存储到若干个数据节点上。客户端需要访问一个文件时,首先数据节点把文件名发送给名称节点,名称节点根据文件名找到对应的数据块(一个文件可能包括多个数据块);然后根据每个数据块信息找到实际存储各个数据块的数据节点的位置,并把数据节点位置发送给客户端;最后客户端直接访问这些数据节点获取数据。在整个访问过程中,名称节点并不参与数据的传输。这种设计方式,使得一个文件的数据能够在不同的数据节点上实现并访问,大大提高了数据访问速度。

HDFS 采用 Java 语言开发,因此任何支持 JVM 的机器都可以部署名称节点和数据节点。实际部署时通常在集群中选择一台性能较好的机器作为名称节点,其他机器作为数据节点。当然,一台机器可以运行任意多个数据节点,甚至名称节点和数据节点也可以放在一台机器上运行,不过,很少在正式部署中采用这种模式。HDFS 集群中只有唯一一个名称节点,该节点负责所有元数据的管理。这种设计大大简化了分布式文件系统的结构,可以保证数据不会脱离名称节点的控制,同时,用户数据也永远不会经过名称节点。这大大减轻了中心服务器的负担,方便了数据管理。下面简要介绍 HDFS 体系中四个重要部分。

1. HDFS 命名空间管理

HDFS 的命名空间包含目录、文件和块。命名空间管理是指命名空间支持对 HDFS 中的目录、文件和块做类似文件系统的创建、修改、删除等基本操作。在当前的 HDFS 体系结构、整个 HDFS 集群中只有一个命名空间,并且只有唯一一个名称节点,该节点负责对这个命名空间进行管理。HDFS 使用的是传统的分级文件体系,因此用户可以像使用普通文件系统一样创建、删除目录和文件,以及在目录间转移文件、重命名文件等。但是,HDFS 还没有实现磁盘配额和文件访问权限等功能,也不支持文件的硬连接和软连接(快捷方式)。

2. 客户端

客户端是用户操作 HDFS 最常用的方式,HDFS 在部署时都提供了客户端。严格来说,客户端并不算是 HDFS 的一部分。客户端可以支持打开、读取、写入等常见的操作,并且提供了类似 shell 的命令行方式来访问 HDFS 中的数据。此外,HDFS 也提供了 Java API,作为应用程序访问文件系统的客户端编程接口。

3. 通信协议

HDFS 是一个部署在集群上的分布式文件系统,因此很多数据需要通过网络进行传输。所有的 HDFS 通信协议都是构建在 TCP/IP 协议基础之上的。客户端通过一个可配置的端口向名称节点主动发起 TCP 连接,并使用客户端协议与名称节点进行交互。名称节点和数据节点之间则使用数据节点协议进行交互。客户端与数据节点的交互是通过 RPC(remote preceding call)来实现的。在设计上,名称节点不会主动发起 RPC,而是响应来自客户端和数据节点的 RPC 请求。在 HDFS 中,主要有以下六个通信协议。

(1)ClientProtocol。ClientProtocol 协议是用户进程(包括客户端进程与 DataNode 进程)与 NameNode 进程之间进行通信所使用的协议。当客户端进程想要与 NameNode 进程进行通信,需要通过 org. apache. hadoop. hdfs. DistributedFileSystem 类,基于 ClientProtocol 协议来实现交互过程。用户代码通过 ClientProtocol 协议,可以操纵 HDFS 的目录命名空间、打开与关闭文件流等。该接口协议中定义的与文件内容相关的操作主要有:①文件管理,文件的增、删、改,以及权限控制、文件块管理等;②文件系统管理,查看文件系统状态和设置元数据信息,如容量、块大小、副本因子数等;③持久会话类,如放弃对指定块的操作、客户端同步等。

(2)DataNodeProtocol。该协议是用于数据节点和名称节点之间进行通信的协议,例如发送心跳报告和块状态报告。一般来说,名称节点不直接对数据节点进行 RPC 调用。如果一个名称节点需要与数据节点进行通信,唯一的方式就是通过调用该协议接口定义的方法。

(3)ClientDataNodeProtocol。当客户端进程需要与数据节点进程进行通信的时候,需要基于该协议。该协议接口定义数据块恢复的方法。

(4)NameNodeProtocol。该协议接口定义了备用名称节点(第二名称节点)与名称节点进行通信所需进行的操作。其中,第二名称节点是一个用来辅助名称节点的服务器端进程,主要是对映像文件执行特定的操作。另外,还包括获取指定数据节点上块的操作。

(5)DataTransferProtocol。该协议用于客户端与数据节点之间通信,主要实现文件块的读

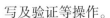

写及验证等操作。

（6）InterDataNodeProtocol。该协议是数据节点进程之间进行通信的协议，例如客户端进程启动复制数据块，此时可能需要在数据节点之间进行块副本的流水线复制操作。

4.访问权限

HDFS 实现了一个与 POSIX 类似的文件和目录的权限模型。有三类权限模式：只读权限（r）、写入权限（w）和可执行权限（x）。每个文件和目录都有所属用户（owner）、所属组（group）和模式（mode）。文件或目录对其所有者、同组的其他用户以及所有其他用户分别有着不同的权限。对文件而言，当读取这个文件时，需要有 r 权限；当写入或者追加到文件时，需要有 w 权限。对目录而言，当列出目录内容时，需要具有 r 权限；当新建或删除子文件或子目录时，需要有 w 权限；当访问目录的子节点时，需要有 x 权限。不同于 POSIX 模型，HDFS 权限模型中的文件没有 sticky、setuid 或 setgid 位，因为这里没有可执行文件的概念。

每个访问 HDFS 的用户进程的标识分为两个部分，分别是用户名和组名列表。每次用户进程访问一个文件或 home 目录，HDFS 都要对其进行如下权限检查。

（1）如果用户是 home 的所有者，则检查所有者的访问权限。

（2）如果 home 关联的组在组名列表中出现，则检查组用户的访问权限；否则检查 home 其他用户的访问权限。

（3）如果权限检查失败，则客户的操作会失败。

在 HDFS 中，客户端用户身份是通过宿主操作系统给出的。对类 Unix 系统来说：

（4）用户名等于" whoami"；

（5）组列表等于" bash −c groups"。

每次文件或目录操作都传递完整的路径名给 NameNode，每一个操作都会对此路径做权限检查。一方面，客户框架会隐式地将用户身份和与 NameNode 的连接关联起来，从而减少改变现有客户端 API 的需求。经常会有这种情况：当对一个文件的某一操作成功后，执行同样的操作却会失败。这是因为文件或路径上的某些目录可能已经不复存在了。比如，客户端首先开始读一个文件，它向 NameNode 发出一个请求以获取文件第一个数据块的位置。但同样获取其他数据块的第二个请求可能会失败。另一方面，删除一个文件并不会撤销客户端已经获得的对文件数据块的访问权限。而权限管理能使得客户端对一个文件的访问许可在两次请求之间被收回。注意，权限的改变并不会撤销当前客户端对文件数据块的访问许可。如果权限检查失败，所有使用一个路径参数的方法都可能抛出 AccessControlException 异常。

5.2.5 HDFS 的数据存储

1.数据完整性

I/O 操作过程中，难免会出现数据丢失或脏数据，数据传输的量越大，出错的概率越高。校验错误最常用的办法，就是传输前计算一个校验和，传输后计算一个校验和，两个校验和如果不相同，就说明数据存在错误。为了保证数据的完整性，一般采用下列数据校验技术：①奇偶校验技术；②MD5、SHA−1 等校验技术；③CRC−32 循环冗余校验技术；④ECC 内存纠错校验技术。其中，比较常用的错误校验码是 CRC−32。

HDFS 将一个文件分割成一个或多个数据块，这些数据块被编号后，由名字节点保存。通常需要记录的信息包括文件的名称、文件被分成的块数、每块的副本数、每个数据块存放位置以及副本存放位置。这些信息被称为元数据。

HDFS 为了保证数据的完整性，采用校验和(checksum)检测数据是否损坏。当数据第一次引入系统时计算校验和，在一个不可靠的通道中传输时再次检验校验和。但是，这种技术并不能修复数据(注意：校验和也可能损坏；由于校验和小得多，损坏可能性非常小)。数据校验和采用的是 CRC-32，任何大小的数据输入都可以通过计算，得出一个 32 位的整数校验和。

数据节点在接收到数据后存储该数据及其校验和，或者将数据和校验和复制到其他的数据节点上。当客户端写数据时，会将数据及其数据节点发送到数据节点组成的管线，最后一个数据节点负责验证校验和；如果有损坏，则抛出 ChecksumException 这个异常属于 IOException 的子类。客户端读取数据时也会检验校验和，与数据节点上的校验和进行比较。每个数据节点上面都会有一个用于记录校验和的日志。客户端验证完之后，会告诉数据节点，然后更新这个日志。

不仅客户端在读写数据时会验证校验和，每个数据节点也会在后台运行一个 DataBlockScanner，定期检查存储在该数据节点上面的数据块。

如果客户端发现有 block 坏掉，按照以下步骤进行恢复。

(1)客户端在抛出 ChecksumException 之前，会把坏的 block 和 block 所在的数据节点报告给名称节点。

(2)名称节点将该 block 标记为已损坏；这样名称节点就不会把客户端指向损坏 block，也不会复制这个 block 到其他的数据节点。

(3)名称节点会把好的 block 复制到另外一个数据节点。

(4)名称节点把坏的 block 删除。

HDFS 会存储每个数据块的副本，通过数据副本来修复损坏的数据块。客户端在读取数据块时，如果检测到错误，首先向名称节点报告已损坏的数据块及其正在尝试读取操作的这个数据节点。名称节点会将这个数据块标记为已损坏，对这个数据块的请求会被名称节点安排到另一个副本上。然后名称节点安排这个数据块的另一个副本复制到另一个数据节点上，数据块的副本因子又回到期望水平。最后已损坏的数据块副本会被删除。Hadoop 的 LocalFileSystem 执行客户端的校验和验证。当写入一个名为 filename 的文件时，文件系统客户端会明确地在包含每个文件块校验和的同一个目录内建立一个名为 filename.crc 的隐藏文件。

2. 数据压缩

Hadoop 作为一个较通用的海量数据处理平台，每次运算都会需要处理大量的数据。使用文件和数据压缩技术有明显的优点：①节省数据占用的磁盘空间；②加快数据在磁盘和网络中的传输速度，提高系统的处理速度。现在来了解一下 Hadoop 中的文件压缩。Hadoop 支持多种压缩格式。将数据文件压缩后存入 HDFS，可以节省存储空间。表 5.1 中列出了几种压缩格式。

表 5.1 Hadoop 中压缩格式

压缩格式	UNIX 工具	算法	文件扩展名	多文件支持	可分割
DEFLATE	无	DEFLATE	.deflate	否	否
Gzip	gzip	DEFLATE	.gz	否	否

续表5.1

压缩格式	UNIX 工具	算法	文件扩展名	多文件支持	可分割
Zip	zip	DEFLATE	. zip	是	是
Bzip2	bzip2	Bzip2	. bz2	否	是
LZO	lzop	LZO	. lzo	否	否

所有的压缩算法都存在空间与时间的权衡：更快的压缩速率和解压速率。DEFLATE 算法是同时使用了 LZ77 与哈夫曼编码的一个无损数据压缩算法，源代码可以在 Zlib 库中找到。Gzip 算法是以 DEFLATE 算法为基础扩展出来的。Gzip 在时间和空间上比较适中，Bzip2 算法压缩比 Gzip 更有效，但速度更慢。Bzip2 的解压速度比它的压缩速度要快，与其他压缩格式相比，又是最慢的，但压缩效果明显是最好的。

使用压缩有两个比较麻烦的地方：第一，有些压缩格式不能被分块、并行地处理，比如 Gzip；第二，一些压缩格式虽然支持分块处理，但解压过程非常缓慢，使作业瓶颈转移到了 CPU 上，比如 Bzip2。LZO 是一种既能够被分块并且并行处理速度也非常快的压缩算法。在 Hadoop 中，使用 LZO 压缩算法可以减小数据的大小并缩短数据的磁盘读写时间。在 HDFS 中存储压缩数据，可以使集群能保存更多的数据，延长集群的使用寿命。不仅如此，由于 MapReduce 作业瓶颈通常都在 I/O 上，存储压缩数据就意味着更少的 I/O 操作，作业运行更加高效。例如，将压缩文件直接作为入口参数交给 MapReduce 处理，MapReduce 会根据压缩文件的扩展名来自动选择合适的解压器处理数据。

LZO 的压缩文件是由许多小的 blocks 组成（约 256 KB），使得 Hadoop 的作业可以根据 block 的划分来分块工作（split job）。不仅如此，LZO 在设计时就考虑到了效率问题，它的解压速度是 Gzip 的两倍，能够节省很多的磁盘读写。它的压缩比不如 Gzip，压缩后的文件比 Gzip 压缩的大一半，但这仍然比没有经过压缩的文件要节省 20%～50% 的存储空间，在效率上大大提高了作业执行的速度。在考虑如何压缩由 MapReduce 程序将要处理的数据时，压缩格式是否支持分割很重要。比如，存储在 HDFS 中的未压缩的文件大小为 1 GB，HDFS 的块大小为 64 MB，所以该文件将被存储为 16 块；将此文件用作输入的 MapReduce 作业，创建 1 个输入分片（split，也称为"分块"。对应 block，统称为"块"），每个分片都被作为一个独立 map 任务的输入，单独进行处理。现在假设该文件是一个 Gzip 格式的压缩文件，压缩后的大小为 1 GB。与前面一样，HDFS 从基础理论到最佳实践将此文件存储为 16 块。然而，针对每一块创建一个分块是无用的，因为不可能从 GIMP 数据流中的任意点开始读取，map 任务也不可能独立于其他分块只读取一个分块中的数据。Gzip 格式使用 DEFLATE 算法来存储压缩过的数据，DEFLATE 将数据作为一系列压缩过的块进行存储。但是，每块的开始没有指定用户在数据流中任意点定位到下一个块的起始位置，而是其自身与数据流同步。因此，Gzip 不支持分割（块）机制。

在这种情况下，MapReduce 不分割 Gzip 格式的文件，因为输入是 Gzip 压缩格式（通过文件扩展名得知），而 Gzip 压缩机制不支持分割机制。这是以牺牲本地化为代价的：一个 map 任务将处理 16 个 HDFS 块，但都不是 map 的本地数据。与此同时，因为 map 任务少，所以作业分割的粒度不够细，导致运行时间变长。如果是一个 LZO 格式的文件，也会遇到同样的问题。因为基本压缩格式不为 reader 提供方法使其与流同步。但是，Bzip2 格式的压缩文件确实提供了块与块之间的同步标记(一个 48 位的 PI 近似值)，因此它支持分割机制。对于文件的收集，这些问题会稍有不同。zip 是存档格式，因此，它可以将多个文件合并为一个 zip 文件。每个文件单独压缩，所有文档的存储位置存储在 zip 文件的尾部。这个属性表明 zip 文件支持文件边界处分割，每个分片中包括 zip 压缩文件中的一个或多个文件。

3. 序列化

序列化是指将结构化对象转换成字节流，以便于网络传输，或写入持久存储的过程。与之相对的反序列化是指将字节流转化为一系列结构化对象的过程。序列化有以下四个特征。

(1)紧凑：可以充分利用稀缺的带宽资源；

(2)快速：通信时大量使用序列化机制，因此，需要减少序列化和反序列化的开销；

(3)可扩展：随着通信协议的升级而可升级；

(4)互操作：支持不同开发语言的通信。

序列化的主要作用有如下三点：

(1)作为一种持久化格式；

(2)作为一种通信的数据格式，支持不同开发语言的通信；

(3)作为一种数据拷贝机制。

Hadoop 的序列化机制与 Java 的序列化机制不同，它将对象序列化到流中。值得一提的是，Java 的序列化机制是不断地创建对象，但在 Hadoop 的序列化机制中，用户可以复用对象，减少了 Java 对象的分配和回收，提高了应用效率。

在分布式系统中，进程将对象序列化为字节流，通过网络传输到另一进程；另一进程接收到字节流，通过反序列化，转回到结构化对象，以实现进程间通信。在 Hadoop 中，Mapper、Combiner、Reducer 等阶段之间的通信都需要使用序列化与反序列化技术。举例来说，Mapper 产生的中间结果<key: value1，vlue2…>需要写入本地硬盘，这是序列化过程(将结构化对象转化为字节流，并写入硬盘)；Reducer 阶段，读取 Mapper 的中间结果的过程则是一个反序列化过程(读取硬盘上存储的字节流文件，并转回为结构化对象)。注意，能够在网络上传输的只能是字节流，Mapper 的中间结果在不同主机间洗牌时，对象将经历序列化和反序列化两个过程。

序列化是 Hadoop 核心的一部分，在 Hadoop 中，位于 org. apache. hadoop. io 包中的 Writable 接口是 Hadoop 序列化格式的实现。Wiritable 接口提供两个方法：

```
public interface Writable {
    void write (DataOutput out) throws IOException;
    voidreadFields (DataInput in) throws IOException;
}
```

不过，该接口没有提供比较功能。如需进行比较，须实现 WritableComparable 接口：

```
public interfaceWritableComparable<T> extends Writable, Comparable<T>{}
```

Hadoop 的 Writable 接口是基于 DataInput 和 DataOutput 实现的序列化协议，紧凑(高效使用存储空间)、快速(读写数据、序列化与反序列化的开销小)。Hadoop 中的键(key)和值(value)必须是实现了 Wiritable 接口的对象(键还必须实现 WritableComparable，以便进行排序)。Hadoop 自身提供了多种具体的 Writable 类,包含了常见的 Java 基本类型(boolean、byte、short、int、float、long 和 double 等)和集合类型(BytesWritable. Aryrtable 和 MapWitable 等)。

Hadoop 内建了多种 Writable 类供用户选择,Hadoop 对 Java 基本类型的包装 Writable 类实现的 RawComparable 接口,使得这些对象无须反序列化过程,便可以在字节流层面进行排序,大大缩短了比较的时间开销。需要更加复杂的对象时,Hadoop 的内建 Writable 类则无法需求了(Hadoop 提供的 Writable 集合类型并没有实现 RawComparable 接口,因此不满足需要)。这时就需要定制自己的 Writable 类,特别在将其作为键(key)的时候更应该如此,以求实现更高效的存储和快速的比较。

4. 数据的冗余存储

HDFS 将分布式系统架构在底层非常廉价的机器集群之上,而这些机器由于廉价很容易出故障,因此,需要对数据进行冗余备份。一般在 HDFS 中,以块为单位,每一块的数据被冗余保存 3 份。如图 5.4 所示,数据块 3 被分别存放到数据节点 A,B 和 C 上,数据块 5 被分别存放到数据节点 A 和 B 上。

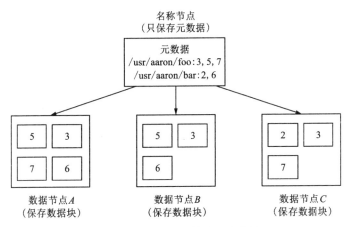

图 5.4 HDFS 数据块多副本存储

冗余存储有以下三点好处:①加快数据传输速度。比如:三个客户端要同时读取某个块的内容,由于冗余备份了 3 份,每个客户端可以同时读取一个冗余备份,无须三个客户端同时读取一个块(同时读取就必然存在访问的先后,产生等待时间),访问速度自然增快。②很容易检查数据错误,比如三个一样的备份,可以通过相互对照检查有没有出错。③保证数据的可靠性,即便是有两个副本坏掉了,还有一个可用;系统检测到某个副本出错时会重新复制一份,以保证三个一样。

5. 数据存取策略

数据存取策略包括数据存放、数据读取和数据复制等方面。它在很大程度上影响整个分布式文件系统的读写性能,是分布式文件系统的核心内容。

(1)数据存放。

为了提高数据的可靠性与系统的可用性,以及充分利用网络带宽,HDFS 采用了以机架(rack)为基础的数据存放策略。一个 HDFS 集群通常包含多个机架,不同机架之间的数据通信需要经过交换机或者路由器，同一个机架中不同机器之间的通信则无须经过交换机和路由器。这意味着同一个机架中不同机器之间的通信要比不同机架之间机器的通信带宽大。

HDFS 默认每个数据节点都是在不同的机架上，这种方法会存在一个缺点，即写入数据时不能充分利用同一机架内部机器之间的带宽。但是，这种方法也带来了更多显著的优点：首先，可以获得很高的数据可靠性，即使一个机架发生故障，位于其他机架上的数据副本仍然可用；其次，在读取数据时，可以在多个机架上并行读取数据，大大提高了数据读取速度；最后，可以更容易地实现系统内部负载均衡和错误处理。

HDFS 默认的冗余复制因子是 3，每一个文件块会被同时保存到 3 个地方。其中，有两份副本放在同一个机架的不同机器上，第三个副本放在不同机架的机器上。这样既可以保证机架发生异常时的数据恢复，也可以提高数据读写性能。一般而言，HDFS 副本的放置策略如图 5.5 所示。

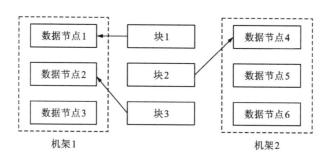

图 5.5　副本的放置策略

①如果是在集群内发起写操作请求，则把第一个副本放置在发起写操作请求的数据节点上，实现就近写入数据。如果是来自集群外部的写操作请求，则从集群内部挑选一台磁盘不太满、CPU 不太忙的数据节点，作为第一个副本的存放地。

②第二个副本会被放置在与第一个副本不同的机架的数据节点上。

③第三个副本会被放置在与第一个副本相同的机架的其他节点上。

④如果还有更多的副本，则继续从集群中随机选择数据节点进行存放。

（2）数据读取。

HDFS 提供了一个 API，以确定一个数据节点所属的机架 ID，客户端也可以调用 API 获取自己所属的机架 ID。客户端读取数据时，可从名称节点获得数据块不同副本的存放位置列表。列表包含了副本所在的数据节点，可以调用 API 来确定客户端和这些数据节点所属的机架 ID。当发现某个数据块副本对应的机架 ID 和客户端对应的机架 ID 相同时，则优先选择该副本读取数据；如果没有发现，则随机选择一个副本读取数据。

（3）数据复制。

HDFS 的数据复制采用了流水线复制的策略，大大提高了数据复制过程的效率。当客户端往 HDFS 中写入一个文件时，这个文件会首先被写入本地，并被切分成若干个块，每个块的大小由 HDFS 的设定值来决定。每个块都向 HDFS 集群中的名称节点发起写请求，名称节点根据系统中各个数据节点的使用情况，选择一个数据节点列表返回给客户端，然后客户端把数据写入列表中的第一个数据节点，同时把列表传给第一个数据节点；当第一个数据节点接收到 4 KB 数据时，写入本地，并且向列表中的第二个数据节点发起连接请求，将已经接收到的 4 KB 数据和列表传给第二个数据节点；当第二个数据节点接收到 4 KB 数据时，写入本地，并且向列表中的第三个数据节点发起连接请求；依次类推，列表中的多个数据节点形成一条数据复制的流水线。当文件写完，数据复制也同时完成。

6. 数据错误与恢复

HDFS 具有较高的容错性，可以兼容廉价的硬件。它把硬件出错看作是一种常态，而不是异常，并设计了相应的机制检测数据错误和进行自动恢复，主要包括以下三种情形。

(1) 名称节点出错：HDFS 1.0 版本，此时会暂停服务一段时间，去第二名称节点把相关的元素信息恢复过来，恢复结束之后再提供对外服务。HDFS 2.0 版本则不存在这个问题。

(2) 数据节点出错：运行过程中，数据节点会定期地向名称节点发送心跳信息，如果名称节点收不到就意味着这个数据节点故障了。名称节点会在状态列表里面将此不可用的数据节点标记为宕机，由于存在冗余备份，可以把存储在这个故障节点上的数据重新复制分发到其他正常可用的机器上(可用的数据节点)。

(3) 数据本身出错：客户端读取数据以后，会用校验码对数据进行校验。如果校验码不对，说明数据出错。校验码是整个文件被创建、客户端写文件时都会生成的一个检验码，保存在同一个目录下面；后续读数据块时将校验码一起读取，对读到的数据块进行校验码计算，把计算得到的校验码和之前生成的校验码进行比较，如果两者不一致说明数据在存取过程中出错了，要进行复制恢复。

5.2.6　HDFS 的数据读写操作

在介绍 HDFS 的数据读写过程之前，需要简单介绍一下相关的类。FileSystem 是一个通用文件系统的抽象基类，可以被分布式文件系统继承，所有可能使用 Hadoop 文件系统的代码都要使用到这个类。Hadoop 为 FileSystem 这个抽象类提供了多种具体的实现，DistributedFileSystem 就是 FileSystem 在 HDFS 文件系统中的实现。FileSystem 的 open( ) 方法返回的是一个输入流 FSDataInputStream 对象，即 HDFS 文件系统中具体的输入流；FileSystem 中的 create( ) 方法返回的是一个输出流 FSDataOutputStream 对象，即 HDFS 文件系统中具体的输出流。

1. 读数据的过程

客户端连续调用 open( )、read( )、close( ) 读取数据时，HDFS 内部的执行过程如图 5.6 所示。

(1) 客户端通过 FileSystem. open( ) 打开文件，相应地，在 HDFS 文件系统中 DistributedFileSystem 具体实现了 FileSystem。因此，调用 open( ) 方法后，DistributedFileSystem 会创建输入流 FSDataInputStream。对于 HDFS 而言，具体的输入流即 DFSInputStream。

(2) 在 DFSInputStream 的构造函数中，输入流通过 ClientProtocal. getBlockLocations( ) 远程调用名称节点，获得文件开始部分数据块的保存位置。对于该数据块，名称节点返回保存该数据块的所有数据节点的地址，同时根据距离客户端的远近对数据节点进行排序；DistributedFileSystem 利用 DFSInputStream 来实例化 FSDataInputStream，返回给客户端，同时返回数据块的数据节点地址。

(3) 获得输入流 FSDataInputStream 后，客户端调用 read( ) 函数开始读取数据。输入流根

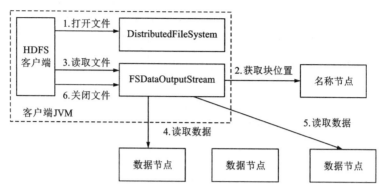

图 5.6 HDFS 读数据过程

据前面的排序结果，选择距离客户端最近的数据节点建立连接并读取数据。

（4）数据从该数据节点读到客户端；当该数据块读取完毕时，FSDatalnputStream 关闭和该数据节点的连接。

（5）输入流通过 getBlockLocations（）方法查找下一个数据块，如果客户端缓存中已经包含该数据块的位置信息，则无须调用该方法。

（6）找到该数据块的最佳数据节点，读取数据。

（7）当客户端读取完毕数据时，调用 FSDataInputStream 的 close（）函数，关闭输入流。

注意，在读取数据的过程中，如果客户端与数据节点通信时出现错误，则会尝试连接包含此数据块的下一个数据节点。

2. 写数据的过程

客户端向 HDFS 写数据是一个复杂的过程，现介绍在不发生任何异常的情况下，客户端连续调用 create（）、write（）和 close（）时，HDFS 内部的执行过程，如图 5.7 所示。

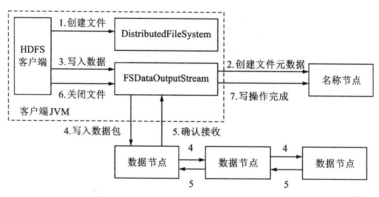

图 5.7 HDFS 写数据过程

（1）客户端通过 FileSystem. create（）创建文件，相应地，在 HDFS 文件系统中 DistributedFileSystem 具体实现了 FileSystem。因此，调用 create（）方法后，DistributedFileSystem 会创建输出流 FSDataOutputStream。对于 HDFS 而言，具体的输出流就是

DFSOutputStream。

（2）DistributedFileSystem 通过 RPC 远程调用名称节点，在文件系统的命名空间中创建一个新的文件。名称节点会执行一些检查，比如文件是否已经存在、客户端是否有权限创建文件等。检查通过后，名称节点会构造一个新文件，并添加文件信息。远程方法调用结束后，DistributedFileSystem 会利用 DFSOutputStream 来实例化 FSDataOutputStream，并返回给客户端，客户端使用这个输出流写入数据。

（3）获得输出流 FSDataOutputStream 以后，客户端调用输出流的 write（）方法向 HDFS 中对应的文件写入数据。

（4）客户端向输出流 FSDataOutputStream 中写入的数据会首先被分成一个个的分包，这些分包被放入 DFSOutputStream 对象的内部队列。输出流 FSDataOutputStream 会向名称节点申请保存文件和副本数据块的若干个数据节点，这些数据节点形成一个数据流管道队列中的分包。将分包打包成数据包，发往数据流管道中的第一个数据节点，第一个数据节点将数据包发送给第二个数据节点，第二个数据节点将数据包发送给第三个数据节点。这样，数据包流经管道上的各个数据节点。

（5）因为各个数据节点位于不同的机器，数据需要通过网络发送。因此，为了保证所有数据节点的数据都是准确的，接收到数据的数据节点要向发送者发送"确认包"（ACK Packet）。确认包沿着数据流管道逆流而上，从数据流管道依次经过各个数据节点并最终发往客户端。当客户端收到应答时，它将对应的分包从内部队列移除。反复执行（3）～（5）步，直到数据全部写完。

（6）客户端调用 close（）方法关闭输出流，此时开始，客户端不会再向输出流中写入数据。所以，当 DFSOutputStream 对象内部队列中的分包都收到应答后，可以使用 ClientProtocol. complete（）方法通知名称节点关闭文件，完成一次正常的写文件过程。

5.3　分布式数据库 HBase

HBase 是基于谷歌 BigTable 的开源实现，是一个高可靠、高性能、面向列、可伸缩的分布式数据库。HBase 主要运行于 HDFS 上，用来存储非结构化和半结构化数据。HBase 可以通过水平扩展的方式支持超大规模数据存储，可以利用廉价计算机集群实现实时处理由超过 10 亿行数据和数百万列元素组成的数据表。

图 5.8 描述了 Hadoop 生态系统中 HBase 与其他部分的关系。HBase 利用 Hadoop MapReduce 来处理 HBase 中的海量数据，实现高性能计算；利用 ZooKeeper 作为协同服务，实现稳定服务和失败恢复；使用 HDFS 作为高可靠的底层存储，利用廉价集群提供海量数据存储能力。HBase 也可以直接使用本地文件系统而不用 HDFS 作为底层数据存储方式。为了提高数据可靠性和系统的健壮性，发挥 HBase 处理大数据量等功能，一般都使用 HDFS 作为 HBase 的底层数据存储方式。此外，为了方便在 HBase 上进行数据处理，Sqoop 为 HBase 提供了高效便捷的 RDBMS 数据导入功能，Pig 和 Hive 为 HBase 提供了高层语言支持。

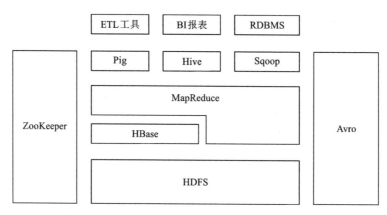

图 5.8   Hadoop 生态系统中 HBase 与其他部分的关系

5.3.1   HBase 与传统关系数据库的对比分析

随着 Web 2.0 应用的不断发展,无论在数据高并发方面,还是在高可扩展性和高可用性方面,传统的关系数据库都显得力不从心。关系数据库的关键特性——完善的事务机制和高效的查询机制,在 Web 2.0 时代也成为鸡肋。包括 HBase 在内的非关系型数据库的出现,有效弥补了传统关系数据库的缺陷。HBase 与传统的关系数据库的区别主要体现在以下几个方面。

(1)数据类型。关系数据库采用关系模型,具有丰富的数据类型和存储方式;HBase 则采用更加简单的数据模型。它把数据存储为未经解释的字符串,用户可以把不同格式的结构化数据和非结构化数据都序列化成字符串保存到 HBase 中,用户需要自己编写程序把字符串解析成不同的数据类型。

(2)数据操作。关系数据库中包含了丰富的操作,如插入、删除、更新、查询等,其中会涉及复杂得多表连接,通常借助于多个表之间的主外键关联来实现。HBase 操作则不存在复杂的表与表之间的关系,只有简单的插入、查询、删除、清空等。因为 HBase 在设计上避免了复杂的表与表之间的关系,通常只采用单表的主键查询,无法实现类似关系数据库中的表与表之间的连接操作。

(3)存储模式。关系数据库是基于行模式存储的,元组或行会被连续地存储在磁盘页中。读取数据时,需要顺序扫描每个元组,从中筛选出查询所需要的属性。如果每个元组只有少量属性的值对查询是有用的,则基于行模式存储会浪费许多磁盘空间和内存带宽。HBase 是基于列存储的,每个列簇都由几个文件保存,不同列簇的文件是分离的。它的优点是:可以降低 I/O 开销,支持大量并发用户查询,仅需处理可以回答这些查询的列,无须处理与查询无关的大量数据行;同一个列族中的数据会被一起进行压缩,且由于同一列族内的数据相似度较高,因此可以获得较高的数据压缩比。

(4)数据索引。关系数据库通常可以针对不同列构建复杂的多个索引,以提高数据访问性能。与关系数据库不同的是,HBase 只有一个索引——行键。通过巧妙的设计,HBase 中的所有访问方法,或者通过行键访问,或者通过行键扫描,使得整个系统不会慢下来。由于

HBase 位于 Hadoop 框架之上，因此可以使用 Hadoop MapReduce 来快速、高效地生成索引表。

（5）数据维护。在关系数据库中，更新操作会用最新的当前值去替换记录中原来的旧值，旧值被覆盖后就不会存在。在 HBase 中执行更新操作时，并不会删除数据旧的版本，而是生成一个新的版本，旧有的版本仍然保留。

（6）可伸缩性。关系数据库很难实现横向扩展，纵向扩展的空间也比较有限。相反，HBase 和 BigTable 这些分布式数据库就是为了实现灵活的水平扩展而开发的，因此能够轻易地通过在集群中增加或者减少硬件数量来实现性能的伸缩。但是，相对于关系数据库，HBase 也有自身的局限性，如 HBase 不支持事务，因此无法实现跨行的原子性。

5.3.2　HBase 数据模型

数据模型是数据库的核心，HBase 列族数据模型包括列族、列限定符、单元格、时间戳等。如图 5.9 所示，HBase 是一个由行键、列族、列限定符和时间戳组成的稀疏、多维度、排序的映射表。表中每个值是一个未经解释的字符串，没有数据类型。用户在表中存储数据，每行都有一个可排序的行键和任意多的列。表在水平方向由一个或者多个列簇组成。一个列簇中可以包含任意多个列，同一个列簇里面的数据存储在一起。列簇支持动态扩展，可以很轻松地添加一个列簇或列，无须预先定义列的数量以及类型。所有列均以字符串形式存储，用户需要自行进行数据类型转换。由于同张表里面的每一行数据都可以有截然不同的列，因此对于整个映射表的每行数据而言，有些列的值为空，所以说 HBase 是稀疏的。

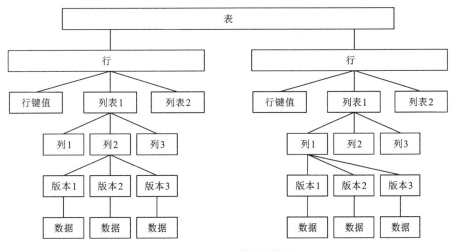

图 5.9　HBase 的数据模型

在 HBase 中执行更新操作时，是另外生成一个新的版本，而不是直接删除数据旧的版本。即旧版本仍然保留，并且可以在 HBase 中设置保留版本的数量。客户端可以选择获取距离某个时间最近的版本，或者一次获取所有版本。如果在查询时不提供时间戳，则返回距离现在最近的版本的数据，因为在存储时，数据会按照时间戳排序。HBase 提供了两种数据版本回收方式：一是保存数据的最后 n 个版本；二是保存最近一段时间内的版本。

在 HBase 中，数据采用行键（row key）、列族（column family）、列限定符（column qualifier）

和时间戳(timestamp)进行索引，每个值都是未经解释的字节数组 byte[ ]。下面具体介绍 HBase 数据模型的相关概念。

(1)表。HBase 采用表来组织数据，可以定义多张数据表；每张数据表由行和列组成，列划分为若干个列族。

(2)行与行键。在传统关系型数据库中，数据是以行的形式存储。在 HBase 中，数据是以列的形式存储。表由若干行组成，每个行由行键(row key)和多个列族构成。每一个行键是一个字符串，保存为字节数组，且以英文字典序的形式排序和存储，最大长度为 64 KB，实际应用中一般为 10~100 字节。在 HBase 中，只能通过查询行键的方法获取表中的记录。目前有三种方式：①单行查询，通过查询单个行键值进行访问；②区间查询，通过设定一个行键值的区间来访问；③全表查询，通过扫描全表进行访问。注意，在实际操作中，一个行键长度需要控制在 100 字节以内，以提高查询性能；此外，要将经常一起操作的行放到一起，通过位置相关性，可以提高查询性能。

(3)列族与列。一个 HBase 表被分组成许多列族的集合，它是基本的访问控制单元。列族需要在表创建时就定义好，数量不能太多(HBase 的一些缺陷使得列族数量只限于几十个)，不能频繁修改。存储在一个列族当中的所有数据，通常都属于同一种数据类型，这通常意味着具有更高的压缩率。表中的每个列都归属于某个列族，数据可以被存放到列族的某个列下面。但是在把数据存放到这个列族的某个列之前，必须首先创建这个列族。在创建完成一个列族以后，就可以使用同一个列族当中的列。列名都以列族作为前缀。例如 courses：history 和 courses：math 这两个列都属于 courses 这个列族。在 HBase 中，访问控制、磁盘和内存的使用统计都是在列族层面进行。实际应用中，可以借助列族上的控制权限帮助实现特定的目的。比如，可以允许一些应用能够向表中添加新的数据，而另一些应用只允许浏览数据。HBase 列族还可以被配置成支持不同类型的访问模式。比如，一个列族也可以被设置放入内存当中，以消耗内存为代价，换取更好的响应性能。

(4)列限定符。在列族中添加不同的列限定符可以实现对数据的划分定位。列限定符以列族名作为前缀，用冒号作为连接后缀。作为列族的一个标签，列限定符可以在写入数据时任意添加，可以进行动态地扩展，无须事先定义，也不需要在不同行之间保持一致。列限定符没有数据类型，总被视为字节数组 byte[ ]。

(5)单元格。在 HBase 表中，通过行、列族和列限定符确定一个单元格(cell)。单元格中存储的数据没有数据类型，总被视为字节数组 byte[ ]。每个单元格中可以保存一个数据的多个版本，每个版本对应一个不同的时间戳。

(6)时间戳。在 HBase 中，每个值都会有一个时间戳，以此对每个值进行区分和索引。当一个值发生变化新建、修改、删除变化时，HBase 中 region 服务器会自动生成并存储一个时间戳，用户也可以自己赋值(用户生成唯一时间戳可以避免应用程序中出现数据版本冲突)。时间戳一般是 64 位整型，一个值的不同版本是根据时间戳降序进行存储的。当用户查询时，默认返回最新的版本。此外，一个值的版本个数是可以定义的。当超出了版本个数时，值的新版本会替换掉最旧的版本。

下面以一个实例来阐释 HBase 的数据模型。表5.2 是一张用来存储学生考试成绩信息的 HBase 表，学号作为行键来唯一标识每个学生。表中设计了列族(score)来保存学生相关考试成绩信息，列族中包含 4 个列，分别用来保存学生 course 1、course 2、course 3 和 course 4 的考试成绩信息。学号为"2004020301"的学生的 course 1 第一次考试没有及格，然后补考了两次；对应的 course 1 成绩有三个，分别对应三个时间戳 T1、T4 和 T6，时间戳较大的数据版本是最新的数据。

对于关系数据库而言，由行和列就可以确定表中一个具体的值，类似于一个二维坐标。而 HBase 需要根据行键、列族、列限定符合时间戳来确定一个单元格，类似于一个四维坐标，即[行键，列族，列限定符，时间戳]。例如，在表 5.2 中，由行键"2004020303"、列族"score"、列限定符"course 1"和时间戳"T3"这 4 个坐标值确定的单元格["2004020303"，"score"，"course 1"，"T3"]，里面存储的值是"75"；由行键"2004020301"、列族"score"、列限定符"course 1"和时间戳"T6"这 4 个坐标值确定的单元格["2004020301"，"score"，"course 1"，"T6"]，里面存储的值是"70"。

表 5.2　HBase 数据模型的一个实例

学号	score				时间戳
	course 1	course 2	course 3	course 4	
2004020301	70				T6
	50	65			T4
	40	55	65	70	T1
2004020302	70	75			T5
	50	55	65	70	T2
2004020303	75	80	85	80	T3

5.3.3　HBase 的实现原理

HBase 的实现原理包括 HBase 的功能组件、表和 region 以及 region 的定位机制。

1. HBase 的功能组件

HBase 的实现包括 3 个主要的功能组件：库函数，链接到每个客户端；一个 master 主服务器；多个 region 服务器。region 服务器负责存储和维护分配给自己的 region，处理来自客户端的读写请求。主服务器 master 负责管理和维护 HBase 表的分区信息。比如，一个表被分成了哪些 region，每个 region 被存放在哪台 region 服务器上，同时也负责维护 region 服务器列表。因此，如果 master 主服务器死机，那么整个系统都会无效。master 会实时监测集群中的 region 服务器，把特定的 region 分配到可用的 region 服务器上，并确保整个集群内部不同 region 服务器之间的负载均衡；当某个 region 服务器因出现故障而失效时，master 会把该故障服务器上存储的 region 重新分配给其他可用的 region 服务器。除此以外，master 还处理模式变化，如表和列族的创建。客户端并不是直接从 master 主服务器上读取数据，而是在获得 region 的存储位置信息后，直接从 region 服务器上读取数据。尤其需要指出的是，HBase 客户端并不依赖于 master 而是借助于 ZooKeeper 来获得 region 的位置信息。所以大多数客户端从来不和主服务器 master 通信，这种设计方式使 master 的负载很小。

2. 表和 region

一个 HBase 中存储了许多表，对于每个表而言，表中的行是根据行键的值的字典顺序进行维护的；表中包含的行的数量可能非常庞大，无法存储在一台机器上，需要分布存储到多台机器上。因此，需要根据行键的值对表中的行进行分区；每个行区间构成一个分区（默认大小是 100 MB 到 200 MB），被称为"region"。它包含了位于某个值域区间内的所有数据，是负载均衡和数据分发的基本单位。初始时，每个表只包含一个 region；随着数据的不断插入，region 持续增大；当一个 region 中包含的行数量超过某个阈值时，会被自动等分成两个新的 region。随着表中行的数量继续增加，会分裂出越来越多的 region。这样，master 主服务器就需要把不同的 region 分配到不同的 region 服务器上。但是同一个 region 是不会被拆分到多个 region 服务器，通常在每个 region 服务器上会放置 10~1000 个 region。

3. region 的定位

一个 HBase 的表可能非常庞大，会被分裂成多个 region，并被分发到不同的 region 服务器。因此，必须设计相应的 region 定位机制，保证客户端知道可以在哪里找到自己所需要的数据。每个 region 都有一个 regionID 来标识它的唯一性，这样，一个 region 标识符就可以表示成"表名+开始主键+regionID"。有了 region 标识符，就可以唯一标识每个 region。为了定位每个 region 所在的位置，可以构建一张映射表。映射表的每个条目（或每行）包含两项内容，一个是 region 标识符，另一个是 region 服务器标识。这个条目表示 region 和 region 服务器之间的对应关系，从而可以知道某个 region 被保存在哪个 region 服务器中。这个映射表包含了关于 region 的元数据（即 region 和 region 服务器之间的对应关系），因此也被称为"元数据表"，又名".META.表"。

当一个 HBase 表中的 region 数量非常庞大时，.META. 表的条目就会非常多，多到一个服务器保存不下，需要分区存储到不同的服务器上。因此，.META. 表也会被分裂成多个 region。这时，为了定位这些 region，就需要再构建一个新的映射表，记录所有元数据的具体位置。这个新的映射表就是"根数据表"，又名"-ROOT-表"。-ROOT-表是不能被分割的，永远只存储在一个 region 里。因此，这个用来存放-ROOT-表的唯一的 region，它的名字是在程序中被写死的，master 主服务器永远知道它的位置。

综上所述，HBase 使用类似 B+树的三层结构来保存 region 位置信息（见图 5.10），表 5.3 给出了 HBase 三层结构中每个层次的名称及其具体作用。

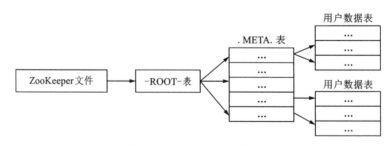

图 5.10　HBase 的三层结构

表 5.3　HBase 的三层结构中各层次的名称和作用

层次	名称	作用
第一层	ZooKeeper 文件	记录了-ROOT-表的位置信息
第二层	-ROOT-表	记录了.META.表的 region 位置信息 -ROOT-表只能有一个 region；通过-ROOT-表，就可以访问.META.表中的数据
第三层	.META.表	记录了用户数据表的 region 位置信息；.META.表可以有多个 region，保存了 HBase 中所有用户数据表的 region 位置信息

为了加快访问速度，.META 表的全部 region 都会被保存在内存中。假设.META.表的每行(一个映射条目)在内存中大约占用 1 KB，并且每个 region 限制为 128 MB，则三层结构可以保存的用户数据表的 region 数目的计算方法是：-ROOT-表能够寻址.META.表的 region 个数×每个.META.表的 region 可以寻址的用户数据表的 region 个数。一个-ROOT-表最多只能有一个 region，也就是最多只能有 128 MB；按照每行(一个映射条目)占用 1 KB 内存计算，128 MB 空间可以容纳 128 MB/1 KB = 2^{17} 行。也就是说，一个-ROOT-表可以寻址 2^{17} 个.META.表的 region。同理，每个.META.表的 region 可以寻址的用户数据表的 region 个数是 128 MB/1 KB = 2^{17}。最终，三层结构可以保存的 region 数目是(128 MB/1 KB)×(128 MB/1 KB) = 2^{34} 个 region。可以看出，这种数量已经足够满足实际应用中的用户数据存储需求。客户端访问用户数据之前，首先访问 ZooKeeper 获取-ROOT 表的位置信息；然后访问-ROOT-表，获得.META.表的信息；接着访问.META.表，找到所需的 region 具体位于哪个 region 服务器；最后到该 region 服务器读取数据。该过程需要多次网络操作，为了加速寻址过程，一般会在客户端做缓存，把查询过的位置信息缓存起来。这样以后访问相同的数据时，可以直接从客户端缓存中获取 region 的位置信息，无须每次都经历一个"三级寻址"过程。注意，随着 HBase 中表的不断更新，region 的位置信息可能会发生变化。客户端缓存并不会自己检测 region 位置信息是否失效，而是在需要访问数据时，从缓存中获取 region 位置信息却发现不存在的时候，才会判断出缓存失效。这时，需要再次经历上述的"三级寻址"过程，重新获取最新的 region 位置信息去访问数据，并用最新的 region 位置信息替换缓存中失效的信息。

当一个客户端从 ZooKeeper 服务器上拿到-ROOT-表的地址后，可以通过"三级寻址"找到用户数据表所在的 region 服务器，并直接访问该 region 服务器获得数据，没有必要再连接主服务器 master。因此，主服务器的负载相对小了很多。

5.3.4　HBase 运行机制

HBase 的运行机制包括 HBase 系统结构以及 region 服务器、store 和 HLog 这三者的工作原理。

1. HBase 系统架构

HBase 的系统构架如图 5.11 所示，包括客户端、mater 主服务器、region 服务器和 ZooKeeper 服务器。其中，客户端面向使用者，mater 主服务器负责 HBase 的全局事务调度，

region 服务器负责 HBase 的具体数据存取(如果是伪分布式部署,数据存放在本地;如果是分布式部署,则数据存放在 HDFS 集群),ZooKeeper 服务器负责实时感知 HBase 的各种服务状态。

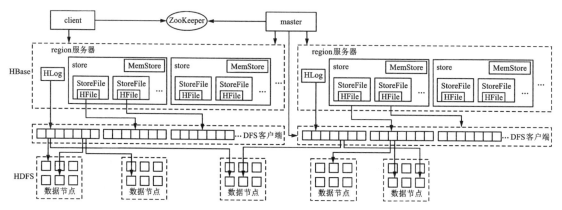

图 5.11 HBase 的系统构架

(1)客户端。

客户端包含访问 HBase 的接口,同时在缓存中维护着已经访问过的 region 位置信息,用来加快后续数据访问过程。HBase 客户端使用 HBase 的 RPC 机制与 master 和 region 服务器进行通信。对于管理类操作,客户端与 master 进行 RPC;对于数据读写类操作,客户端则会与 region 服务器进行 RPC。基本原理为客户端向 HBase 发起连接,通过借助 ZooKeeper 服务器或者直接通过访问 master 去检索要访问的表数据所在具体的 region 服务器的节点,然后向该节点发起数据存取请求。如果访问管理层面的信息,则可以直接从 master 出获取。目前,HBase 提供了 Java native API、HBase shell、Thrift Gateway、REST Gateway、Pig、Hive 等多种访问方式。①Java native API,在 HBase 中有基于 Java 的 API 接口,这是最常规和高效的接口使用方式,适用于 Hadoop MapReduce 作业并行批处理 HBase 表数据;②HBase shell,这是 HBase 自带的命令行工具,主要用于 HBase 的基础管理功能;③Thrift Gateway,利用 Thrift 序列化技术,支持开发人员使用 C++、PHP、Python 等语言开发,进而使得其他异构系统能够在线访问 HBase 表数据;④REST Gateway,可以使用基于 REST 的 HTTP API 的形式实现对 HBase 的访问,降低了语言的限制和开发的难度。

(2)Master。

Mater 主服务器负责整个 HBase 的调度与管理工作,具体内容如下。

①负责元数据和数据表的管理,主要包括管理用户对表的定义、增加、删除、修改、命名空间的定义,以及查询等操作。

②负责管理所有 region 服务器节点,监测所有 region 服务器节点的状态;负责所有 region 服务器节点的上线和下载,以及不同 region 服务器节点之间的负载均衡。

③负责管理 region 区域的分布,每一个表由一个或多个 region 区域构成,每个 region 服务器负责管理一个或多个 region 区域;mater 全局管理与分配 region 放置于哪一台 region 服务器;对超出规模的 region 区域进行分裂;负责停止服务的 region 服务器中的 region 向其他节

点的迁移等。

④负责全局安全策略管理。

⑤负责集群事务管理。

⑥负责与 ZooKeeper 集群交互。

客户端访问 HBase 上数据的过程并不需要 master 的参与,客户端可以访问 ZooKeeper 获取-ROOT-表的地址,并最终到达相应的 region 服务器进行数据读写。由于 master 仅仅维护表和 region 的元数据信息,因此负载很低。一般而言,在 HBase 的架构中,master 可以由单节点构成;但有时为了确保可靠性,也可以部署到两个及以上节点。注意,在多节点情况下,只能有一个节点处于主服务状态,其余节点必须处于启动备用模式。在此模式下,备份节点会定期与主节点同步信息。当主节点发生故障时,其中一个备用节点通过 ZooKeeper 集群的选举机制被选为新的主服务节点。此外,在任何时刻,一个 region 只能分配给一个 region 服务器。master 维护了当前可用的 region 服务器列表,以及当前 region 与 region 服务器的分配。当存在未被分配的 region,并且有一个 region 服务器上有可用空间时,master 就给该 region 服务器发送一个请求,把该 region 分配给它。region 服务器接受请求并完成数据加载后,开始负责管理该 region 对象,并对外提供服务。

(3) Region 服务器。

Region 服务器是 HBase 中最核心的模块,负责维护分配给自己的 region,并响应用户数据的存取请求,即所有客户端对数据的最终存取操作都将落到 region 服务器上。主要作用简介如下。

①负责数据的存储。HBase 自身并不具备数据复制和维护数据副本的功能,需要采用 HDFS、本地文件系统或云计算环境中的 Amazon S3(simple storage service)等任何支持 Hadoop 接口的文件系统作为底层存储,为 HBase 提供可靠稳定的数据存储。

②负责 region 管理。负责每个 region 的状态维护、归并、迁移等工作。

③负责 WAL(HLog)管理。负责日志信息的管理,在 HBase 中,所有的数据更新需要先写入日志,再执行数据更新操作。

④负责 Metrics 管理。负责对外提供内部服务状况的参数,包括内存使用、region 服务状况、compaction、block cache 等。HBase Metrics 继承了 Hadoop Metrics,因此,它支持文件、数据流、Ganglia 等多种输出方式,便于外部监控。

⑤负责与客户端进行 RPC 交互,承担具体的数据读取和写入。

⑥负责与 master 节点交互。查询元数据、上报自身数据状态,并按 master 调度接管其他失效的 region 服务器节点的数据和服务。

⑦负责与 ZooKeeper 集群交互。确保分布式环境下的信息共享以及待执行任务的协同。

注意,在分布式环境下进行部署时,region 服务器一般与 HDFS 集群的数据节点部署在同一台机器上。每一个 region 服务器节点包含多个 region,可以同时承担多个表数据的存储。

(4) ZooKeeper 服务器。

ZooKeeper 服务器是由多台机器构成的,为分布式应用程序提供一致性服务。ZooKeeper 是 Google Chubby 项目的开源实现,能够很容易地实现集群管理的功能。其功能简介如下。

①负责存放 HBase 中的元数据与集群的状态信息。在 HBase 服务器集群中,存在一个 master 和多个 region 服务器,每个 region 服务器都需要在 ZooKeeper 进行注册。ZooKeeper 会

实时监控每个 region 服务器的状态并通知给 master，master 通过 ZooKeeper 随时感知各个 region 服务器的工作状态。

②协调 master 节点的主从切换。HBase 可以启动多个 master，ZooKeeper 可以帮助选举出集群的一个主 master 节点，并保证在任何时刻总有唯一的 master 在运行。当检测到主 master 节点故障宕机时，会通知备用的 master 节点进行替补，并通知所有 region 服务器节点，避免了 master 的"单点失效"问题出现。

③协调所有 region 服务器节点上线和下线。由于可以获知当前集群中每台机器的服务状态，一旦某台 region 服务器节点下线不能提供服务时，会通知 master 和集群中其他 region 服务器节点，从而做出调整重新分配服务策略。同样，当增加一台或多台 region 服务器时，会通知 master 将它们加入。

④面向客户端提供 RPC 服务端口。ZooKeeper 中保存了-ROOT-表的地址和 master 的地址，客户端可以通过 ZooKeeper 获得-ROOT-表的地址，并最终通过"三级寻址"找到所需的数据。ZooKeeper 中还存储了 HBase 的模式，包括有哪些表，每个表有哪些列族。

注意，ZooKeeper 可以独立部署到新机器上，形成一套自主集群；也可以部署到 master 节点和 region 服务器节点上。选举算法是多个 ZooKeeper 节点写成功时任务数据才算成功，故 ZooKeeper 需要部署奇数个。

2. Region 服务器的工作原理

Region 服务器是 HBase 中最核心的模块，图 5.12 描述了 region 服务器向 HDFS 文件系统中读写数据的基本原理。从图中可以看出，region 服务器内部管理了一系列 region 对象和一个 HLog 文件。其中 HLog 是磁盘上面的记录文件，它记录着所有的更新操作。每个 region 对象是由多个 store 组成的，每个 store 对应了表中的一个列簇的存储。每个 store 包含了一个 MemStore 和若干个 StoreFile。其中，MemStore 是内存中的缓存，保存最近更新的数据；StoreFile 是磁盘中的文件，这些文件都是 B 树结构的，方便快速读取。StoreFile 在底层的实现方式是 HDFS 文件系统的 HFile，HFile 的数据块通常采用压缩方式存储，压缩之后可以大大减少网络 I/O 和磁盘 I/O。

用户写入数据时会被分配到相应的 region 服务器去执行操作。用户数据首先被写入 MemStore 和 HLog 中，当操作写入 HLog 之后，commit( ) 调用才会将其返回给客户端。当用户读取数据时，region 服务器会首先访问 MemStore 缓存。如果数据不在缓存中，才会到磁盘的 StoreFile 中寻找。

MemStore 缓存的容量有限，系统会周期性地调用 Region. flushcache( ) 把 MemStore 缓存里的内容写到磁盘的 StoreFile 文件中，清空缓存；同时在 HLog 文件写入一个标记，表示缓存中的内容已经被写入 StoreFile 文件。每次缓存刷新操作都会在磁盘上生成一个新的 StoreFile 文件，使得每个 store 会包含多个 StoreFile 文件。每个 region 服务器都有一个自己的 HLog 文件，启动时，每个 region 服务器都会检查自己的 HLog 文件，确认最近一次执行缓存刷新操作之后是否发生新的写入操作。如果没有更新，说明所有数据已经被永久保存到磁盘的 StoreFile 文件；如果发现更新，则将这些更新写入 MemStore，再刷新缓存，写入磁盘的 StoreFile 文件。最后删除旧的 HLog 文件，并开始为用户提供数据访问服务。

每次 MemStore 缓存的刷新操作都会在磁盘上生成一个新的 StoreFile 文件，使得系统中的每个 store 存在多个 StoreFile 文件。当需要访问某个 store 中的某个值时，必须查找所有这

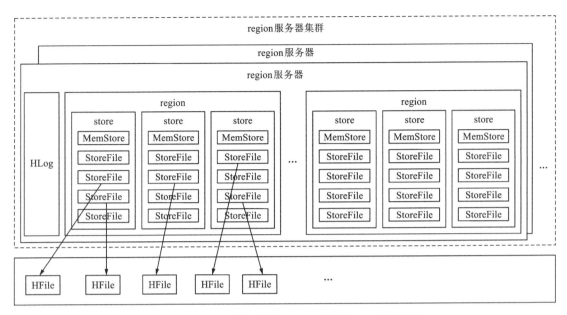

图 5.12　**Region** 服务器向 **HDFS** 文件系统中读写数据

些 StoreFile 文件，非常耗费时间。为了减少查找时间，系统一般会调用 store. compact( )，把多个 StoreFile 文件合并成一个大文件。由于合并操作比较耗费资源，因此只会在 StoreFile 文件的数量达到一个阈值时才会触发合并操作。

3. Store 的工作原理

Region 服务器是 HBase 的核心模块，而 store 是 region 服务器的核心。每个 store 对应了表中的一个列族的存储。每个 store 包含一个 MemStore 缓存和若干个 StoreFile 文件。

MemStore 是排序的内存缓冲区，当用户写入数据时，系统首先把数据放入 MemStore 缓存；当 MemStore 缓存满时，则刷新到磁盘的一个 StoreFile 文件中。随着 StoreFile 文件数量的不断增加，当达到事先设定的数量时，会触发文件合并操作，多个 StoreFile 文件被合并成一个大的 StoreFile 文件。当多个 StoreFile 文件合并，会逐步形成越来越大的 StoreFile 文件。当单个 StoreFile 文件大小超过一定阈值时，会触发文件分裂操作。同时，当前的 1 个父 region 被分裂成 2 个子 region，父 region 下线，新分裂出的 2 个子 region 被 master 分配到相应的 region 服务器上。StoreFile 合并与分裂的过程如图 5.13 所示。

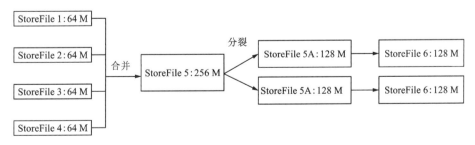

图 5.13　**StoreFile** 的合并与分裂过程

4. HLog 的工作原理

在分布式环境下，为了保障 HBase 中的数据安全（比如当 region 服务器发生故障时，还没有被写入文件的 MemStore 缓存中的数据会全部丢失），人们设计了 HLog 来保证在系统发生故障时也能够恢复到正确的状态。

HBase 系统为每个 Region 服务器配置了一个 HLog 文件，这是一种预写式日志（write ahead log，WAL）。即用户更新的数据在写入 MemStore 缓存之前必须先被记入日志，直到 MemStore 缓存内容对应的日志已经被写入磁盘后，该缓存内容才会被刷新写入磁盘。HBase 中 region 服务器的状态由 ZooKeeper 进行实时监测，当检测到某个 region 服务器发生故障时，ZooKeeper 会通知 master，master 首先处理该故障 region 服务器上遗留的 HLog 文件。由于一个 region 服务器只有一个 HLog 文件，而一个 region 服务器上可能会有多个 region 对象，即这些 region 对象共用一个 HLog 文件，因此这个故障 region 服务器上遗留的 HLog 文件中就可能包含了多个 region 对象的日志记录。系统根据每条日志记录所属的 region 对象对 HLog 数据进行拆分，分别将它们放到相应 region 对象的目录下；再将失效的 region 重新分配到可用的 region 服务器中，并把与该 region 对象相关的 HLog 日志记录发送给相应的 region 服务器。region 服务器领取到分配给自己的 region 对象以及相关的 HLog 日志记录后，会重新做一遍日志记录中的各种操作，把日志记录中的数据写入 MemStore 缓存；然后刷新到磁盘的 StoreFile 文件中，以完成数据恢复。

需要指出的是，在 HBase 系统中，每个 region 服务器只设计了一个 HLog 文件。即一个 region 服务器中所有 region 对象共用一个 HLog，而不是每个 region 使用一个 HLog。这样设计的好处是不同 region 对象的更新操作所发生的日志修改，只需不断把日志记录追加到单个日志文件中，无须同时打开和写入多个日志文件中，因此可以减少磁盘寻址次数，提高对表的写操作性能。当然缺点也很明显，当一个 region 服务器发生故障，需要将 region 服务器上的 HLog 按照其所属的 region 对象进行拆分，然后分发到其他 region 服务器上执行恢复操作，才能恢复 region 服务器上的 region 对象。

5.4 非关系型数据库 NoSQL

5.4.1 NoSQL 数据库的特点

NoSQL 是一种不同于关系数据库的数据库管理系统设计方式，是对非关系型数据库的统称。它所采用的数据模型并非传统关系数据库的关系模型，而是类似键/值、列族、文档等非关系模型。NoSQL 数据库没有固定的表结构，通常不存在连接操作，也没有严格遵守 ACID 约束。与关系数据库相比，NoSQL 具有灵活的水平可扩展性，可以支持海量数据存储。此外，NoSQL 数据库支持 MapReduce 风格的编程，可以较好地应用于大数据时代的各种数据管理。NoSQL 数据库的出现，一方面弥补了关系数据库在当前商业应用中存在的各种缺陷，另一方面也撼动了关系数据库的传统垄断地位。当应用场合需要简单的数据模型、灵活性的 IT 系统、较高的数据库性能和较低的数据库一致性时，NoSQL 数据库是一个很好的选择。通常 NoSQL 数据库具有以下 3 个特点。

1.灵活的可扩展性

传统的关系型数据库由于自身设计机理的原因，通常很难实现"横向扩展"，在面对数据库负载大规模增加时，往往需要通过升级硬件来实现"纵向扩展"。当前的计算机硬件制造工艺已经达到一个限度，性能提升的速度开始趋缓，已经远远赶不上数据库系统负载的增加速度，且配置高端的高性能服务器价格不菲。因此寄希望于通过"纵向扩展"满足实际业务需求，已经变得越来越不现实。相反，"横向扩展"仅需非常普通廉价的标准化刀片服务器，不仅具有较高的性价比，也提供了理论上近乎无限的扩展空间。NoSQL 数据库在设计之初就是为了满足"横向扩展"的需求，因此天生具备良好的水平扩展能力。

2.灵活的数据模型

关系模型是关系数据库的基石，它以完备的关系代数理论为基础，具有规范的定义，遵守各种严格的约束条件。这种做法虽然保证了业务系统对数据一致性的需求，但是过于死板的数据模型也意味着无法满足各种新兴的业务需求。相反，NoSQL 数据库天生就旨在摆脱关系数据库的各种束缚条件，摈弃了流行多年的关系数据模型，转而采用键/值、列族等非关系模型，允许在一个数据元素里存储不同类型的数据。

3.与云计算紧密融合

云计算具有很好的水平扩展能力，可以根据资源使用情况进行自由伸缩，各种资源可以动态加入或退出。NoSQL 数据库可以凭借自身良好的横向扩展能力，充分利用云计算基础设施，很好地融入云计算环境，构建基于 NoSQL 的云数据库服务。

5.4.2　NoSQL 数据库的类型

近些年，NoSQL 数据库发展势头非常迅猛。目前 NoSQL 领域已产生了 50~150 个新的数据库(http://hostingdata.co.uk/nosql-database/)。虽然 NoSQL 数据库数量众多，但是归结起来，典型的 NoSQL 数据库通常包括键值数据库、列族数据库、图数据库和文档数据库四种类型，如图 5.14 所示。

1.键值数据库

键值数据库(key-value database)使用哈希表，这个表中有一个特定的 key 和一个指针指向特定的 value。key 可以用来定位 value，即存储和检索具体的 value。value 对数据库而言是透明不可见的，不能对 value 进行索引和查询，只能通过 key 进行查询。value 可以用来存储任意类型的数据，包括整型、字符型、数组、对象等。当存在大量写操作的情况时，键值数据库可以比关系数据库取得明显更好的性能。因为，关系数据库需要建立索引来加速查询，当存在大量写操作时，索引会频繁更新，由此产生高昂的索引维护代价。关系数据库通常很难水平扩展，但是键值数据库天生具有良好的伸缩性，理论上几乎可以实现数据量的无限扩容。键值数据库可以进一步划分为内存键值数据库和持久化(persistent)键值数据库。内存键值数据库把数据保存在内存，如 Memcached 和 Redis；持久化键值数据库把数据保存在磁盘，如 BerkeleyDB、Voldmort 和 Riak。

键值数据库也有自身的局限性，条件查询就是键值数据库的弱项。如果只对部分值进行查询或更新，则效率比较低下。在使用键值数据库时，应该尽量避免多表关联查询，可以采用双向冗余存储关系来代替表关联，将操作分解成单表操作。此外，键值数据库在发生故障时不支持回滚操作，因此无法支持事务。键值数据库的相关产品、数据模型、典型应用、优

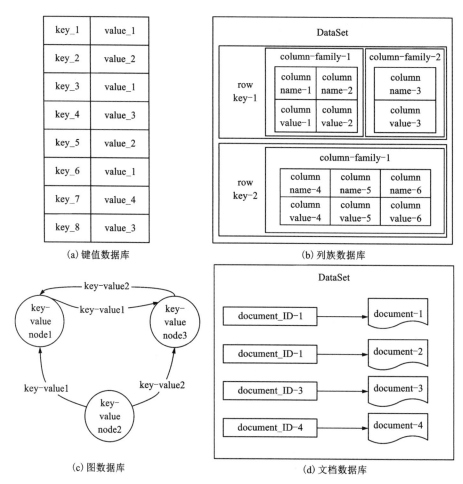

图 5.14   不同类型的 NoSQL 数据库

缺点和使用者见表 5.4。

表 5.4   键值数据库

项目	描述
相关产品	Redis、Riak、SimpleDB、Chordless 、Scalaris 、Memcached
数据模型	键/值对
典型应用	内容缓存,如会话、配置文件、参数、购物车等
优点	扩展性好、灵活性好、大量写操作时性能高
缺点	无法存储结构化信息、条件查询效率较低
使用者	百度云数据库(Redis)、GitHub(Riak)、BestBuy(Riak)、Twitter(Redis 和 Memcached)、Stack Overflow(Redis)、Instagram(Redis)、YouTube(Memcached)、Wikipedia(Memcached)

2. 列族数据库

列族数据库一般采用列族数据模型，数据库由多个行构成，每行数据包含多个列族，不同的行可以具有不同数量的列族，属于同一列族的数据被存放在一起。每行数据通过行键进行定位，与这个行键对应的是一个列族。从这个角度来说，列族数据库也可以被视为一个键值数据库。列族可以被配置成支持不同类型的访问模式，一个列族也可以被设置成放入内存当中，以消耗内存为代价来换取更好的响应性能。列族数据库的相关产品、数据模型、典型应用、优缺点和使用者见表 5.5。

表 5.5　列族数据库

项目	描述
相关产品	BigTable、HBase、Cassandra、HadoopDB、GreenPlum、PNUTS
数据模型	列族
典型应用	分布式数据存储与管理
优点	查找速度快、可扩展性强、容易进行分布式扩展、复杂性低
缺点	功能较少，大都不支持强事务一致性
使用者	Ebay（Cassandra）、Instagram（Cassandra）、NASA（Cassandra）、Twitter（Cassandra，HBase）、Facebook（HBase）、Yahoo！（HBase）

3. 文档数据库

在文档数据库中，文档是数据库的最小单位。虽然每一种文档数据库的部署都有所不同，但是大都假定文档以某种标准化格式封装并对数据进行加密，同时用多种格式进行解码，包括 XML、YAML、JSON 和 BSON 等；或者也可以使用二进制格式（如 PDF、微软 Office 文档等）。文档数据库通过键来定位一个文档，因此可以看成是键值数据库的一个衍生品，前者比后者具有更高的查询效率。对于那些可以把输入数据表示成文档的应用而言，文档数据库是非常合适的。一个文档可以包含非常复杂的数据结构，如嵌套对象，并且不需要采用特定的数据模式，每个文档可能具有完全不同的结构。文档数据库既可以根据键（key）来构建索引，也可以基于文档内容来构建索引。尤其是这种基于文档内容的索引和查询的能力，是文档数据库不同于键值数据库的地方。因为，在键值数据库中，值（value）对数据库是透明不可见的，不能根据值来构建索引。文档数据库主要用于存储并检索文档数据，当需要考虑很多关系和标准化约束以及需要事务支持时，传统的关系数据库是更好的选择。文档数据库的相关产品、数据模型、典型应用、优缺点和使用者见表 5.6。

表 5.6　文档数据库

项目	描述
相关产品	CouchDB、MongoDB、Terrastore、ThruDB、RavenDB、SisoDB、RaptorDB 、CloudKit、Perservere、Jackrabbit
数据模型	版本化的文档

续表5.6

项目	描述
典型应用	存储、索引并管理面向文档的数据或者类似的半结构化数据
优点	性能好、灵活性高、复杂性低、数据结构灵活
缺点	缺乏统一的查询语法
使用者	百度云数据库（MongoDB）、SAP（MongoDB）、Codecademy（MongoDB）、Foursquare（MongoDB）、NBC News（RavenDB）

4. 图数据库

图数据库以图论为基础，一个图是一个数学概念，用来表示多个对象集合，包括顶点以及连接顶点的边。图数据库使用图作为数据模型来存储数据，完全不同于键值、列族和文档数据模型，可以高效地存储不同顶点之间的关系。图数据库专门用于处理具有高度相互关联关系的数据，可以高效地处理实体之间的关系，比较适合于社交网络、模式识别、依赖分析、推荐系统以及路径寻找等问题。有些图数据库（如 Neo4J），完全兼容 ACID。除了在处理图和关系的应用领域具有很好的性能以外，在其他领域，图数据库的性能不如其他 NoSQL 数据库。图数据库的相关产品、数据模型、典型应用、优缺点和使用者见表 5.7。

表 5.7 图数据库

项目	描述
相关产品	Neo4J、OrientDB、InfoGrid、InfiniteGraph、GraphDB
数据模型	图结构
典型应用	应用于大量复杂、互连接、低结构化的图结构场合，如社交网络、推荐系统等
优点	灵活性高、支持复杂的图算法、可用于构建复杂的关系图谱
缺点	复杂性高、只能支持定的数据规模
使用者	Adobe（Neo4J）、Cisco（Neo4J）、T-Mobile（Neo4J）

5.4.3 BASE 理论

BASE 理论是针对 NoSQL 数据库而言的，它是对 CAP 理论中一致性（C）和可用性（A）进行权衡的结果，源于提出者自己在大规模分布式系统上实践的总结。其核心思想是无法做到强一致性，但每个应用都可以根据自身的特点，采用适当方式达到最终一致性。

（1）基本可用。基本可用指分布式系统在出现故障时，系统允许损失部分可用性，即保证核心功能或者当前最重要功能可用。对于用户来说，他们当前最关注的功能或者最常用的功能的可用性将会获得保证，但是其他功能会被削弱。

（2）软状态。软状态允许系统数据存在中间状态，但不会影响系统的整体可用性，即允许不同节点的副本之间存在暂时的不一致情况。

（3）最终一致性。最终一致性要求系统中数据副本最终能够一致，无须实时保证数据副本一致。例如，银行系统中的非实时转账操作，允许 24 小时内用户账户的状态在转账前后是不一致的，但 24 小时后账户数据必须正确。最终一致性是 BASE 原理的核心，也是 NoSQL 数据库的主要特点。通过弱化一致性，提高系统的可伸缩性、可靠性和可用性。大多数 Web 应用并不需要强一致性，因此牺牲一致性而换取高可用性，是多数分布式数据库产品的方向。最终一致性可以分为客户端和服务端两个不同的视角。

从客户端的角度看，一致性主要指多并发访问时更新过的数据如何获取的问题，最终一致性有以下 5 个变种：

（1）因果一致性。如果进程 A 通知进程 B 它已更新了一个数据项，则进程 B 的后续访问将返回更新后的值，且一次写入将保证取代前一次写入。与进程 A 无因果关系的进程 C 的访问遵守一般的最终一致性规则。

（2）读己之所写一致性。当进程 A 更新一个数据项之后，它总是访问更新过的值，且不会看到旧值。这是因果一致性模型的一个特例。

（3）会话一致性。如果由于某些失败情形令会话终止，则要建立新的会话，且保证不会延续到新的会话。

（4）单调读一致性。如果进程已经看到数据对象的某个值，则任何后续访问都不会返回该值之前的值。

（5）单调写一致性。系统保证来自同一个进程的写操作顺序执行。

上述最终一致性的不同方式可以进行组合，例如，单调读一致性和"读己之所写"一致性可以组合实现。从实践的角度来看，这两者的组合读取自己更新的数据，一旦读取到最新的版本，就不会再读取旧版本。对基于此架构上的程序开发来说，会减少很多额外的烦恼。

从服务器的角度看，如何尽快地将更新后的数据分布到整个系统，降低达到最终一致性的时间窗口，是提高系统的可用度和用户体验度非常重要的方面。

第6章　大数据处理技术

在解决了大数据的分布式存储管理问题后，通常需要对存储的大规模数据进行快速有效的计算。大数据的数据规模之大，使得传统的串行计算方法难以在可接受的计算时间内完成大数据的计算处理。因此，需要提供大规模数据并行化计算技术方法和系统平台，即如何高效地处理大规模数据。分布式并行编程可以大幅提高程序性能，实现高效的批量数据处理。在大规模廉价的计算机集群上运行分布式程序，实现大规模数据任务的并行处理，进而实现海量的计算能力。本书主要介绍四种大数据处理框架：MapReduce、内存计算框架 Spark、流计算和图计算。

6.1　MapReduce

大数据时代除了需要解决大规模数据的高效存储问题，还需要解决大规模数据的高效处理问题。分布式并行编程可以大幅提高程序性能，实现高效的批量数据处理。分布式程序运行在大规模计算机集群上，集群中包括大量廉价服务器，可以并行执行大规模数据处理任务，获得海量的计算能力。MapReduce 是一种并行编程模型，用于大规模数据集(大于 1 TB)的并行运算，它将复杂的、运行于大规模集群上的并行计算过程高度抽象到两个函数：map 和 reduce。MapReduce 极大地方便了分布式编程工作，编程人员在不会分布式并行编程的情况下，也可以很容易将自己的程序运行在分布式系统上，完成海量数据集的计算。

MapReduce 的核心思想是计算的并行化，即对大文件数据进行分而治之。在 MapReduce 中，一个存储在分布式文件系统中的大规模数据集会被切分成许多独立的小数据块，这些小数据块可以被多个 map 任务并行处理。MapReduce 框架为每个 map 任务输入一个数据子集，map 任务生成的结果继续作为 reduce 任务的输入，最终由 reduce 任务输出最后结果，并写入分布式文件系统。注意，适合用 MapReduce 来处理的数据集须满足一个前提条件：待处理的数据集可以分解成许多小的数据集，而且每个小数据集都可以完全并行地进行处理。

MapReduce 设计的一个理念就是"计算向数据靠拢"，而不是"数据向计算靠拢"。因为移动数据需要大量的网络传输开销，尤其是在大规模数据环境下，这种开销尤为惊人，所以移动计算要比移动数据更加经济。本着这个理念，在一个集群中只要有可能，MapReduce 框架会就近将 map 程序运行在 HDFS 数据所在的节点，即将计算节点和存储节点放在一起运行，减少了节点间的数据移动开销。Hadoop 框架通过 Java 实现，但 MapReduce 应用程序不一定要用 Java 来写。

6.1.1 Map 和 Reduce 函数

MapReduce 模型的核心是 map 函数和 reduce 函数,二者都是由应用程序开发者负责具体实现的。MapReduce 编程之所以比较容易,是因为程序员只要关注如何实现 map 和 reduce 函数,无须处理并行编程中的其他各种复杂问题,如分布式存储、工作调度、负载均衡、容错处理、网络通信等。这些问题由 MapReduce 机架负责处理。

map 函数和 reduce 函数都是以<key,value>作为输入,按一定的映射规则转换成一批<key,value>进行输出,如表 6.1 所示。

表 6.1 map 和 reduce

函数	输入	输出	说明
map	$<k_1, v_1>$	$\text{List}(<k_2, v_2>)$	1. 将小数据集进一步解析成一批<key,value>对,输入 Map 函数中进行处理; 2. 每一个输入的$<k_1, v_1>$会输出一批$<k_2, v_2>$,$<k_2, v_2>$是计算的中间结果
reduce	$<k_2, \text{List}(v_2)>$	$<k_3, v_3>$	输入的中间结果$<k_2, \text{List}(v_2)>$中的 $\text{List}(v_2)$ 表示是一批属于同一个 k_2 的 value

map 函数的输入来自分布式文件系统的文件块,这些文件块的格式是任意的,可以是文档,也可以是二进制格式的。文件块是一系列元素的集合,这些元素也是任意类型的,同一个元素不能跨文件块存储。map 函数将输入的元素转换成<key,value>形式的键值对,键和值的类型也是任意的。其中键不同于一般的标志属性,即键没有唯一性,不能作为输出的身份标识,即使是同一输入元素,也可通过一个 map 任务生成具有相同键的多个<key,value>。

reduce 函数的任务就是将输入的一系列具有相同键的键值对以某种方式组合起来,输出处理后的键值对,输出结果会合并成一个文件。用户可以指定 reduce 任务的个数(如 n 个),并通知实现系统。主控进程通常会选择一个 hash 函数,map 任务输出的每个键都会经过 hash 函数计算,并根据哈希结果将该键值对输入相应的 reduce 任务来处理。对于处理键为 k 的 reduce 任务的输入形式为$<k, <v_1, v_2, \cdots, v_n>>$,输出为$<k, v>$。

下面简单举例,编写一个 MapReduce 程序来统计一个文本书件中每个单词出现的次数。对于表 6.1 中的 map 函数的输入$<k_1, v_1>$而言,其具体数据就是<某一行文本在文件中的偏移位置,该行文本的内容>。用户可以自己编写 map 函数处理过程,把文件中的一行读取后解析出每个单词,生成一批中间结果<单词,出现次数>。然后,把这些中间结果作为 reduce 函数的输入,reduce 函数的具体处理过程也是由用户自己编写,用户可以将相同单词的出现次数进行累加,得到每个单词出现的总次数。

6.1.2　MapReduce 的工作流程

1. MapReduce 工作流程

大规模数据集的处理包括分布式存储和分布式计算两个核心环节。谷歌公司用分布式文件系统 GFS 实现分布式数据存储,用 MapReduce 实现分布式计算;Hadoop 使用分布式文件系统 HDFS 实现分布式数据存储,用 Hadoop MapReduce 实现分布式计算。MapReduce 的输入和输出都需要借助分布式文件系统进行存储,这些文件被分别存储到集群中的多个节点上。

MapReduce 的核心思想可以用"分而治之"来描述,如图 6.1 所示,它将一个大的数据集拆分成多个小数据块在多台机器上并行处理。也就是说,一个大的 MapReduce 作业,首先会被拆分成许多个 map 任务在多台机器上并行执行。每个 map 任务通常运行在数据存储的节点上,计算和数据就可以放在一起运行,不需要额外的数据传输开销。map 任务结束后,生成以<key, value>形式表示的许多中间结果。这些中间结果会被分发到多个 reduce 任务,在多台机器上并行执行;具有相同 key 的<key, value>被发送到同一个 reduce 任务,reduce 任务对中间结果进行汇总,将计算得到的最后结果输出到分布式文件系统。

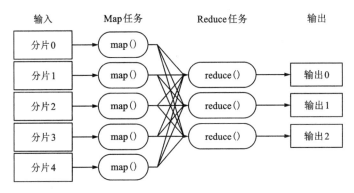

图 6.1　MapReduce 的工作流程

需要指出的是,不同的 map 任务之间不会进行通信,不同的 reduce 任务之间也不会发生任何信息交换;用户不能显式地从一台机器向另一台机器发送消息,所有的数据交换都是通过 MapReduce 框架自身去实现的。

在 MapReduce 的整个执行过程中,map 任务的输入文件、reduce 任务的处理结果都是保存在分布式文件系统,map 任务处理得到的中间结果则保存在本地存储(如磁盘)。另外,只有当 MapReduce 处理全都结束后,reduce 过程才能开始;只有 map 需要考虑数据局部性,实现"计算向数据靠拢",reduce 则无须考虑数据局部性。

2. MapReduce 的执行过程

(1)首先,MapReduce 框架使用 InputFormat 模块做 map 前的预处理,比如验证输入的格式是否符合输入定义。然后,将输入文件切分为逻辑上的多个 InputSplit。InputSplit 是 MapReduce 对文件进行处理和运算的输入单位,是一个逻辑概念;每个 InputSplit 并没有对文件进行实际切割,只是记录了要处理的数据的位置和长度。

(2)因为 InputSplit 是逻辑切分而非物理切分,所以还需通过 RecordReader(RR)根据

InputSplit 中的信息来处理 InputSplit 中的具体记录，加载数据并转换为适合 map 任务读取的键值对，输入给 map 任务。

（3）map 任务会根据用户自定义的映射规则，输出系列的<key，value>作为中间结果。

（4）为了让 Reduce 可以并行处理 map 的结果，需要对 map 的输出进行一定的分区（partition）、排序（sort）、合并（combine）、归并（merge）等操作，得到<key，value-list>形式的中间结果，再交给对应的 reduce 进行处理，这个过程称为 shuffle。从无序的<key，value>到有序的<key，value-list>，这个过程用 shuffle（洗牌）来称呼是非常形象的。

（5）Reduce 以一系列<key，value-list>中间结果作为输入，执行用户定义的逻辑，输出结果给 OutputFormat 模块。

（6）OutputFormat 模块会验证输出目录是否已经存在，以及输出结果类型是否符合配置文件中的配置类型，如果都满足，输出 Reduce 的结果到分布式文件系统。MapReduce 工作流程中的各个执行阶段，如图 6.2 所示。

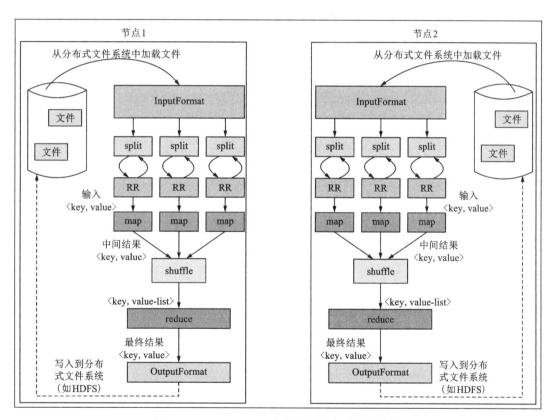

图 6.2　**MapReduce** 工作流程中的各个执行阶段

6.1.3　Shuffle 过程

1. shuffle 过程简介

shuffle 过程是 MapReduce 整个工作流程的核心环节，理解 shuffle 过程的基本原理，对于理解 MapReduce 流程至关重要。shuffle 是指对 map 输出结果进行分区、排序、合并等处理并交给 reduce 的过程。因此，shuffle 过程分为 map 端的操作和 reduce 端的操作。如图 6.3 所示，主要执行以下操作。

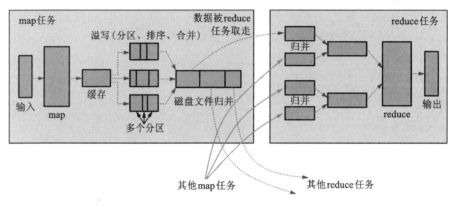

图 6.3　shuffle 过程

（1）在 map 端的 shuffle 过程。map 的输出结果首先被写入缓存，当缓存满时，启动溢写操作，把缓存中的数据写入磁盘文件，并清空缓存。启动溢写操作时，首先需要把缓存中的数据进行分区，然后对每个分区的数据进行排序（sort）和合并（combine），然后再写入磁盘文件。每次溢写操作会生成新的磁盘文件，随着 map 任务的执行，磁盘中会生成多个溢写文件。在 map 任务全部结束之前，这些溢写文件会被归并（merge）成一个大的磁盘文件，然后通知相应的 reduce 任务来领取属于自己处理的数据。

（2）在 reduce 端的 shuffle 过程。reduce 任务从 map 端的不同 map 机器领回属于自己处理的那部分数据，然后对数据进行归并（merge），交给 reduce 处理。

2. map 端的 shuffle 过程

map 端的 shuffle 过程包括 4 个步骤，如图 6.4 所示。

（1）输入数据和执行 map 任务。

map 任务的输入数据一般保存在分布式文件系统（如 GFS 或 HDFS）的文件块中。这些文件块的格式是任意的，可以是文档，也可以是二进制格式的。map 任务接受<key, value>作为输入，按一定的映射规则转换成一批<key, value>进行输出。

（2）写入缓存。

每个 map 任务都会被分配一个缓存，map 的输出结果不是立即写入磁盘，而是首先写入缓存。在缓存中积累一定数量的 map 输出结果以后，再一次性批量写入磁盘，这样可以大大减少对磁盘 I/O 的影响。因为，磁盘包含机械部件，它是通过磁头移动和盘片的转动来寻址定位数据的，每次寻址的开销很大。如果每个 map 输出结果都直接写入磁盘，会增加很多次寻址开销；而一次性批量写入，只需一次寻址，大大降低了开销。注意，在写入缓存之前，key 与 value 值都会被序列化成字节数组。

（3）溢写（分区、排序和合并）。

提供给 MapReduce 的缓存的容量是有限的，默认大小是 100 MB。随着 map 任务的执行，缓存中 map 结果的数量不断增加，会很快占满整个缓存。此时必须启动溢写（spill）操作，将

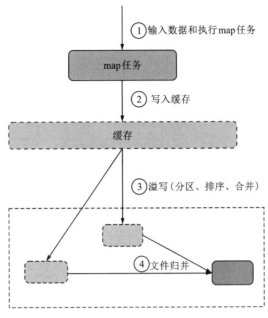

图 6.4　map 端的 shuffle 过程

缓存中的内容一次性写入磁盘，并清空缓存。溢写的过程通常是由另外一个单独的后台线程来完成的，不会影响 map 结果往缓存写入。为了保证 map 结果能够不停地持续写入缓存，不受溢写过程的影响，必须让缓存中一直有可用的空间，不能等到全部占满才启动溢写过程。一般会设置一个溢写比例，如 0.8。也就是说，当 100 MB 大小的缓存被填满 80 MB 数据时，会启动溢写过程，把已经写入的 80 MB 数据写入磁盘，剩余 20 MB 空间供 Map 结果继续写入。

在溢写到磁盘之前，缓存中的数据首先会被分区（partition）。缓存中的数据是<key,value>形式的键值对，这些键值对最终需要交给不同的 reduce 任务进行并行处理。MapReduce 通过 partitioner 接口对这些键值对进行分区，默认采用的分区方式是采用 Hash 函数对 key 进行哈希后再用 reduce 任务的数量进行取模，可以表示成 hash(key) mod R，其中 R 表示 reduce 任务的数量。这样，就可以把 Map 输出结果均匀地分配给 R 个 reduce 任务去并行处理了。当然，MapReduce 也允许用户通过重载 partitioner 接口来自定义分区方式。

对于每个分区内的所有键值对，后台线程会根据 key 对它们进行内存排序（sort），排序是 MapReduce 的默认操作。排序结束后，还包含一个可选的合并（combine）操作。如果用户事先没有定义 combiner 函数，就不用进行合并操作。如果用户事先定义了 combiner 函数，则会执行合并操作，减少需要溢写到磁盘的数据量。

合并是指将具有相同 key 的<key, value>的 value 加起来。比如，有两个键值对<"xmu" 1>和<"xmu" 1>，经过合并操作可以得到一个键值对<"xmu" 2>，减少了键值对的数量。注意，map 端的这种合并操作，其实和 reduce 的功能相似，但是由于这个操作发生在 map 端，所以只能称为"合并"，从而有别于 reduce。不过，并非所有场合都可以使用 combiner，因为 combiner 的输出是 reduce 任务的输入，combiner 绝不能改变 reduce 任务最终的计算结果。一般而言,累加、最大值等场景可以使用合并操作。

经过分区、排序以及可能发生的合并操作之后,缓存中的键值对就可以被写入磁盘,并清空缓存。每次溢写操作都会在磁盘中生成一个新的溢写文件,写入溢写文件中的所有键值对都是经过分区和排序的。

(4)文件归并。

每次溢写操作都会在磁盘中生成一个新的溢写文件,随着 MapReduce 任务的进行,磁盘中的溢写文件数量会越来越多。如果 map 输出结果很少,磁盘上只会存在一个溢写文件(但是通常都会存在多个溢写文件)。在 map 任务全部结束之前,系统会对所有溢写文件中的数据进行归并(merge),生成一个大的溢写文件。这个大的溢写文件中的所有键值对也是经过分区和排序的。

归并是指对于具有相同 key 的键值对会被归并成一个新的键值对。具体而言,对于若干个具有相间 key 的键值对$<k_1, v_1>$,$<k_1, v_2>$,…,$<k_1, v_n>$会被归并成一个新的键值对$<k_1, <v_1, v_2, …, v_n>>$。

另外,进行文件归并时,如果磁盘中已经生成的溢写文件的数量超过参数 min. mum. spills. for. combine 的值(默认值是 3,用户可以修改这个值),则可以再次运行 combine,对数据进行合并操作,减少写入磁盘的数据量。如果磁盘中只有一两个溢写文件,此时执行合并操作就会得不偿失。因为执行合并操作本身也需要代价,因此不会运行 combiner。

经过上述 4 个步骤以后,map 端的 shuffle 过程全部完成,最终生成的一个大文件被存放在本地磁盘。这个大文件中的数据是被分区的,不同的分区会被发送到不同的 reduce 任务进行并行处理。JobTracker 会一直监测 map 任务的执行,当监测到一个 map 任务完成后,就会立即通知相关的 reduce 任务来领取数据,然后开始 reduce 端的 shuffle 过程。

3. reduce 端的 shuffle 过程

相对于 map 端,reduce 端的 shuffle 过程非常简单,只需从 map 端读取 map 结果,然后执行归并操作,最后输送给 reduce 任务进行处理。具体而言,reduce 端的 shuffle 过程包括 3 个步骤,如图 6.5 所示。

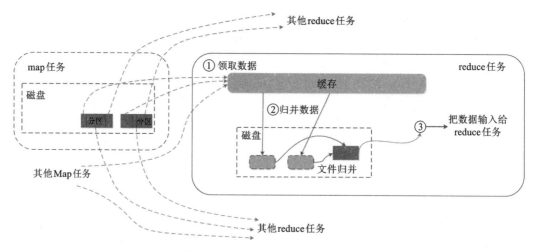

图 6.5　reduce 端的 shuffle 过程

（1）"领取"数据。

map 端的 shuffle 过程结束后，所有 map 输出结果都保存在 map 机器的本地磁盘上，reduce 任务需要把这些数据领取（fetch）回来存放到自己所在机器的本地磁盘。因此，在每个 reduce 任务真正开始之前，它大部分时间都在从 map 端把属于自己处理的那些分区的数据领取过来。每个 reduce 任务不断地通过 RPC 向 JobTracker 询问 map 任务是否已经完成；JobTracker 监测到一个 map 任务完成后，会通知相关的 reduce 任务来领取数据；当一个 reduce 任务收到 JobTracker 的通知，它会到该 map 任务所在机器上把属于自己处理的分区数据领取到本地磁盘中。一般系统中会存在多个 map 机器，因此 reduce 任务会使用多个线程同时从多个 map 机器领回数据。

（2）归并数据。

从 map 端领回的数据首先被存放在 reduce 任务所在机器的缓存中，如果缓存被占满，则会像 map 端一样被溢写到磁盘中。由于在 shuffle 阶段 reduce 任务还没有真正开始执行，此时可以把内存的大部分空间分配给 shuffle 过程作为缓存。注意，系统中一般存在多个 Map 机器，reduce 任务会从多个 map 机器领回属于自己处理分区数据。因此缓存中的数据来自不同的 map 机器，一般会存在很多可以合并（combine）的键值对。当溢写过程启动时，具有相同 key 的键值对会被归并（merge）。如果用户定义了 combiner，则归并后的数据还可以执行合并操作，减少写入磁盘的数据量。每个溢写过程结束后，都会在磁盘中生成一个溢写文件，因此磁盘上会存在多个溢写文件。最终，当所有的 map 端数据都已经被领回时，和 map 端类溢写文件会被归并成一个大文件；归并时还会对键值对进行排序，使得最终大文件中的键值对都是有序的。当然，在数据很少的情形下，缓存可以存储所有数据，不需要把数据溢写到磁盘，而是直接在内存中执行归并操作，直接输出给 reduce 任务。需要说明的是，把磁盘上的多个溢写文件归并成一个大文件可能需要执行多轮归并操作。每轮归并操作可以归并的文件数量是由参数 io. sort. factor 的值来控制的（默认值是 10，可以修改）。假设磁盘中生成了 50 个溢写文件，每轮可以归并 10 个溢写文件，则需要经过 5 轮归并，得到 5 个归并后的大文件。

（3）把数据输入给 reduce 任务。

磁盘经过多轮归并后得到的若干个大文件，不会继续归并成一个新的大文件，而是直接输入给 reduce 任务，这样可以减少磁盘读写开销。由此，整个 shuffle 过程顺利结束。接着 reduce 任务会执行 reduce 函数中定义的各种映射，输出最终结果，并保存到分布式文件系统中（比如 GFS 或 HDFS）。

6.2　内存计算框架 Spark

Spark 是美国加利福尼亚大学伯克利分校的 AMP 实验室开发的类似 Hadoop MapReduce 的通用并行框架，专门用于大数据量下的迭代式计算的通用引擎，如今是 Apache 软件基金会下的顶级开源项目之一。Spark 最初的设计目标是使数据分析更快——不仅运行速度快，而且编写程序快速、容易。为了使程序运行更快，Spark 提供了内存计算，减少了迭代计算时的 IO 开销；为了使编写程序更为容易，Spark 使用简练、优雅的 Scala 语言编写，基于 Scala 提供了交互式的编程体验。虽然 Hadoop 已成为大数据的事实标准，但是 MapReduce 分布式计算模型仍存在诸多缺陷。Spark 不仅具备了 Hadoop MapReduce 的优点，还解决了 Hadoop MapReduce 的缺陷。Spark 正以其结构一体化、功能多元化的优势逐渐成为当今大数据领域最热门的大数据计算平台。

6.2.1 Spark 的特点

Spark 具有如下 5 个主要特点。

(1)运行速度快。大数据处理中速度往往被置于第一位，Spark 允许传统 Hadoop 集群中的应用程序在内存中以 100 倍的速度运行，即使在磁盘上运行也能快 10 倍。Spark 通过减少磁盘 IO 来达到性能的提升，将中间处理数据全部放到了内存。Spark 使用了 RDD(resilient distributed datasets)数据抽象。这允许它可以在内存中存储数据，只在需要时才持久化到磁盘。这种做法大大地减少了数据处理过程中磁盘的读写，大幅度地降低了运行时间。

(2)容易使用。Spark 支持多语言，允许 Java、Scala、Python 及 R，更多的开发者可以在自己熟悉的语言环境下进行工作，普及了 Spark 的应用范围；简洁的 API 设计有助于用户轻松构建并行程序；自带 80 多个高等级操作符，允许在 shell 中进行交互式查询和编程。它多种使用模式的特点让应用更灵活。

(3)支持复杂查询。除了简单的 map 及 reduce 操作之外，Spark 还支持 filter、foreach、reduceByKey、aggregate 以及 SQL 查询、流式查询等复杂查询。Spark 更为强大之处是用户可以在同一个工作流中无缝的搭配这些功能，例如 Spark 可以通过 Spark Streaming 获取流数据，对数据进行实时 SQL 查询或使用 MLlib 库进行系统推荐。这些复杂业务的集成并不复杂，因为它们都基于 RDD 这一抽象数据集在不同业务过程中进行转换，转换代价小，体现了统一引擎解决不同类型工作场景的特点。

(4)实时的流处理。对比 MapReduce 只能处理离线数据，Spark 还能支持实时流计算。Spark Streaming 主要用来对数据进行实时处理。

(5)运行模式多样。Spark 不仅可以独立运行(使用 standalone 模式)，还可以运行在当下的 YARN 管理集群以及 Amazon EC2 等云环境中，还可以访问 HDFS、Cassandra、HBase、Hive 等多种数据源。

6.2.2 Spark 生态系统

Spark 的设计遵循"一个软件栈满足不同应用场景"的理念，逐渐形成了一套完整的生态系统，既能够提供内存计算框架，也可以支持 SQL 即时查询、实时流式计算、机器学习和图计算等。Spark 可以部署在资源管理器 YARN 上，提供一站式的大数据解决方案。因此，Spark 所提供的生态系统足以应对同时支持批处理、交互式查询和流数据处理三种场景。

Spark 生态系统是伯克利 APM 实验室打造的，力图在算法(algorithms)、机器(machines)、人(people)之间通过大规模集成来展现大数据应用的一个平台。目前已经成为伯克利数据分析软件栈 BDAS(berkeley data analytics stack)的重要组成部分。伯克利 AMP 实验室运用大数据、云计算、通信等各种资源以及各种灵活的技术方案，对海量不透明的数据进行甄别并转化为有用的信息，以供人们更好的理解世界。该生态系统已经涉及机器学习、数据挖掘、数据库、信息检索、自然语言处理和语音识别等多个领域。

BDAS 的架构如图 6.6 所示。从图 6.6 中可以看出，Spark 生态系统以 Spark Core 为核心，从 HDFS、Amazon S3 和 HBase 等持久层读取数据，以 Mesos、YARN 和自身携带的 standalone 为资源管理器调度 job 完成 Spark 应用程序的计算。这些应用程序可以来自不同的组件，如 Spark Shell/Spark Submit 的批处理，Spark Streaming 的实时流处理应用，Spark SQL 的即时查询，BlinkDB 的权衡查询，MLlib 的机器学习，GraphX 的图处理和 SparkR 的数学计算，等等。由上述分析可知，Spark 专注于数据的处理分析，而数据的存储须借助于 Hadoop 分布式文件系统 HDFS 和 Amazon S3 等来实现。因此，Spark 生态系统可以很好地实现与 Hadoop 生态系统的兼容，使得现有 Hadoop 应用程序可以非常容易地迁移到 Spark 系统。生态系统各部分内容介绍如下。

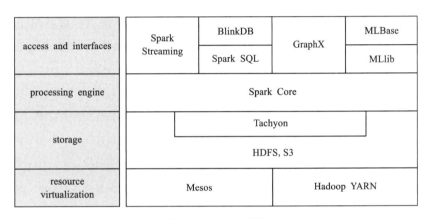

图 6.6　BDAS 架构

1. Spark Core

Spark Core 包含 Spark 的基本功能，如内存计算、任务调度、部署模式、故障恢复、存储管理等，主要面向批数据处理。其中，以基于内存计算的功能为主，不仅包含 Hadoop 的计算模型的 MapReduce，还包含如 reduceByKey、groupByKey、foreach、join 和 filter 等 API。Spark 将数据抽象为弹性分布式数据集（RDD），有效扩充了 Spark 编程模型，可以以基本一致的方式应对不同的大数据处理场景。比如能让交互式查询、流处理、机器学习和图计算的应用无缝交叉融合，极大地扩张了 Spark 的应用业务场景。同时，Spark 使用函数式编程语言 Scala，让编程更简洁高效。

2. Spark SQL

Spark SQL 是为了将 Hive 应用移植到 Spark 平台下而设计的数据仓库。由于 Spark 在 HQL（一般将 Hive 上对 SQL 支持的语言称为 HQL）方面重用了 Hive 的 HQL 解析、逻辑计划翻译、执行计划优化等逻辑，即将底层物理执行计划从 Hadoop 的 MapReduce 作业转移到 Spark 作业；此外还依赖 Hive Metastore 和 Hive SerDe。这样做会导致执行计划过于依赖 Hive，不方便添加新的优化策略。对此，引入了 Spark SQL 以减少对 Hive 本身框架的依赖，进而解决上述问题。

Spark SQL 仅依赖 HQL（hibernate query language）、Hive Metastore 和 Hive SerDe，即在解析 SQL 生成抽象语法树（abstract syntax tree，AST）后的部分都是由 Spark SQL 自身的 Calalyst 负责。利用 Scala 模式匹配等函数式语言的特性，让 Catalyst 开发的执行计划优化策略比 Hive

更简洁。除了 HQL 以外，Spark SQL 还内建了一个精简的 SQL Parser，以及一套 Scala 特定领域语言(domain specific language，DSL)。也就是说，如果只是使用 Spark SQL 内建的 SQL 方言或 Scala DSL 对原生 RDD 对象进行关系查询，用户在开发 Spark 应用时完全不需要依赖 Hive 日后的发展趋势重点在 Spark SQL，对 Shark 的支持会逐渐淡化。

此外，Spark SQL 从 Spark1.3 开始支持提供一个抽象的编程结构 DataFrames，充当分布式 SQL 查询引擎。DataFrame 本质就是一张关系型数据库中的表，但是底层有很多方面的优化，它能从多种数据源中转化而来，例如结构型数据文件(如 Avro，Parquet，ORC，JSON 和 JDBC)、Hive 表、外部数据库或已经存在的 RDD。

3. Spark Streaming

Spark Streaming 基于 Spark 的上层应用框架，使用内建 API，能像写批处理文件一样编写流处理任务，易于使用。它具有良好的容错特性，能在节点宕机情况下同时恢复丢失的工作和操作状态。在处理时间方面，Spark Streaming 基于时间片准实时处理。即将流数据分解成一系列短小的批处理作业，每个短小的批处理作业都可以使用 Spark Core 进行快速处理，达到秒级延迟。其支持高吞吐量、可容错处理的实时流数据处理。Spark Streaming 支持多种数据输入源，如 Kafka、Flume 和 TCP 套接字等。

4. MLlib(机器学习)

MLlib 是 Spark 生态系统在机器学习领域的重要应用。它充分发挥 Spark 迭代计算的优势，比传统 MapReduce 模型算法快 100 倍以上。MLlib 提供了包括聚类、分类、回归、协同过滤、梯度下降等常用的分布式机器学习算法，能充分利用 RDD 的迭代优势，对大规模数据应用机器学习模型；能与 Spark Streaming、Spark SQL 进行协作开发应用，让机器学习算法在基于大数据的预测、推荐和模式识别等方面应用更广泛。

5. GraphX(图计算)

GraphX 是另一个基于 Spark 的上层的分布式图计算框架，提供了类似 Google 图算法引擎 Pregel 的功能，主要处理社交网络等节点和边模型问题。通过在 Spark 中调用 API 的形式，使 GraphX 用于图计算和并行图计算。通过引入弹性分布式属性图(resilient distributed property graph)，即一种顶点和边都带有属性的有向多重图，扩展了 Spark RDD。为了支持图计算，GraphX 包括了一个基础操作符集合(如 subgraph，joinVertices 和 aggregateMessages)和一个经过优化的 Pregel API 变体。此外，GraphX 还包括一个持续增长的用于简化图分析任务的图算法和构建器集合。GraphX 性能良好，拥有丰富的功能和运算符，能在海量数据上自如地运行复杂的图算法。

需要说明的是，无论是 Spark SQL、Spark Streaming、MLlib 还是 GraphX，都可以使用 Spark Core 的 API 处理问题。它们的方法几乎是通用的，处理的数据也可以共享，不同应用之间的数据可以无缝集成。

6. Tachyon

Tachyon 是基于内存的分布式文件系统。过去 Spark 的计算功能和内存管理都在 JVM 中，导致 JVM 负载较高；同时各任务共享数据不方便，JVM 崩溃后很多缓存数据也会丢失。为了解决上述问题，Tachyon 技术出现。其主要设计目的是分离 Spark 的计算功能和内存管理功能，让内存管理脱离 JVM，通过 Tachyon 在 JVM 外管理内存数据。这样解决了 Spark 在数据共享、缓存数据丢失情况下效率较低的问题，还能减少 JVM 因为数据量过多导致经常的 GC

（垃圾收集），有效提升了 Spark 的计算效率。从另一个角度看，Tachyon 在 Spark 计算框架和基于磁盘 HDFS 之间可看成内存与硬盘之间的缓存，能有效提升数据读取速度。

7. Mesos

Mesos 是一个集群管理器，与 YARN 功能类似，提供跨分布式应用或框架的资源隔离与共享，运行 Hadoop（一种类似 Spark 的分布式系统基础架构）、Hypertable（一种类似 Google 公司 BigTable 的数据库）、Spark。Mesos 使用分布式应用程序协调服务 ZooKeeper 实现容错，同时利用基于 Linux 的容器隔离任务，支持不同的资源分配计划。

8. YARN

YARN（yet another resource negotiator）最初是为 Hadoop 生态设计的资源管理器，能运行 Hadoop、Hive、Pig（Pig 是一种基于 Hadoop 平台的高级过程语言）、Spark 等应用框架。在 Spark 使用方面，YARN 与 Mesos 的主要区别：Mesos 是 AMP 实验室开发的资源管理器，对 Spark 支持力度很大；国内主流使用仍是 YARN，主要是 YARN 对 Hadoop 生态的适用性更好。

9. BlinkDB

BlinkDB 是一个用于在海量数据上运行交互式 SQL 近似查询的大规模并行查询引擎。它允许用户在查询结果精度和时间上作出权衡，其数据的精度被控制在允许的误差范围内。BlinkDB 达到这样目标的两个核心思想：一个是提供一个自适应优化框架，从原始数据随着时间的推移建立并维护一组多维样本；另一个是使用一个动态样本选择策略，选择一个适当大小的示例，基于查询的准确性和响应时间来实现需求。

在不同的应用场景下，可以选用的 Spark 生态系统中的组件和其他框架见表 6.2。

表 6.2　Spark 的应用场景

应用场景	时间跨度	其他框架	Spark 生态系统中的组件
复杂的批量数据处理	小时级	MapReduce、Hive	Spark Core
基于历史数据的交互式查询	分钟级、秒级	Impala、Dremel、Drill	Spark SQL
基于实时数据流的数据处理	毫秒、秒级	Storm、S4	Spark Streaming
基于历史数据的数据挖掘	—	Mahout	MLlib
图结构数据的处理	—	Pregel、Hama	GraphX

6.2.3　Spark 运行架构

1. 相关概念

（1）RDD：是弹性分布式数据集（resilient distributed dataset）的英文缩写，是分布式内存的一个抽象概念，提供了一种高度受限的共享内存模型。

（2）DAG：directed acyclic graph（有向无环图）的英文缩写，反映 RDD 之间的依赖关系。

（3）Executor：运行在工作节点（worker node）上的一个进程，负责运行任务，并为应用程序存储数据。

（4）应用：用户编写的 Spark 应用程序。

（5）任务：运行在 executor 上的工作单元。

(6)作业：一个作业包含多个 RDD 及作用于相应 RDD 上的各种操作。

(7)阶段：是作业的基本调度单位，一个作业会分为多组任务，每组任务被称为阶段，或者称为任务集。

2. 架构设计

Spark 运行架构如图 6.7 所示，包括集群资源管理器(cluster manager)、运行作业任务的工作节点(worker node)、每个应用的任务控制节点(driver)和每个工作节点上负责具体任务的执行进程(executor)。其中，集群资源管理器可以是 Spark 自带的资源管理器，也可以是 YARN 或 Mesos 等资源管理框架。

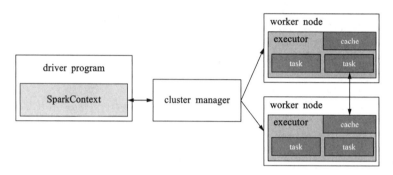

图 6.7　Spark 运行架构

与 Hadoop MapReduce 计算框架相比，Spark 所采用的 executor 有两个优点：一是利用多线程来执行具体的任务(Hadoop MapReduce 采用进程模型)，减少任务的启动开销。二是 executor 中有一个 BlockManager 存储模块，会将内存和磁盘共同作为存储设备；当需要多轮迭代计算时，可以将中间结果存储到这个存储模块里，下次可以直接读该存储模块里的数据，无须读写到 HDFS 等文件系统里，因而有效减少了 IO 开销；或者在交互式查询场景下，预先将表缓存到该存储系统上，提高读写 IO 性能。

Spark 中各种概念之间的相互关系如图 6.8 所示。总体而言，在 Spark 中，一个应用(application)由一个任务控制节点(driver)和若干个作业(job)构成；一个作业由多个阶段(stage)构成，一个阶段由多个任务(task)组成。当执行一个应用时，任务控制节点会向集群管理器(cluster manager)申请资源，启动 executor，并向 executor 发送应用程序代码和文件，然后在 Executor 上执行任务；运行结束后执行结果会返回给任务控制节点，或者写到 HDFS 或者其他数据库中。

3. Spark 运行基本流程

Spark 运行基本流程如图 6.9 所示，流程如下。

(1)当一个 Spark 应用被提交时，首先需要为这个应用构建起基本的运行环境。即由任务控制节点(driver)创建一个 SparkContext，由 SparkContext 负责和资源管理器(cluster manager)的通信以及进行资源的申请、任务的分配和监控等。SparkContext 会向资源管理器注册并申请运行 executor 的资源。

(2)资源管理器为 executor 分配资源，并启动 executor 进程；executor 运行情况将随着心跳发送到资源管理器上。

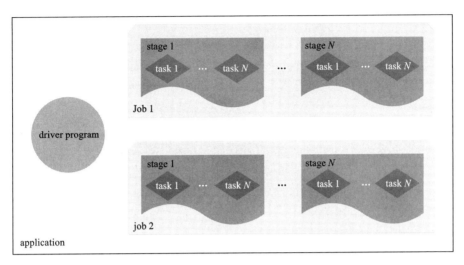

图 6.8 Spark 中各种概念之间的相互关系

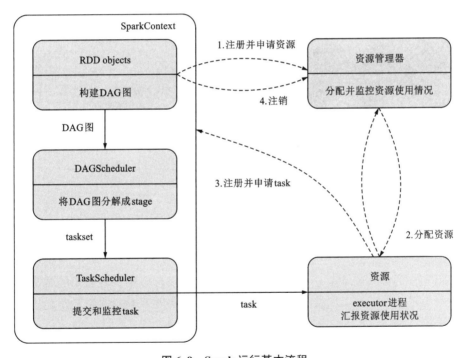

图 6.9 Spark 运行基本流程

（3）SparkContext 根据 RDD 的依赖关系构建 DAG 图，并提交给 DAG 调度器（DAGScheduler）进行解析；将 DAG 图分解成多个阶段（每个阶段都是一个任务集），并且计算出各个阶段之间的依赖关系；然后把一个个任务集提交给底层的任务调度器（TaskScheduler）进行处理；executor 向 SparkContext 申请任务，任务调度器将任务分发给 executor 运行，同时 SparkContext 将应用程序代码发给 executor。

(4)任务在 executor 上运行,把执行结果反馈给任务调度器,然后反馈给 DAG 调度器,运行完毕后写入数据并释放所有资源。

总体而言,Spark 运行架构具有以下特点。

(1)每个应用都有自己专属的 executor 进程,并且该进程在应用运行期间一直驻留。executor 进程以多线程的方式运行任务,减少了多进程任务频繁的启动开销,使得任务执行变得高效和可靠。

(2)Spark 运行过程与资源管理器无关,只要能够获取 executor 进程并保持通信即可。

(3)executor 上有一个 BlockManager 存储模块,类似于键值存储系统(把内存和磁盘共同化为存储设备)。在处理迭代计算任务时,无须将中间结果写入 HDFS 等文件系统,而是直接放在该模块,后续有需要时可以直接读取;在交互式查询场景下,也可以把表提前缓存到该模块,提高读写 IO 性能。

(4)任务采用了数据本地性和推测执行等优化机制。数据本地性是尽量将计算移到数据所在的节点上进行,即计算向数据靠拢,因为移动计算比移动数据所占的网络资源要少得多。Spark 采用了延时调度机制,可以在更大的程度上实现执行过程优化。比如,拥有数据的节点当前正被其他的任务占用,在这种情况下是否需要将数据移动到其他的空闲节点上呢? 答案是不一定。因为,如果经过预测发现当前节点结束当前任务的时间要比移动数据的时间还要少,那么调度会等待,直到当前节点可用。

6.2.4 RDD 的设计与运行原理

Spark 的核心是建立在统一的抽象 RDD 之上的,使得 Spark 的各个组件可以无缝地进行集成,在同一个应用程序中完成大数据计算任务。RDD 的设计理念源自 AMP 实验室发表的论文(*Resilient Distributed Datasets*:*A Fault - Tolerant Abstraction for In - Memory Cluster Computing*)。

1. RDD 设计背景

在实际应用中,存在许多迭代式算法(比如机器学习、图算法等)和交互式数据挖掘工具。这些应用场景的共同之处是,不同计算阶段之间会重用中间结果,即一个阶段的输出结果会作为下一个阶段的输入。目前的 MapReduce 框架都是把中间结果写入 HDFS 中,带来了大量的数据复制、磁盘 IO 和序列化开销。虽然类似 Pregel 等图计算框架也是将结果保存在内存,但是这些框架只能支持一些特定的计算模式,并没有提供一种通用的数据抽象。RDD 就是为了满足这种需求而出现的。它提供了一个抽象的数据架构,使用者不必担心底层数据的分布式特性,只需将具体的应用逻辑表达为一系列转换处理;不同 RDD 之间的转换操作形成依赖关系,可以实现管道化,避免了中间结果的存储,大大降低了数据复制、磁盘 IO 和序列化开销。

2. RDD 概念

一个 RDD 就是一个分布式对象集合,本质上是一个只读的分区记录集合。每个 RDD 可以分成多个分区,每个分区是一个数据集片段;一个 RDD 的不同分区可以被保存到集群中的不同节点上,从而可以在集群中的不同节点上进行并行计算。RDD 提供了一种高度受限的共享内存模型,即 RDD 是只读的记录分区的集合,不能直接修改,只能基于稳定的物理存储中的数据集来创建 RDD;或者通过在其他 RDD 上执行确定的转换操作(如 map、join 和

groupBy)创建得到新的 RDD。RDD 提供了一组丰富的操作以支持常见的数据运算,分为"行动"(action)和"转换"(transformation)两种类型,前者用于执行计算并指定输出的形式,后者指定 RDD 之间的相互依赖关系。两类操作的主要区别是,转换操作(如 map、filter、groupBy、join 等)接受 RDD 并返回 RDD,而行动操作(如 count、collect 等)接受 RDD 但是返回非 RDD(即输出一个值或结果)。RDD 提供的转换接口都非常简单,都是类似 map、filter、groupBy、join 等粗粒度的数据转换操作,而不是针对某个数据项的细粒度修改。RDD 比较适合对数据集中元素执行相同操作的批处理式应用,而不适合需要异步、细粒度状态的应用,比如 Web 应用系统,增量式的网页爬虫等。正因为这样,这种粗粒度转换接口设计,会使人直觉上认为 RDD 的功能很受限、不够强大。实际上 RDD 已经被实践证明可以很好地应用于许多并行计算应用中,具备很多现有计算框架(如 MapReduce、SQL、Pregel 等)的表达能力,并且可以应用于这些框架处理不了的交互式数据挖掘应用。

Spark 用 Scala 语言实现了 RDD 的 API,程序员可以通过调用 API 实现对 RDD 的各种操作。RDD 典型的执行过程如下。

(1)RDD 读入外部数据源(或者内存中的集合)进行创建。

(2)RDD 经过一系列的转换操作,每一次都会产生不同的 RDD,供给下一个转换使用。

(3)最后一个 RDD 经行动操作进行处理,并输出到外部数据源(或者变成 Sala 集合或标量)。

需要说明的是,在 RDD 的执行过程中采用了惰性调用,如图 6.10 所示。真正的计算发生在 RDD 的行动操作,对于行动之前的所有转换操作,Spark 只是记录下转换操作应用的一些基础数据集以及 RDD 生成的轨迹,即相互之间的依赖关系,而不会触发真正的计算。

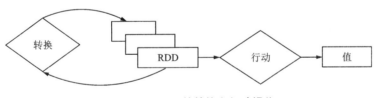

图 6.10　spark 的转换和行动操作

3. RDD 特性

Spark 采用 RDD 以后能够实现高效计算的主要原因如下。

(1)高效的容错性。现有的分布式共享内存、键值存储、内存数据库等,为了实现容错,必须在集群节点之间进行数据复制或者记录日志,在节点之间会发生大量的数据传输。这对于数据密集型应用而言会带来很大的开销。在 RDD 的设计中,数据只读,不可修改;如果需要修改数据,必须从父 RDD 转换到子 RDD,由此在不同 RDD 之间建立了血缘关系。所以,RDD 是一种天生具有容错机制的特殊集合。它不需要通过数据冗余的方式(比如检查点)实现容错,只需通过 RDD 父子依赖(血缘)关系重新计算得到丢失的分区来实现容错,无须回滚整个系统。这样避免了数据复制的高开销,重算过程可以在不同节点之间并行进行,实现了高效的容错。此外,RDD 提供的转换操作都是一些粗粒度的操作(如 map、filter 和 join)。RDD 依赖关系只需记录这种粗粒度的转换操作,无须记录具体的数据和各种细粒度操作的日志(比如对哪个数据项进行了修改),大大降低了数据密集型应用中的容错开销。

（2）中间结果持久化到内存。数据在内存中的多个 RDD 操作之间进行传递，无须"落地"到磁盘上，避免了不必要的读写磁盘开销。

（3）存放的数据可以是 Java 对象，避免了不必要的对象序列化和反序列化开销。

4. RDD 之间的依赖关系

RDD 中不同的操作会使得不同 RDD 中的分区产生不同的依赖。RDD 中的依赖关系分为窄依赖（narrow dependency）与宽依赖（wide dependency）。两种依赖的区别如图 6.11 所示。

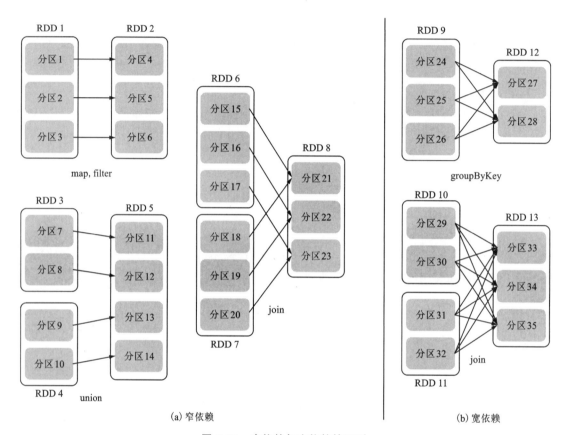

图 6.11　窄依赖与宽依赖的区别

窄依赖表现为一个父 RDD 的分区对应于一个子 RDD 的分区，或多个父 RDD 的分区对应于一个子 RDD 的分区。比如图 6.11(a) 中，RDD 1 是 RDD 2 的父 RDD，RDD 2 是子 RDD，RDD 1 的分区对应于 RDD 2 的一个分区（如分区 4）；再比如，RDD 6 和 RDD 7 都是 RDD 8 的父 RDD，RDD 6 中的分区（如分区 15）和 RDD 7 中的分区（如分区 18），两者都对应于 RDD 8 中的分区（如分区 21）。

宽依赖则表现为存在一个父 RDD 的一个分区对应一个子 RDD 的多个分区。比如图 6.11(b) 中，RDD 9 是 RDD 12 的父 RDD，RDD 9 中的分区 24 对应了 RDD 12 中的两个分区，即分区 27 和分区 28。

总体而言，如果父 RDD 的一个分区只被一个子 RDD 的一个分区所使用就是窄依赖，否则就是宽依赖。窄依赖典型的操作包括 map、filter、union 等，宽依赖典型的操作包括

groupByKey、sortByKey 等。对于连接(join)操作,可以分为如下两种情况。

(1)对输入进行协同划分,属于空依赖,如图 6.11(a)所示。协同划分(co-partitioned)是指多个父 RDD 的某一分区的所有键(key)落在子 RDD 的同一个分区内,不会产生同一个父 RDD 的某一分区落在子 RDD 的两个分区的情况。

(2)对输入做非协同划分,属于宽依赖,如图 6.11(b)所示。

对于窄依赖的 RDD,可以流水线的方式计算所有父分区,不会造成网络之间的数据混合。对于宽依赖的 RDD,通常伴随着 shuffle 操作,即首先需要计算好所有父分区数据,然后在节点之间进行 shuffle。

Spark 的这种依赖关系设计,使其具有了天生的容错性,大大加快了 Spark 的执行速度。因为,RDD 数据集通过"血缘关系"记住了它是如何从其他 RDD 中演变过来的。血缘关系记录了粗粒度的转换操作行为,当这个 RDD 的部分分区数据丢失时,它可以通过血缘关系获取足够的信息来重新运算和恢复丢失的数据分区,带来性能的提升。相对而言,在两种依赖关系中,窄依赖的失败恢复更为高效。它只需要根据父 RDD 分区重新计算丢失的分区即可(不需要重新计算所有分区),还可以并行地在不同节点上进行重新计算。对于宽依赖而言,单个节点失效通常意味着重新计算过程会涉及多个父 RDD 分区,开销较大。此外,Spark 还提供了数据检查点和记录日志,用于持久化中间 RDD,使得在进行失败恢复时不需要追溯到最开始的阶段。在进行故障恢复时,Spark 会对数据检查点开销和重新计算 RDD 分区的开销进行比较,自动选择最优的恢复策略。

5. 阶段的划分

Spark 通过分析各个 RDD 的依赖关系生成 DAG,再通过分析各个 RDD 中的分区之间的依赖关系来决定如何划分阶段。具体划分方法:在 DAG 中进行反向解析,遇到宽依赖就断开,遇到窄依赖就把当前的 RDD 加入当前的阶段中;将窄依赖尽量划分在同一个阶段,可以实现流水线计算(具体的阶段划分算法请参见 AMP 实验室发表的论文 *Resilient Distributed Datasets：A Fault-Tolerant Abstraction for In-Memory Cluster Computing*)。如图 6.12 所示的根据 RDD 分区的依赖关系划分阶段,假设从 HDFS 中读入数据生成 3 个不同的 RDD(即 A、C 和 E),通过一系列转换操作后再将计算结果保存回 HDFS。对 DAG 在依赖图中进行反向解析,从 RDD A 到 RDD B 的转换以及从 RDD B 和 RDD F 到 RDD G 的转换都属于宽依赖。因此在宽依赖处断开后可以得到 3 个阶段,即阶段 1、阶段 2 和阶段 3。由图 6.12 可以看出,在阶段 2 中,从 map 到 union 都是窄依赖,这两步操作可以形成一个流水线操作。分区 7 通过 map 操作生成的分区 9,可以不用等待分区 8 到分区 9 这个转换操作的计算结束,而是继续进行 union 操作,转换得到分区 13。这样流水线执行大大提高了计算的效率。

由上述可知,把一个 DAG 图划分成多个阶段以后,每个阶段都代表了一组关联的、相互之间没有 shuffle 依赖关系的任务组成的任务集合。每个任务集合会被提交给任务调度器(task scheduler)进行处理,由任务调度器将任务分发给 executor 运行。

6. RDD 运行过程

通过上述对 RDD 概念、依赖关系和阶段划分的介绍,结合之前介绍的 Spark 运行基本流程,现总结 RDD 在 Spark 架构中的运行过程,如图 6.13 所示。

(1)创建 RDD 对象。

(2)SparkContext 负责计算 RDD 之间的依赖关系,构建 DAG。

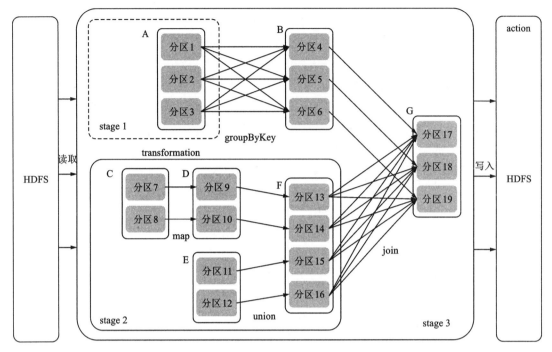

图 6.12 根据 RDD 分区的依赖关系划分阶段

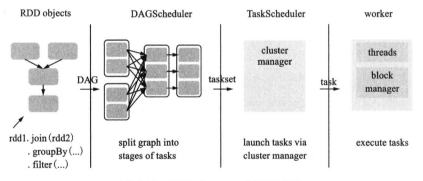

图 6.13 RDD 在 spark 中运行过程

(3) DAGScheduler 负责把 DAG 图分解成多个阶段,每个阶段中包含了多个任务,每个任务会被任务调度器发给各个工作节点(worker node)上的 Executor 去执行。

6.2.5 Spark SQL

关系数据库已经流行多年,最早是由图灵奖得主、有"关系数据库之父"之称的埃德加·弗兰克·科德于 1970 年提出的。由于具有规范的行和列结构,因此,存储在关系数据库中的数据通常也被称为"结构化数据",用来查询和操作关系数据库的语言被称为"结构化查询语言(structure query language,SQL)"。关系数据库具有完备的数学理论基础、完善的事务管理机制和高效的查询处理引擎,因此得到了广泛应用,从 20 世纪 70 年代到 21 世纪的前 10 年一直占据商业数据库应用的主流位置。目前主流的关系数据库有 Oracle、DB2、SQL Server、Sybase、MySQL 等。

数据库的事务和查询机制较好地满足了银行、电信等各类商业公司的业务数据管理需求，但关系数据库在大数据时代已经不能满足各种新增的用户需求。首先，用户需要从不同数据源执行各种操作，包括结构化和非结构化数据；其次，用户需要执行高级分析，如机器学习和图像处理。在实际大数据应用中，经常需要融合关系查询和复杂分析算法，但是一直以来都缺少这样的系统。

Spark SQL 的出现，填补了这个鸿沟。首先，Spark SQL 提供 DataFrame API，可以对内部和外部各种数据源执行各种关系操作；其次，支持大量的数据源和数据分析算法，组合使用 Spark SQL 和 Spark MLlib，可以融合传统关系数据库的结构化数据管理能力和机器学习算法的数据处理能力，有效地满足各种复杂的应用需求。

Spark SQL 的前身是 Shark，针对 Shark 存在的缺陷，Spark SQL 在 Shark 原有的架构上重写了逻辑执行计划的优化部分，解决了 Shark 存在的问题。Spark SQL 在 Hive 兼容层面仅依赖 HiveQL 解析和 Hive 元数据。即从 HiveQL 被解析成抽象语法树（abstract syntax tree，AST）起，剩余的工作全部都由 Spark SQL 接管。Spark SQL 执行计划的生成和优化都由 Catalyst（函数式关系查询优化框架）负责。Spark SQL 增加了 DataFrame（即带有 Schema 信息的 RDD），使用户可以在 Spark SQL 中执行 SQL 语句。数据既可以来自 RDD，也可以来自 Hive、HDFS、Cassandra 等外部数据源，还可以是 JSON 格式的数据。目前 Spark SQL 支持 Scala、Java、Python 等编程语言，支持 SQL-92 规范。

1. DataFrame

Spark SQL 所使用的数据抽象并非 RDD，而是 DataFrame。DataFrame 的推出，使 Spark 具备了处理大规模结构化数据的能力。它不仅比原有的 RDD 转化方式更加简单易用，而且获得了更高的计算性能。Spark 能够轻松地实现从 MySQL 到 DataFrame 的转化，并且支持 SQL 查询。RDD 是分布式的 Java 对象的集合，但对象内部结构对于 RDD 而言是不可知的。DataFrame 由行对象（row objects）组成，同时还包含一个描述每行中列元素数据类型的模式

schema。DataFrame 是一种以 RDD 为基础的分布式数据集，提供了详细的结构信息，相当于关系数据库的一张表。如图 6.14 所示，采用 RDD 时，每个 RDD 元素都是一个 Java 对象，即 person 对象，但无法直接看到 person 对象的内部结构信息。采用 DataFrame 时，person 对象内部结构信息一目了然。它包含了 name、age 和 height 三个字段，并且可以知道每个字段的数据类型。

name	age	height
string	int	double
string	int	double
string	int	double
string	int	double
string	int	double
string	int	double

RDD[person]	DataFrame
person	
person	
person	
person	
person	
person	

图 6.14　DataFrame 与 RDD 的区别

Spark SQL 通过 DataFrame 类提供的接口实现对不同数据源操作的支持。DataFrame 既可以像普通 RDD 一样使用，也可以被注册为一张临时表。将 DataFrame 注册为一张临时表，且能在这个表的数据之上运行 SQL 查询，则该 DataFrame 类似于传统关系型数据库中的一张表。DataFrame 可以从现有的 RDD、Parquet 文件、JSON 数据集或者从 HiveQL 的结果数据中创建。下面主要介绍将数据加载到 DataFrame 的几种方法。

（1）RDDs 与 DataFrames 的互操作。

Spark SQL 提供两种不同的方法将现有的 RDDs 转变成 DataFrames。第一种方法是使用反射机制(reflection)来推断包含特定类型对象的 RDD 的格式。这种基于反射机制的方法使得代码更简洁，但编写 Apache Spark 应用之前须知道 RDD 的格式。

Scala 接口支持自动将含有样本类(case classes)的 RDD 转变为 DataFrame。样本类定义了表的 schema。样本类中的参数名通过反射被读取，然后转变为列的名称。样本类也可以嵌套或包含复杂类型，如序列或数组。这种 RDD 可以隐式转换为 DataFrame，然后注册为一张表，这张表可以在后续的 SQL 语句中使用。

创建 DataFrames 的第二种方法是通过一个编程接口，允许构建一种格式，然后将其应用到现有的 RDD。虽然这种方法比较烦琐，但可以在不知道 RDD 的列和样本对象的类型时构建 DataFrames。

当样本类不能提前确定时(例如，由字符串或文本数据集编码而成的记录结构，它在解析时，字段将会对不同的用户有不同的投影结果)，DataFrame 可以由以下 3 个步骤创建：

①从原始 RDD 创建一个含有 rows 的 RDD；

②创建一个由 StructType 表示的模式，它与第①步中创建的 RDD 的 rows 结构相一致。

③通过调用 SQLContext 中 createDataFrame 方法，将模式应用到含有 rows 的 RDD。

（2）Parquet 文件。

Parquet 文件是一种列式存储格式的文件，被很多数据处理系统支持。Spark SQL 通过下列四种方式支持读取和写入 Parquet 文件，并实现可自动保留原始数据格式的功能。

①以编程方式加载数据，将 RDD 数据集转化成 DataFrame 格式，以支持 SQL 查询。

②配置，使用 SQLContext 中 setConf 方法或使用 SQL 运行"SET key＝value"命令，来完成 Parquet 配置。

③分区发现。表分区在系统中是一种常见的优化方法，比如在 Hive 数据仓库中有应用。在一个分区表中，数据通常存储在不同的目录，分区列值编码在每个分区目录的路径。Parquet 数据源能够自动发现和推断分区信息。

④模式合并。像 ProtocolBuffer、Avro、Thrift、Parquet 数据源都支持模式演化。用户可以从一个简单的模式开始，逐步添加更多的列的模式。通过这种方式，用户可能得到一个来自多个不同 Parquet 文件但最终都相互兼容的模式。Parquet 数据源能够自动检测这种情况下的文件并且将模式合并。

（3）JSON 数据集。

Spark SQL 可以自动推断出一个 JSON 数据集的结构，并将其加载到 DataFrame。利用 SQLContext 提供的 SQLContext. read. json( )方法将 JSON 文件或者字符串类型的 RDD 转换为 DataFrame。注意，此处的 JSON 文件不是一般意义上的 JSON 文件；在这个 JSON 文件中，每一行必须包括独立的、有效的 JSON 对象，因此常规的多行 JSON 文件通常会加载失败。

（4）Hive 表。

Spark SQL 还支持读取和写入存储在 Apache Hive 中的数据。由于 Hive 有大量的依赖关系，它并不包括在默认的 Apache Spark 组件中。为了使用 Hive，必须在构建 Spark 的时候加入"-Phive"和"-Phive-thriftserver"，这个命令构建了一个包含 Hive 的新的继承 jar 包。注意，Hive 的继承 jar 包必须存在于所有的工作节点上，因为它们需要访问 Hive 的序列化和反序列化库，以访问存储在 Hive 中的数据。

将 hive-site.xml 文件放到 conf 目录下，以完成 Hive 的配置。

运行 Hive 时，必须构造一个 HiveContext。它继承于 SQLContext，并增加了对 MetaStore 中查询表的支持，以及使用 HiveQL 编写查询语句的支持。即使没有一个现存的 Hive 部署，仍然可以创建一个 HiveContext。若不使用 hive-site.xml 的配置，则上下文自动在当前目录创建 metastore_db 和 warehouse。

Spark SQL 可以直接与 Hive 进行交互，使 Spark SQL 可以访问元数据表。从 Sparkl.4 开始，使用二进制编译的 Spark SQL 可以使用 SQL 查询不同版本的 Hive 表，但在使用之前还需要进行一些配置。

（5）其他数据库。

Spark SQL 提供了 JDBC 以连接其他数据库读取数据，这个功能优于使用 JDBCRDD 获取数据。JDBC 连接数据库获取的数据以 DataFrame 的类型作为返回值，这样数据就能够很方便地被 Spark SQL 进行处理并很好地与其他数据源的数据结合。需要说明的是，这里的 JDBC 不同于使程序执行 Spark SQL 查询的 Spark SQL JDBC Server。

使用 JDBC 来连接数据库，首先需要一个特定的 JDBC 驱动类，比如通过 Spark shell 连接 PostgreSQL 数据库，需要执行下面的操作。

SPARK_CLASSPATH=postgresql-9.3-1102-jdbc41.jar bin/spark-shell

远程数据库中的数据表可以使用数据源 API 加载为 DataFrame 或者 Spark SQL 临时表的形式。

2. Spark SQL 性能的优化设置

对于某些工作负荷，可以通过将数据缓存到内存中，或改变一些实验参数来改善 Spark SQL 的性能。目前数据缓存为主流方式。还有一些方法也可用来调整查询执行的性能。但考虑到用的比较少，且这些选项可能会在将来的版本中被弃用，故本节只介绍数据缓存方法。

Spark SQL 通过调用 cacheTable（"tableName"）函数，以内存列存储的格式缓存表，之后 Spark SQL 只扫描所需的列，并自动调整压缩以减少内存使用量和 GC 的压力；也可以调用 uncacheTable（"tableName"）函数将表从内存中删除。注意，如果调用 cache，而不是 cacheTable，表将不以内存列存储的格式缓存。

还可以调用 SQLContext 中的 setConf 方法，或使用 SQL 运行"SET key=value"命令，来完成内存缓存的配置。

3. Spark SQL 分布式查询引擎

Spark SQL 可以作为分布式查询引擎使用 JDBC/ODBC 或命令行界面。Spark SQL 支持直接运行 SQL 查询的接口，无须编写任何代码。以下为两个分布式 SQL 查询工具。

（1）运行 Thrift JDBC Server。

Thrift JDBC Server 使用的是 Hive 0.12 的 HiveServer 2 来实现的，能够使用 Spark 或者 Hive 0.12 版本的 Beeline 脚本与 JDBC Server 进行交互。在 Spark 目录下，执行命令". sin/start-thriftserver.sh"运行 JDBC Server，构建一个可以提供数据并进行交互的服务器。

Thrift JDBC Server 默认监听端口是 10000。通过设置 Hive Server2 Thrift 和 Hive Server2 Thrift_bind host 环境变量的值，可以自定义主机名和端口号。运行命令"./sbin/start-thriftserver.sh-help"，可以获得所有参数的完整列表说明。设置好 JDBC Server 之后，可以在

Beeline 客户端上通过命令 ". /bin/beeline" 测试 Thrift JDBC Serve。测试过程中，使用命令 "beeline> ! connect jdbc：hive2：//localhost：10000"，以在 Beeline 中连接 JDBC Server。

连接上 Beeline 后，输入用户名和密码。在非安全模式下，密码为空，只需输入用户名。在安全模式下，请参考 Beeline 文档的说明进行操作。

将 hive-site. xml 文件放在 conf 目录下，即可完成 Hive 的配置；也可以使用 Hive 中自带的 Beeline 脚本。

（2）运行 Spark SQL CLI。

Spark SQL CLI 是一个便捷的工具，它以本地模式运行 Hive Metastore 服务，执行从命令行中输入的查询语句。Spark SQL CLI 不能与 Thrift JDBC Server 交互。在 Spark 目录下，执行命令 ". /bin/spark-sql"，即可运行 Spark SQL CLI。将 hive-site. xml 文件放在 conf 目录下，即可完成 Hive 的配置；也可以运行命令 ". /bin/spark-sql--help"，获得所有参数的完整列表说明。

4. Spark SQL 数据类型

Spark SQL 和 DataFrame 支持下面的数据类型。

（1）值类型。

ByteType：用 1 个字节表示整数值；

ShortType：用 2 个字节表示整数值；

IntegerType：用 4 个字节表示整数值；

LongType：用 8 个字节表示整数值；

FloatType：用 4 个字节表示单精度浮点数；

DoubleType：用 8 个字节表示双精度浮点数。

（2）字符转类型。

StringType：表示字符串值。

（3）二进制类型。

BinaryType：表示二进制类型。

（4）布尔类型。

BooleanType：表示布尔值。

（5）日期类型。

TimestampType：表示包括年、月、日、小时、分钟和秒的值。

（6）复杂类型。

ArrayType(elementType, containsNull)：表示一系列数据类型为 elementType 的元素值。containsnull 表示 ArrayType 中的元素是否可为空。

MapType(keyType, valueType, valueContainsNull)：表示一组键值对的值。键的类型由 keyType 决定，值的类型由 valueType 决定。MapType 类型中，键值不能为空。valueContainsNull 表示 value 值是否可以为空。

StructType(field)：表示一系列结构为 StructField(field) 的值。

StructField(name, dataType, nullable)：表示 StructType 中的一个字段。参数 name 定义了这个字段的名称，dataType 定义了这个字段的数据类型，nullable 表示这个字段的值是否可以为空。

Spark SQL 中所有的数据类型都位于包 org. apache. spark. sql 中，见表 6.3 所示。

表 6.3　数据类型表

数据类型	在 Scala 中的值类型	使用或创建数据类型的 API
ByteType	byte	ByteType
ShortType	short	ShortType
IntegerType	int	IntegerType
LongType	long	LongType
FloatType	float	FloatType
DoubleType	double	DoubleType
DecimalType	scala. math. sql. BigDecimal	DecimalType
StringType	String	StringType
BinaryType	Array[Byte]	BinaryType
BooleanType	Boolean	BooleanType
TimestampType	java. sql. Timestamp	TimestampType
ArrayType	scala. collection. Seq	ArrayType(elementType, [containsNull]) 注意：containsNull 默认为 false
MapType	scala. collection. Map	MapType(keyType, valueType, [valueContainsNull]) 注意：valueContainsNull 默认值为 true
StructType	org. apache. spark. sql. Row	StructType(field) 注意：fields 表示一系列类型为 StructField 的参数。 因此，fields 不允许有重名
StructField	scala 中的值类型就是这个字段的数据类型。（例如，int 型 StructField 的数据类型即为 IntegerType）	StructField(name, datatype, nullable)

6.3　流计算

大数据包括静态数据和动态数据(流数据)，静态数据是静止不动的，不会发生更新的数据；流数据是以大量、快速、时变的流形式持续产生的数据。相应地，大数据计算有批量计算和实时计算。Hadoop 是典型的批处理模型，由 HDFS 和 HBase 存放大量的静态数据。MapReduce 框架采用离线处理的方式对海量静态数据执行批量计算，并不适合用于处理流数据。因此业界提出了流计算的概念，即针对流数据的实时计算。

6.3.1　流计算简介

从概念上而言，流数据(或数据流)是指在时间分布和数量上无限的一系列动态数据集合体；数据记录是流数据的最小组成单元。流数据具有如下特征：

（1）数据快速持续到达，潜在大小也许是无穷无尽的；

（2）数据来源众多，格式复杂；

（3）数据量大，但是不十分关注存储，一旦流数据中的某个元素经过处理，要么被丢弃，要么被归档存储；

（4）注重数据的整体价值，不过分关注个别数据；

（5）数据顺序颠倒或者不完整，系统无法控制将要处理的新到达的数据元素的顺序。

流数据不适合采用批量计算，因为流数据不适合用传统的关系模型建模，不能把源源不断的流数据保存到数据库中。流数据被处理后，一部分进入数据库成为静态数据，其他部分则直接被丢弃。传统的关系数据库通常用于满足信息实时交互处理需求，比如零售系统和银行系统。每次有一笔业务发生，用户与关系数据库系统进行交互，把相应记录写入磁盘，并支持对记录进行随机读写操作。但是，关系数据库并不是为存储快速、连续到达的流数据而设计的。它不支持连续处理，把这类数据库用于流数据处理，不仅成本高，而且效率低。

基于数据的价值随着时间的流逝而降低的理念，当事件出现时就应该立即进行处理，实时地得到计算结果，而不是缓存起来进行批量处理。面对大数据时，不仅数据格式复杂、来源众多，而且数据量巨大，这对实时计算提出了很大的挑战。为了及时处理流数据，就需要一个低延迟、可扩展、高可靠的处理引擎——流计算。因此，对于一个流计算系统来说，它应达到如下需求：

（1）高性能。处理大数据的基本要求，如每秒处理几十万条数据。

（2）海量式。支持 TB 级甚至是 PB 级的数据规模。

（3）实时性。必须保证一个较低的延迟时间，达到秒级别，甚至是毫秒级别。

（4）分布式。支持大数据的基本架构，必须能够平滑扩展。

（5）易用性。能够快速进行开发和部署。

（6）可靠性。能可靠地处理流数据。

目前，流计算的框架和平台有很多：①商业级的流计算平台：IBM InfoSphere Streams 和 IBM StreamBase；②开源流计算框架：Twitter Storm 和 Yahoo! S4（simple scalable streaming system）；③公司基于自身业务需求开发的流计算框架：Facebook Puma、DStream、银河流数据处理平台等。

6.3.2　流计算与 Hadoop

Hadoop 已经成为大数据技术的事实标准，其两大核心 MapReduce 和 HDFS 搭建起了大规模分布式存储和分布式处理的框架。是否可以使用 MapReduce 来满足流计算系统的需求呢？很遗憾，答案是"不行"。

Hadoop 设计的初衷是面向大规模数据的批量处理，在使用 MapReduce 处理大规模文件时，一个大文件会被分解成许多个块分发到不同的机器上；每台机器并行运行 MapReduce 任务，最后对结果进行汇总输出。有时候，完成一个任务甚至要经过多轮的迭代。很显然，这种批量任务处理方式在时间延迟方面是无法满足流计算的实时响应需求的。这时，我们可能很自然地会想到一种"交通"的方案来降低批处理的时间延迟——将基于 MapReduce 的批处理转为小批量处理，将输入数据切成小的片段，每隔一个周期就启动一次 MapReduce 作业。

但是这种方案会存在以下问题：

（1）切分成小的片段，虽然可以降低延迟，但是也增加了任务处理的附加开销。同时要处理片段之间的依赖关系，因为一个片段可能需要用到前一个片段的计算结果。

（2）需要对 MapReduce 进行改造以支持流式处理。Reduce 阶段的结果不能直接输出，而是保存在内存中。这种做法会大大增加 MapReduce 框架的复杂度，导致系统难以维护和扩展。

（3）降低了用户程序的可伸缩性。因为用户必须使用 MapReduce 接口来定义流式作业。

流数据处理和批量数据处理是两种截然不同的数据处理模式，MapReduce 是专门面向静态数据的批量处理的，内部各种实现机制都为批处理做了高度优化，不适合用于处理持续到达的动态数据。正所谓"鱼和熊掌不可兼得"，设计一个既适合流计算又适合批处理的通用平台的想法很好，但是实际上是很难实现的。因此，当前业界诞生了许多专门的流数据实时计算系统来满足各自需求。

6.3.3　流计算处理流程

传统的数据处理流程如图 6.15 所示。首先需要采集数据并存储在关系数据库等数据管理系统；然后用户通过查询操作和数据管理系统进行交互，得到查询结果。但是，这样一个流程隐含了两个前提：

（1）存储的数据是旧的。当对数据做查询的时候，存储的静态数据已经是过去某一时刻的快照，这些数据在查询时可能已不具备时效性了。

（2）需要用户主动发出查询。也就是说，用户是主动发出查询来获取结果。

流计算的处理流程如图 6.16 所示，一般包含 3 个阶段：数据实时采集、数据实时计算、实时查询服务。

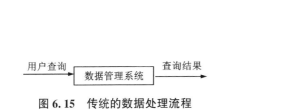

图 6.15　传统的数据处理流程

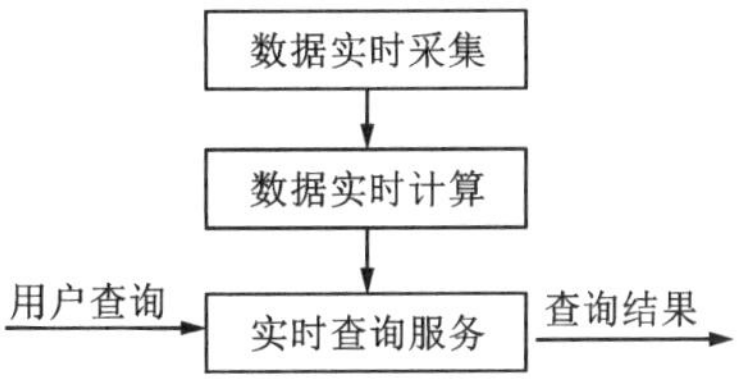

图 6.16　流计算的数据处理流程

1. 数据实时采集

数据实时采集阶段通常采集多个数据源的海量数据，需要保证实时性、低延迟与稳定可靠。以日志数据为例，由于分布式集群的广泛应用，数据分散存储在不同的机器上，因此需要实时汇总来自不同机器上的日志数据。数据采集系统的基本架构一般有 3 个部分，如图 6.17 所示。

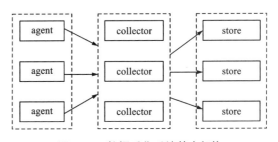

图 6.17　数据采集系统基本架构

(1)agent：主动采集数据，并把数据推送到 collector 部分。

(2)collector：接收多个 agent 的数据，并实现有序、可靠、高性能的转发。

(3)store：存储 collector 转发过来的数据。

但对于流计算，一般在 store 部分不进行数据存储，而是将采集的数据直接发送到平台进行实时计算。

2. 数据实时计算

数据实时计算阶段对采集的数据进行实时的分析和计算。数据实时计算的流程如图 6.18 所示。流处理系统接收数据采集系统不断发来的实时数据，实时地进行分析计算，并反馈实时结果。经流处理系统处理后的数据，可视情况进行存储，以便之后进行分析计算。在时效性要求较高的场景中，处理之后的数据也可以直接丢弃。

图 6.18 数据实时计算的流程

3. 实时查询服务

流计算的第三个阶段是实时查询服务，经由流计算框架得出的结果可供用户进行实时查询、展示或储存。传统的数据处理流程，用户需要主动发出查询才能获得想要的结果。在流处理流程中，实时查询服务可以不断更新结果，并将用户所需的结果实时推送给用户。通过对传统的数据处理系统进行定时查询可以实现不断更新结果和结果推送，但通过这样方式获取的结果仍然是根据过去某一时刻的数据得到的结果，与实时结果有着本质的区别。

由此可见，流处理系统与传统的数据处理系统有如下不同之处。

(1)流处理系统处理的是实时的数据，传统的数据处理系统处理的是预先存储好的静态数据。

(2)用户通过流处理系统获取的是实时结果，通过传统的数据处理系统获取的是过去某一时刻的结果。流处理系统无须用户主动发出查询，实时查询服务可以主动将实时结果推送给用户。

6.3.4 流计算框架 Storm

Twitter Storm 是一个免费、开源的分布式实时计算系统。Storm 对于实时计算的意义类似于 Hadoop 对于批处理的意义，Storm 可以简单、高效、可靠地处理流数据，并支持多种编程语言。Storm 框架可以方便地与数据库系统进行整合，开发出强大的实时计算系统。目前，Storm 框架已成为 Apache 孵化项目，可以在其官方网站(https：//storm. apache. org/)中了解更多信息。

为了处理实时数据，Twitter 采用了由实时系统和批处理系统组成的分层数据处理架构，如图 6.19 所示。一方面，由 Hadoop 和 ElephantDB (专门用于从 Hadoop 中导出 key/value 数据的数据库)组成批处理系统。另一方面，由 Storm 和 Cassandra(非关

图 6.19 Twitter 的分层数据处理架构

系型数据库)组成实时系统。在计算查询时,该系统会同时查询批处理视图和实时视图,并把实时处理系统的结果和批处理系统的结果合并起来以得到最终的结果。实时系统处理的结果最终由批处理系统修正,这种设计方式使得 Twitter 的数据处理系统显得与众不同。

1. Storm 的设计思想

要了解 Storm,首先需要了解 Storm 的设计思想。Storm 对一些设计思想进行了抽象化,其主要术语包括 streams、spouts、bolts、topology 和 stream groupings。下面逐一介绍这些术语。

(1)Streams。在 Storm 对流数据 streams 的抽象描述中,流数据是一个无限的 tuple 序列(tuple 即元组,是元素的有序列表;每一个 tuple 为一个值列表,列表中的每个值都有一个名称,并且该值可以是基本类型、字符类型、字节数组等,也可以是其他可序列化的类型)。这些 tuple 序列会以分布式的方式并行地创建和处理。

(2)Spouts。Storm 认为每个 stream 都有一个源头,并把这个源头抽象为 spouts。spouts 从外部读取流数据并持续发出 tuple。

(3)Bolts。Storm 将 streams 的状态转换过程抽象为 bolts。bolts 既可以处理 tuple,也可以将处理后的 tuple 作为新的 streams 发送给其他 bolts。对 tuple 的处理逻辑都被封装在 bolts 中,可执行过滤、聚合、查询等操作。

(4)Topology。Storm 将 spouts 和 bolts 组成的网络抽象成 topology。topology 是 Storm 中最高层次的抽象概念,它可以被提交到 Storm 集群执行。一个 topology 为一张流转换图,图中节点是一个 spout 或 bolt,图中的边表示 bolt 订阅的 Stream。当 spout 或者 bolt 发送元组时,它会把元组发送到每个订阅了该 stream 的 bolt 上进行处理。在 topology 的具体实现上,storm 中的 topology 定义仅仅是一些 thrift 结构体(thrift 是基于二进制的高性能的通信中间件),而 thrift 支持各种编程语言进行定义,故可以使用各种编程语言来创建、提交 topology。

(5)Stream groupings。Storm 中的 stream groupings 用于告知 topology 如何在两个组件间(如 spout 和 bolt 之间,或者不同的 bolt 之间)进行 tuple 的传送。一个 topology 中 tuple 的流向如图 6.20 所示,其中,箭头表示 tuple 的流向,而圆圈表示任务。每一个 spout 和 bolt 都可以有多个分布式任务。一个任务在什么时候、以什么方式发送 tuple 是由 StreamGroupings 来决定的。

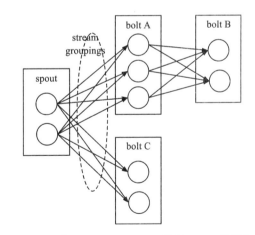

图 6.20　由 stream groupings 控制 tuples 的流向

目前,Storm 中的 StreamGroupings 有如下 6 种方式。

①ShuffleGrouping:随机分组,随机分发 Stream 中的 tuple,保证每个 bolt 的 task 接收 tuple 数量大致一致。

②FieldsGrouping:按照字段分组,保证相同字段的 tuple 分配到同一个 task 中。

③AllGrouping:广播发送,每一个 task 都会收到所有的 tuple。

④GlobalGrouping:全局分组,所有的 tuple 都发送到同一个 task 中。

⑤NonGrouping:不分组,和 ShuffleGrouping 类似,当前 task 的执行会和它的被订阅者在

同一个线程中执行。

⑥DirectGrouping：直接分组，直接指定由某个 task 来执行 tuple 的处理。

2. Storm 的框架设计

Storm 在分布式集群运行任务的方式与 Hadoop 类似：在 Hadoop 上运行的是 MapReduce 作业，在 Storm 上运行的是 topology。但是，两者的任务大不相同。其中主要的不同：一个 MapReduce 作业最终会完成计算并结束运行；而一个 topology 将持续处理消息，直到人为终止。

Storm 集群采用"Master-Worker"的节点方式。其中，master 节点运行名为"nimbus"的后台程序(类似 Hadoop 中的"JobTracker")，负责在集群范围内分发代码，为 worker 分配任务和监测故障。每个 worker 节点运行名为"supervisor"的后台程序，负责监听分配给它所在机器的工作，即根据 nimbus 分配的任务来决定启动或停止 worker 进程。

Storm 集群架构如图 6.21 所示。Storm 采用 ZooKeeper 作为分布式协调组件，负责 nimbus 和多个 supervisor 之间的所有协调工作(一个完整的拓扑可能被分为多个子拓扑，并由多个 supervisor 完成)。

此外，nimbus 后台进程和 supervisor 后台进程都是快速失败(fail-fast)和无状态(stateless)的。master 节点并没有直接和 worker 节点通信，而是借助 ZooKeeper 将状态

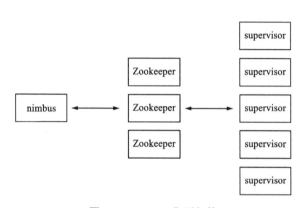

图 6.21　Storm 集群架构

信息存放在 ZooKeeper 或本地磁盘中，以便节点故障时进行快速恢复。这意味着，若 Nimbus 进程或 Supervisor 进程终止，一旦进程重启，它们将恢复到之前的状态并继续工作。这种设计使 Storm 极其稳定。

基于这样的架构设计，Storm 的工作流程如图 6.22 所示，主要包含 4 个过程。

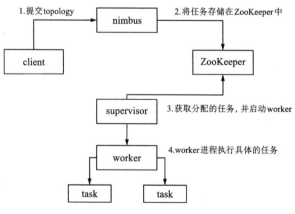

图 6.22　Storm 工作流程

（1）客户端提交 topology 到 Storm 集群中。

（2）nimbus 将分配给 supervisor 的任务写入 ZooKeeper。

（3）supervisor 从 ZooKeeper 中获取所分配的任务，并启动 worker 进程。

（4）worker 进程执行具体的任务。

6.4　图计算

图（graph）是用于表示对象之间关联关系的一种抽象数据结构，使用顶点（vertex）和边（edge）进行描述：顶点表示对象，边表示对象之间的关系。这种可以抽象成用图描述的数据即为图数据。图数据描述的关系网络极具灵活性，能够在统一视图里展示异构信息，可以直观、自然地表示现实世界中各种实体对象以及它们之间的关系。在大数据场景下，许多大数据都是以大规模图或者网络的形式呈现，如社交网络、交易数据、传染病传播路径、交通和通信网络、供应链和物流规划、知识图谱等都是典型的以图建模的例子。实际场景中图的规模越来越大，有的图甚至有数十亿的顶点和数千亿的边。此外，图的持续更新速度也非常快，每秒可能有近百万的更新。已有的图计算框架和图算法库不能很好地满足大规模图的计算需求，MapReduce 的出现一度被寄予厚望。但是 MapReduce 作为单输入、两阶段、粗粒度数据并行的分布式计算框架，在表达多迭代、稀疏结构和细粒度数据时，往往显得力不从心，不适合用来解决大规模图计算问题。因此，新的图计算框架应运而生，例如 GooglePregel、FacebookGraph、阿里 GraphScope 等。

6.4.1　图计算简介

随着近年来图数据应用规模的不断增长，探索图数据内部关系以及在图数据上的计算受到了越来越多的关注。根据图计算的不同目标，大致可以分为交互查询、图分析和基于图的机器学习三类任务。

图的存储方式：图的复杂在于每个顶点的逻辑位置都是相对的，顶点之间的关联依赖也是不确定的，无法以数据元素在内存中的物理位置来表示元素之间的关系，即无法用简单的顺序存储结构来表示。所以将图的顶点和边分别使用两种结构来存储表示会相对容易。图的邻接矩阵是一种常见的图存储结构，它将 n 个顶点存储在一维数组中，用 $n×n$ 的矩阵来表示任意两点之间的关系。主对角线全是无用空间，顶点的行向与列向边的数量之和分别表示它的出度和入度。显然对于边数量相对于顶点较少的稀疏矩阵会极大地浪费存储空间。邻接表用一个线性表存储顶点，与之邻接的顶点会另外构成一个线性表。由于邻接点的数量不确定，故常使用链表存储。

图的切分方式：正态分布是最为熟悉的在自然界常见的一种数据分布形式，它具有中间多、两头少的特点。比如身高，大家的身高多集中在平均身高区域，极矮或极高的人属于少数。幂律分布（power-law distribution）也同样常见，它是一个不断下降的曲线，从最高的峰值开始极速下降，后面拖了一个长长的尾巴。为什么要介绍幂律分布呢？因为在图计算中数据倾斜的情况非常常见，一个点与图中大多数的点有联系。如何将这些点分开储存在不同的节点上？是尽量减少跨分块的边，牺牲内存减少节点与节点之间的通信开销；还是减少内存消耗，转而增加通信开销，都是一个值得权衡思考的问题。图的切分方式有两种，边切分和点切分。边切分即每个顶点都存储一次,但有的边会被打断分到两台机器上。其优点是节省存储空间;缺点是对图进行基于边的计算时,对于一条两个顶点被分到不同机器上的边来说,跨机器通信传输数据,内网通信流量大。点切分每条边只存储一次,都只会出现在一台机器上。邻居多的点会被复制到多台机器上,增加存储开销,同时引发数据同步问题。好处是可以大幅减少内网通信量。

图数据划分:图数据划分是指在分布式计算中,将数据分发到集群中不同节点上。尽量将分发到各节点上的数据量大小均匀,避免大量数据倾斜在某些节点,导致负载不均衡的现象出现。负载不均衡会使得数据量少的节点 CPU 利用不饱和,而数据量多的节点计算速度缓慢。如果使用整体同步并行计算模型(BSP),每一轮迭代都要等到上一轮超步全部执行完后才会进行。在负载不均衡的情况下,需要浪费大量时间等待数据倾斜节点完成本轮任务。因此,图数据划分是分布式图计算系统中的一个核心内容。这里介绍一种较为简单的普通哈希划分。普通哈希划分是对每个点的 hash 结果取余数,即 hash(key)%M。假设对机器编号从 0 到 $N-1$,按照自定义的 hash() 算法,对每个请求的 hash() 值按 M 取模,得到余数 i;然后将点分发到编号为 i 的机器上,这样可以把点均匀的分发到 M 个机器上了。

图计算框架主要分为四种:①单机内存图处理系统。此类图计算系统单机运行,可直接将图完全加载到内存进行计算,但是单机的计算能力和内存空间总是有限,只能解决较小规模的图计算问题。②单机核外图处理系统。此类图计算系统单机运行,将存储层次由 RAM 拓展到外部存储器如 SSD、Flash、SAS、HDD 等,使其所能处理的图规模增大;但受限于单机计算能力和核外存储系统的数据交换的带宽限制,无法在可接受的情形下处理超大规模的图数据。③分布式内存图处理系统。此类图计算系统将图数据全部加载到集群的内存计算,理论上随着集群规模的增大其计算性能和内存容量都线性增大,能处理的图数据也按线性扩大;图分割的挑战在分布式系统愈加明显,加上集群网络总带宽的限制,整体性能和所能处理的图规模也存在一定的缺陷;④分布式核外图处理系统。此类图计算系统将单机核外图处理系统拓展为集群,能够处理边数量级为 trillion 的图。

6.4.2 图计算的应用场景

图计算应用场景包括:社交网络分析、网络攻击分析、金融风控与反欺诈、知识图谱等。

1. 社交网络分析

社交网络是十分常见的一类图数据,代表着各种个人或组织之间的社会关系。图数据能够呈现复杂的社交网络关系,进而易于用户进行进一步的分析。例如,在一个典型的社交网络中,常常会存在"谁认识谁,谁上过什么学校,谁常住什么地方"。Facebook、Twitter、Linkedin 用它来管理社交关系,实现好友推荐。

2. 电子购物应用

电子购物是互联网中的一类核心业务。在这类场景中,节点分为两类:用户和商品,存在的关系有浏览、收藏、购买等。用户与商品之间可以存在多重关系,既存在收藏关系也存在购买关系。这类复杂的数据场景可以用属性图轻松描述。电子购物催生了一项大家熟知的技术应用——推荐系统。用户与商品之间的交互关系,反映了用户的购物偏好。

3. 交通网络应用

交通网络具有多种形式,比如地铁网络中将各个站点作为节点,站点之间的连通性作为边。对于交通网络，通常比较关注的是路径规划相关的问题：比如最短路径问题，可将车流量作为网络中节点的属性，预测未来交通流量的变化情况。

4. 医疗行业的应用

图计算的出现使得对病人的智能诊断成为可能。对病人开具处方需要依据病人的病情特征与以往的健康情况，以及药物的相关情况。过去的医疗大多依赖于医生的个人经验与病人的自我描述，传统的数据处理系统无法一次性调出多个与病人情况、保险情况、药物情况相关的数据库——挑战在于信息必须由多个在线资源拼凑而成，包括列出疾病和治疗的电子病历、医疗保险或其他跟踪医疗服务的数据库、描述药物的数据库；在某些情况下，还有跟踪临床试验的独立数据库。从不同来源收集信息，分析信息，以揭示用其他方法发现不了的趋势。在利用大数据发掘价值的所有行业中，医疗行业有可能实现最大的回报。凭借大数据，医疗服务提供商不仅可以知道如何提高盈利水平和经营效率，还有可能找到增进人类福祉的趋势。

5. 金融行业的应用

在金融实体模型中，存在着许许多多不同类型的关系，以及数十亿的结点和边。有些是相对静态的，如企业之间的股权关系、个人客户之间的亲属关系；有些是不断地在动态变化，如转账关系、贸易关系等。这些静态或者动态关系的背后，隐藏着很多以前不知道的信息。以前对某个金融业务场景进行数据分析和挖掘过程中，通常都是从个体（如企业、个人、账户等）本身的角度出发，去分析个体与个体之间的差异和不同。比如，人、车、手机号等实体对象可简单抽象为一个个实体点，两个实体之间的关系用一条线来表示，很少从个体之间的关联关系角度去分析；因此会忽略很多原本的客观存在，无法准确达到该业务场景的数据分析和挖掘目标。图计算和基于图的认知分析弥补了传统分析技术在这方面的不足，用高度抽象的数据表达方式最大限度地还原真实世界，在大量关联关系中挖掘数据的价值。在金融行业的数据中，存在着大量的实体和关系，将其建立连接，可以突破传统的计算模式，帮助人们从金融的本质角度来看这个问题，从实体和实体之间的经济行为关系出发来分析问题。

6.4.3　Pregel 图计算模型

Pregel 是一种基于 BSP（bulk synchronous parallel）模型实现的并行图处理系统。为了解决大型图的分布式计算问题，Pregel 搭建了一套可扩展的、有容错机制的平台。该平台提供了一套非常灵活的 API，可以描述各种各样的图计算。Pregel 作为分布式图计算的计算框架，主要用于图遍历、最短路径、PageRank 计算等。Pregel 图计算模型，包括有向图和顶点、顶点之间的消息传递以及 Pregel 计算过程。

1. 有向图和顶点

Pregel 计算模型以有向图作为输入，如图 6.23 所示。有向图的每个顶点都有一个 String 类型的顶点 ID，每个顶点都有一个可修改的用户自定义值与之关联；每条有向边都和其源顶点关联，并记录了其目标顶点 ID，边上有一个可修改的用户自定义值与之关联。在每个超步 S 中，图中的所有顶点都会并行执行相同的用户自定义函数。每个顶点可以接收前一个超步（$S-1$）中发送给它的消息，修改自身及其出射边的状态，并发送消息给其他顶点，甚至是修改整个图的拓扑结构。需要指出的是，在这种计算模式中，边并不是核心对象，在边上面不会运行相应的计算，只有顶点才会执行用户自定义函数进行相应的计算。

2. 顶点之间的消息传递

对于不同顶点之间的消息交换，Pregel 并没有采用远程数据读取或者共享内存的方式，而是采用了纯消息传递模型，如图 6.24 所示。采用这种做法主要基于以下两个原因。

(1) 消息传递具有足够的表达能力，没有必要使用远程读取或共享内存的方式。

(2) 有助于提升系统整体性能。大型图计算通常是由一个集群完成的，集群环境中执行远程数据读取会有较高的时间延迟；Pregel 的消息模式采用异步和批量的方式传递消息，因此可以缓解远程读取的延迟。

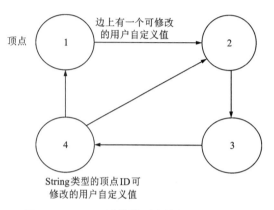

图 6.23　Pregel 计算模型中的有向图和顶点

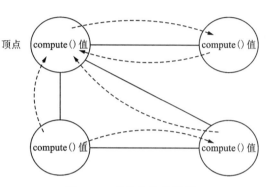

图 6.24　纯消息传递模型

3. Pregel 的计算过程

Pregel 的计算过程是由一系列被称为超步的迭代组成的，如图 6.25 所示。在每个超步中，每个顶点都会并行执行用户自定义的函数。该函数描述了一个顶点 V 在一个超步 S 中需要执行的操作。该函数可以读取前一个超步($S-1$)中其他顶点发送给顶点 V 的消息；执行相应计算后，修改顶点 V 及其出射边的状态；沿着顶点 V 的出射边发送消息给其他顶点，而且一个消息可能经过多条边的传递后被发送到任意已知 ID 的目标顶点。这些消息将会在下一个超步($S+1$)中被目标顶点接收，然后像上述过程一样开始下一个超步($S+1$)的迭代过程。

在 Pregel 计算过程中，一个算法什么时候可以结束，是由所有顶点的状态决定的。当图 6.26 中所有的顶点都已经标识其自身达到"非活跃"状

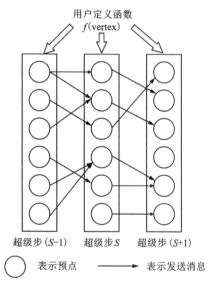

图 6.25　Pregel 计算模型中的超步

态时，算法就可以停止运行。在第 0 个超步，图 6.26 中所有顶点都处于活跃(active)状态，这些活跃顶点都会参与对应超步的计算过程。当一个顶点不需要继续执行进一步的计算时，调用 VoteToHalt() 把自己的状态设置成停机，表示自己不再是活跃顶点。一旦一个顶点进入

非活跃状态，Pregel 计算过程在后续的超步中就不会再在该顶点上执行计算，除非其他顶点给该顶点发送消息再次把它激活。当一个已经处于非活跃状态的顶点再次接收到来自其他顶点的消息时，Pregel 计算框架必须根据条件判断来决定是否将其显式唤醒进入活跃状态。当所有顶点都达到非活跃状态，并且没有消息再传送的时候，整个计算过程宣告结束。这种计算过程可以用图 6.26 所示的简单状态来描述。

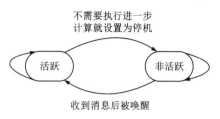

图 6.26　一个简单的状态机图

6.4.4　Pregel 的体系结构

Pregel 是为执行大规模图计算而设计的，通常运行在由多台廉价服务器构成的集群上。一个图计算任务会被分解到多台机器上同时执行，Pregel 中的名称服务系统可以为每个任务赋予一个与物理位置无关的逻辑名称，从而对每个任务进行有效标识。任务执行过程中的临时文件会保存到本地磁盘，持久化的数据则被保存到分布式文件系统或数据库中。

1. Pregel 的执行过程

在 Pregel 计算框架中，一个大型图会被划分成许多个分区，如图 6.27 所示。每个分区都包含了一部分顶点以及以其为起点的边。一个顶点被分配到哪个分区上，是由一个函数决定的，系统默认函数为 hash(ID) mod N。其中，N 为所有分区总数，ID 是这个顶点的标识符。当然，用户也可以自己定义这个函数。无论在哪台机器上，都可以简单根据顶点 ID 判断出该顶点属于哪个分区，即使该顶点可能已经不存在了。

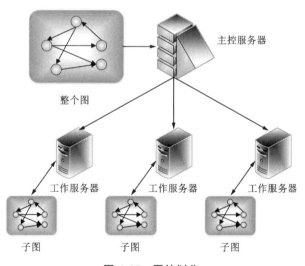

图 6.27　图的划分

在理想的情况下(不发生任何错误)，一个 Pregel 用户程序的执行过程如图 6.28 所示。

(1)选择集群中的多台机器执行图计算任务，每台机器上运行用户程序的一个副本，其中有一台机器会被选为 master，其他机器作为 worker。master 只负责协调多个 worker 执行任务，系统不会把图的任何分区分配给它。worker 借助于名称服务系统可以定位到 master 的位

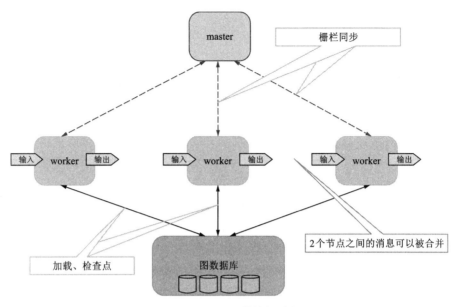

图 6.28　Pregel 的执行过程

置，并向 master 发送自己的注册信息。

（2）master 把一个图分成多个分区，并把分区分配到多个 worker。一个 worker 会分配到一个或多个分区，每个 worker 知道其他 worker 所分配的分区情况。每个 worker 负责维护分配给自己分区的状态(顶点及边的增删)。对分配给自己分区中的顶点执行 compute( ) 函数，向外发送消息，并管理接收到的消息。

（3）master 会把用户输入划分成多个部分，通常基于文件边界进行划分。划分后，每个部分都是一系列记录的集合，每条记录都包含一定数量的顶点和边。然后，master 为每个worker 分配用户输入的一部分。如果一个 worker 从输入内容中加载到的顶点，刚好是自己所分配分区中的顶点，则立即更新相应的数据结构。否则，该 worker 根据加载到的顶点的 ID，把它发送到其所属分区所在的 worker 上。当所有的输入都被加载后，图中的所有顶点被标记为活跃状态。

（4）master 向每个 worker 发送指令，worker 收到指令后，开始运行一个超步。worker 为自己管辖的每个分区分配一个线程。对于分区中的每个顶点，worker 把来自上一个超步的、发给该顶点的消息传递给它，并调用处于活跃状态的顶点上的 compute( ) 函数。在执行计算过程中，顶点可以对外发送消息，但是所有消息的发送工作必须在本超步结束之前完成。这些工作都完成以后，worker 会通知 master，并把自己在下一个超步还处于活跃状态的顶点的数量报告给 master。上述步骤不断重复，直到所有顶点都不再活跃并且系统中不会有任何消息在传输，这时执行过程才会结束。

（5）计算过程结束后，master 会给所有的 worker 发送指令，通知每个 worker 对自己的计算结果进行持久化存储。

2. 容错性

Pregel 采用检查点机制来实现容错。在每个超步的开始，master 通知所有的 worker 把自已管辖分区的状态(包括顶点值、边值以及接收到的消息)写入持久化存储设备。

master 会周期性地向每个 worker 发送 ping 消息，worker 收到 ping 消息后向 master 发送反馈消息。如果 master 在指定时间间隔内没有收到某个 worker 的反馈消息，则将该 worker 标记为"失效"。同样，如果一个 worker 在指定的时间间隔内没有收到来自 master 的 ping 消息，该 worker 也会停止工作。

每个 worker 都保存了一个或多个分区的状态信息，当一个 worker 发生故障，它所负责维护的分区的当前状态信息就会丢失。master 监测到一个 worker 发生故障"失效"后，会把失效 worker 所分配分区重新分配到其他处于正常工作状态的 worker 集合上；这些分区会从最近的某超步 S 开始写出的检查点中，重新加载状态信息。很显然，这个超步 S 可能会比失效 worker 上最后运行的超步 S_1 要早好几个阶段。因此为了恢复到最新的正确状态，需要重新执行从超步 S 到超步 S_1 的所有操作。

3. Worker

在一个 worker 中，它所管理的分区是保存在内存中的。分区中的顶点的状态信息包括如下：

(1)顶点的当前值。

(2)以该顶点为起点的出射边列表，每条出射边包含了目标顶点 ID 和边的值。

(3)消息队列，包含了所有接收到的、发送给该顶点的消息。

(4)标志位，用来标记顶点是否处于活跃状态。

在每个超步中，worker 会对自己所管销的分区中的每个顶点进行遍历，并调用顶点上的 compute( )函数。调用时会把以下三个参数传递进去：该顶点的当前值；一个接收到消息的迭代器；一个出射边的迭代器。

注意，这里并没有对入射边进行访问，因为所有入射边都是其起始顶点的出射边，会与它的起始顶点一起被访问。

在 Pregel 中，为获得更好的性能，标志位和输入消息队列是分开保留的。对于每个顶点而言，Pregel 只保存一份顶点值和边值，但是会保存两份标志位和输入消息队列，分别用于当前超步和下个超步。在超步 S 中，当一个 worker 在进行顶点处理时，用于当前超步的消息会被处理；同时它在处理过程中还会接收到来自其他 worker 的消息。这些消息会在下个超步 $S+1$ 中被处理；因此需要两个消息队列用于存放作用于当前超步 S 的消息和作用于下一个超步 $S+1$ 的消息。如果一个顶点 V 在超步 S 接收到消息，则表示顶点 V 将会在下一个超步 $S+1$ 中(面不是当前超步 S 中)处于活跃状态。

当一个 worker 上的顶点 V 需要发送消息到其他顶点 U 时，该 worker 会首先判断目标顶点 U 是否位于自己机器上。如果目标顶点 U 在自己的机器上，则直接把消息放入与目标顶点 U 对应的输入消息队列中。如果发现目标顶点 U 在远程机器上，则消息被暂时缓存到本地；当缓存中的消息数目达到一个事先设定的阈值时，这些缓存消息会被批量异步发送出去，传输到目标顶点所在的 worker 上。

如果存在用户自定义的 combiner 操作，当消息被加入输出队列或者到达输入队列时，可以对消息执行合并操作，以节省存储空间和网络传输开销。

4. master

master 主要负责协调各个 worker 执行任务。每个 worker 借助名称服务系统定位到 master

的位置，并向 master 发送自己的注册信息；master 为每个 worker 分配一个唯一的 ID。master 维护着关于当前处于有效状态的所有 worker 的各种信息，包括每个 worker 的 ID 和地址信息，以及每个 worker 被分配到的分区信息。虽然在集群中只有一个 master，但是它仍然能够承担起一个大规模图计算的协调任务。这是因为 master 中保存这些信息的数据结构的大小只与分区的数量有关，而与顶点和边的数量无关。

一个大规模图计算任务会被 master 分解到多个 worker 中执行。在每个超步开始时，master 都会向所有处于有效状态的 worker 发送相同的指令，然后等待这些 worker 的回应。如果在指定时间内收不到某个 worker 的反馈，则 master 认为这个 worker 失效。如果参与任务执行的多 worker 中的任意一个发生了故障失效，则 master 进入恢复模式。在每个超步中，图计算的各种工作，如输入、输出、计算、保存和从检查点中恢复，都会在路障(barrier)之前结束。如果路障同步成功，说明一个超步顺利结束，master 进入下一个处理阶段，图计算进入下一个超步的执行。

master 在内部运行了一个 HTTP 服务器来显示图计算过程的各种信息，用户可以通过网页随时监控图计算执行过程各个细节。如图的大小，关于出度分布的柱状图，处于活跃状态的顶点数量，在当前超步的时间信息和消息流量，以及所有用户自定义 Aggregator 的值等。

5. aggregator

每个用户自定义的 aggregator 都会采用聚合函数对一个值集合进行聚合计算，得到一个全局值。每个 worker 都保存了一个 aggregator 的实例集，其中的每个实例都是由类型名称和实例名称来标识的。在执行图计算过程的某个超步 S 中，每个 worker 会利用一个 aggregator 对当前本地分区中包含的所有顶点的值进行归约，得到一个本地的局部归约值。在超步 S 结束时，所有 worker 会将所有包含局部归约值的 aggregator 的值进行最后的汇总，得到全局值，然后提交给 master。在下一个超步 $S+1$ 开始时，master 会将 aggregator 的全局值发送给每个 worker。

第7章　风电大数据分析实例

风电场在运行过程中,会产生大量的运行数据,包括对周围环境变量(如风速、风向、温度、湿度等)的记录、风力发电机内部的运行数据及电气参数(如轮毂转速、电压、电流、功率等)、系统内部的监测状态变化,以及其他传感器的监测数据等。这些数据往往蕴含着风电场在运行过程中的一些规律。通过对这些数据进行处理,可以挖掘丰富的信息来指导风电场未来高效安全稳定运行。目前,SCADA 系统是被广泛使用的实时监测风场运行状态的系统。它记录了整个风场的海量运行数据,并每隔一段时间以表格等形式打包传送给监测中心,用于对风电场运行状态进行数据分析。

由于风电功率受风速的影响较大,传统的风速与风电功率预测手段往往采用风速、功率、数值天气预报数据和其他环境数据作为输入数据开展预测任务。这意味着这些预测方法只是尝试挖掘环境数据与风电功率之间的关系。理论上,风电功率的变化不只是受环境数据影响,风力发电机的历史运行状态也会影响接下来的风电输出功率变化。因此,对风电场SCADA 系统数据进行分析,挖掘风场运行数据与风电功率的关系,对改善风电场短期风电功率预测精度有着十分重要的意义。

本章以基于风电场 SCADA 大数据实现中短期风电功率预测为例,介绍风电大数据的应用。首先,对 SCADA 数据进行包括数据清洗、重采样在内的数据预处理。然后,利用 WPD算法,将预处理过的 SCADA 数据分解,去掉冗余信息,将多特征数据重构为更便于风电功率预测的新数据。最后,采用最大互信息系数(maximal information coefficient,MIC)进行特征选择,连同历史风电功率数据一起输入 GRU(gated recurrent unit)网络进行预测。

7.1　SCADA 数据介绍

SCADA 是一种应用广泛的电力设备监控系统。通过计算机在电力系统的使用,SCADA可以自动地处理和传输电力系统尤其是风电系统运行过程中产生的各种参数数据,实现设备控制、参数设置、数据传输等功能,为电力安全稳定运行提供保障。SCADA 系统通常把监控端设置在总部监控室、风电监控室、风机控制柜中,以便各级管理人员对运行数据及时调取分析。SCADA 系统在监控和控制风电系统运行过程中,收集了大量丰富而有用的运行数据。如果能对这些数据进行分析和处理,能极大提高对风电系统的预测和诊断任务,提高风电场自动化建设水平。

风电场风电机组的 SCADA 监控数据主要包括风机运行过程中的各项设定值和风机监控的时变数据(如各种传感器数据)等。具体的参数信息如下。

1. 设定值数据

SCADA 系统的各项设定值主要包括轮毂额定转速、偏航轴承油脂泵运行周期、轮毂最大转速、变桨轴承油脂泵运行时间间隔、变桨轴承油脂泵运行周期、叶片待机位置、叶片限位位置、叶片工作位置、变频器冷却液液位要求、发电机功率限幅值、无功功率设定值、额定的轮毂转速等。这些参数设定值规定了风机始终运行在正常工作允许的状态之下，并在运行过程中一般保持不变。还有一些参数表示了设备的标志位，以 true 和 false 展示。

2. 风机监控的时变数据

在运行过程中，风机监控的主要参数会随时间发生变化。这些参数的变化不仅反映了风机运行的环境特征，也反映了风机运行的各种工况，是进行数据分析和挖掘的主要数据。表 7.1 为风机在某一个时刻监测的部分参数及对应数值示例。其中，本节进行风电功率预测所用功率的数据，即为参数"变频器电网侧有功功率"对应的数据。通过分析其他时变数据与功率数据之间的关系，可提高风电功率预测的精度。

表 7.1　某一时刻 SCADA 系统部分监测数据示例

监测参数	对应数值	监测参数	对应数值
轮毂额定转速/(r · min^{-1})	10.54	变频器发电机侧功率/kW	99
变桨电机 1 电流/A	0.47	发电机运行频率/Hz	10.58
变桨电机 2 电流/A	1.17	发电机电流/A	191.7
变桨电机 3 电流/A	0.98	发电机转矩/(N · m)	89
超速传感器转速检测值/(r · min^{-1})	10.56	变频器入口温度/℃	33.9
5 秒偏航对风平均值/(°)	-7.2	变频器出口温度/℃	35.3
x 方向振动值/(mm · s^{-1})	0.23	测风塔环境温度/℃	26.7
y 方向振动值/(mm · s^{-1})	-0.02	发电机定子温度 1/℃	40.5
机舱气象站风速/(m · s^{-1})	5.1	发电机空气温度 1/℃	37.1
风向绝对值/(°)	332°	主轴承温度 1/℃	47.3
大气压力/MPa	0.9	轮毂温度/℃	34.8
变频器电网侧电流/A	0	轮毂控制柜温度/℃	36.1
变频器电网侧电压/V	642	机舱温度/℃	35.3
变频器电网侧有功功率/kW	74	机舱控制柜温度/℃	35.3
变频器电网侧无功功率/kW	0	变频器 INU 温度/℃	40

7.2　SCADA 数据预处理

由于 SCADA 系统在收集和传输数据时会产生一些错误数据，或者数据本身的分辨率需要重新调整，因此对 SCADA 系统数据进行预处理是进行数据分析前必做的准备工作。常用的预处理手段包括数据清洗和重采样等技术。如图 7.1 所示，本书先将 SCADA 数据中的缺失及部分异常数据做第一次清洗，然后进行重采样；调整数据分辨率为 15 min，再对重采样后的数据进行第二次清洗。主要通过基于密度的噪声应用空间聚类（density-based spatial clustering of applications with noise，DBSCAN）算法去除异常值，并填充为正常值，最终得到风电功率预测所用的正常 SCADA 数据。

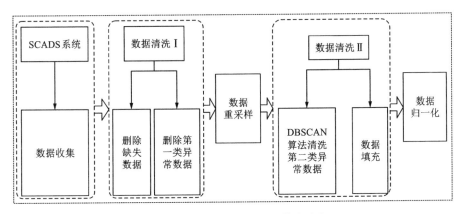

图 7.1　SCADA 数据预处理基本流程

7.2.1　数据清洗

SCADA 系统在监测过程并非时时刻刻都能正常工作。风电场弃风限电操作、各项传感器数据发生故障、传输线路出现问题等都会导致 SCADA 系统采集到的数据中含有大量异常与噪声数据，比如缺失数据、错误数据等。因此，在进行数据分析和挖掘过程中，必须对这些数据进行清洗，提高数据质量，以便功率预测任务及其他相关领域的研究。一般的数据清洗过程介绍如下。

1. 缺失数据清洗

SCADA 系统在采集数据过程中会大量存在缺失数据，有时甚至会连续几天没有记录数据。除了这种按时间点整条数据缺失的情况外，在有数据记录的时间点上，也会存在部分参数有缺失数据的情况。对于缺失数据，可以采取删除、插值或填补操作进行清洗。

2. 异常数据清洗

异常数据的定义很广，缺失和重复数据都算作异常数据。这里特指超过参数变化范围的数据，也称作离群点。由于传感器出现波动或故障，SCADA 记录的数据会超过定义的合理区间，甚至会记录错误数据。对于某些时刻的异常风电数据，SCADA 系统会用一个明显异常的值来替代，这类异常数据被定义为第一类异常数据。表 7.2 列出了 SCADA 系统记录的部分"变频器电网侧无功功率"和"变频器电网侧有功功率"的异常数据。可见，这些参数均被填充为一个明显不同于正常状态的值。但更多时候由于实际环境及操作的影响，SCADA 记录的数据会与正常情况的数据有所区别，但并不如表 7.2 的情况明显。比如在弃风和限电情况下产生的有功功率数据，会稍微低于理论值，甚至是 0。这类异常数据被定义为第二类异常数据。

表 7.2 SCADA 数据部分异常值

时间	参数	异常值
2020-01-01 18：41：29	变频器电网侧无功功率/kW	65532
2020-01-02 05：03：46	变频器电网侧无功功率/kW	−65534
2020-01-02 14：17：57	变频器电网侧无功功率/kW	−65536
2020-01-02 20：59：00	变频器电网侧无功功率/kW	−65535
2020-01-02 02：30：54	变频器电网侧无功功率/kW	65535
2020-01-26 23：25：32	变频器电网侧有功功率/kW	65520
2020-02-09 07：41：51	变频器电网侧无功功率/kW	65534
2020-02-09 7：48：21	变频器电网侧无功功率/kW	65534
2020-02-21 20：13：42	变频器电网侧有功功率/kW	−65522

对 SCADA 数据异常值的检测，主要分为两种方法：对于第一类异常数据，按照参数合理区间进行筛选，把超出区间的数据进行删除。对于第二类异常数据，采用 DBSCAN 算法进行聚类分析，将明显离群点置为空值，并用上一时刻的数据进行填补。

DBSCAN 算法是一种基于密度的聚类算法。它将所有的数据点按照一定的密度划分为一个个不同的簇，并将簇外的点标记为噪声点。DBSCAN 算法的优点就在于噪声影响较小，无须事先指定簇的数量，只需要根据邻域半径和密度阈值来自动确定簇的划分。但缺点也正是这两个参数难以确定。DBSCAN 算法对这两个参数非常敏感，不同的参数选择将生成不同的簇。

DBSCAN 算法的基本概念定义如下。

(1)邻域半径(R)：要搜索的邻域的距离半径。

(2)邻域密度阈值(K)：一个邻域内包括的数据点的最小个数。

(3)R 近邻：对于给定的数据点 M，在其以 R 为半径的邻域内包含的所有点的集合，称为 M 点的近邻，定义为：

$$N_R(p) = \{q \in S \mid d(p, q) \leq R\} \tag{7.1}$$

式中，S 为一个数据点的集合；p 与 q 都属于 S；$d(p, q)$ 为计算 p 与 q 之间的距离。

(4)核心点：对于一个数据点，如果它的邻域内的数据点的个数不少于 K，则该点为核心点。

(5)边界点：对于一个数据点，如果它位于核心点的邻域内，但它本身邻域内的数据点的个数少于 K，则称该点为边界点。边界点可能位于多个核心点的邻域内。

(6)离群点：对于一个数据点，如果它既不是核心点，也不是边界点，则称该点为离群点。离群点不包含在任何聚类簇中。

(7)密度直达：对于一个核心点 p，如果 q 属于 p 的近邻，则称点 p 可密度直达 q。

(8)密度可达：对于一个数据点集合 $\{p_i\}_{i=1}^{n}$，如果任意的 p_i 可以密度直达 p_{i+1}，则称 p_1 密度可达 p_n。

(9)密度相连：对于一个数据点 a，如果数据点 p 和 q 都是从 a 密度可达的，则称 p 和 q

密度相连。

对于一个数据点的集合，DBSCAN 算法的基本流程如下：

(1)找到数据集合中所有的核心点，得到一个核心点集合 Ψ；其他的点被标记为边界点或噪声点。如果 Ψ 为空集，则聚类算法结束。

(2)对于 Ψ 中每一个核心点 p，确定一个簇 cluster，并找到每个核心点 p 密度可达的点加入核心点 p 的簇中。

(3)将边界点归入对应的核心点的簇中。

(4)得到最终的簇集合 Ω。

在 DBSCAN 算法中，邻域半径 R 和密度阈值 K 影响最终聚类结果。本书采用 k-距离方法来确定这两个参数的值。k-距离方法是通过计算每个数据点到其附近第 k 个最近数据点的距离，将这些距离排序并找到其拐点位置，来确定 DBSCAN 算法的两个参数。

k-距离方法计算流程如下：

(1)选取 k 值，取 $k=2^D-1$。其中，D 表示数据点的维度；当 $D=2$ 时，$k=3$。

(2)按照式(7.2)计算数据点 x_i 到数据点 x_j 的距离，遍历所有数据点，得到数据点 x_i 到其第 k 个最近点的距离 dist_i。

$$\text{dist}(x_i, x_j) = \sqrt{\sum_{d=1}^{D}(x_{id} - x_{jd})^2} \tag{7.2}$$

式中，x_{id} 表示数据点 x_i 的第 d 个元素。

(3)将得到的所有距离 dist_i，按照从大到小的顺序排序，并绘制成图。

(4)观察绘制的图，找到图中拐点位置，即为邻域半径 R 的值。

(5)确定邻域密度阈值，$K=k+1$。对于二维数据，当 $D=2$ 时，$K=4$。

确定好 R 和 K 后，通过 DBSCAN 算法对数据集进行聚类，将明显的异常点去除，并用上一时刻的数据填充。

7.2.2　数据重采样和归一化

SCADA 系统采集的数据往往是以表格形式进行传输的，数据的分辨率为每秒一条数据。因此，进行短期风电功率预测需要将其重采样为分辨率 10 min 或 15 min 的数据。重采样通过将一定时间间隔内的数据取平均值，得到新的分辨率的数据。本书将 SCADA 系统数据重采样设为 15 min 数据。重采样的过程中，将"第一类异常数据"直接舍弃，再将剩余数据进行取平均值。重采样之后，将新分辨率数据采用 DBSCAN 算法进行"第二类异常数据"清洗。

由于 SCADA 数据不同特征参数之间量纲不同，差异较大，因此需要将其归一化到同一空间范围，去除量纲对数据分析的影响。本书对 SCADA 数据采取最大值最小值归一化方法，将每个特征分别归一化到 0~1。

7.3　基于 SCADA 数据深度学习的短期风电功率预测模型构建

7.3.1　模型框架

通过挖掘信息丰富的 SCADA 数据与风电数据之间的关系，可以更好地开展风电功率预测，提高其预测精度。本书将多种 SCADA 数据参数作为影响风电功率变化的特征，通过对 SCADA 数据进行分析，提出了一种基于 SCADA 数据深度学习的短期风电功率预测模型。该模型首先将复杂的原始 SCADA 数据进行数据清洗、重采样等预处理操作。WPD 算法对 SCADA 数据中除风电功率数据之外的每一个特征数据进行一级分解，得到每个特征数据对应的 2 组小波包系数(低频系数 A 和高频系数 D)。由于高频系数 D 代表了数据的噪声部分，因此只将低频系数 A 进行重构(高频系数 D 舍弃)，得到新的特征数据。在训练集上计算这些特征数据与风电功率数据之间的 MIC 来表征它们之间的相关性，并选择相关性高的特征以及历史风电功率数据作为预测模型的输入特征。最后建立 GRU 深度学习网络进行训练和预测。预测模型基本框架如图 7.2 所示，具体细节如下文所述。

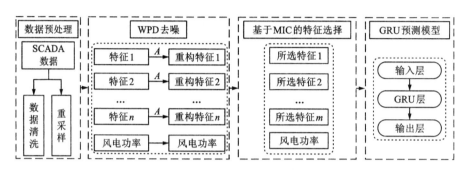

图 7.2   基于 SCADA 数据深度学习的风电功率预测模型

7.3.2   基于小波包分解算法的 SCADA 数据去噪

即使通过数据预处理过程，SCADA 数据本身依旧会含有大量噪声信息。这些噪声信息与有效信息融于一体，表征了风电场运行和 SCADA 系统采集数据的过程中出现的各种状况。这些信息在进行不同任务时会产生不同的作用。对于风电功率预测来说，其他影响特征的冗余噪声信息太多，并不一定会提高预测精度；相反地，这些信息会极大降低预测的精度，因为预测模型(比如机器学习和深度学习模型)容易将噪声信息一起学习，降低了对风电功率预测有用的特征信息的学习能力。因此，对 SCADA 数据进行降噪是一种有效的提升模型预测精度的数据处理方式。

WPD 算法可以将信号进行多级分解，在不同尺度下寻找噪声信息。本书采用 WPD 算法对 SCADA 数据的每一个特征(历史风电功率数据除外)进行 WPD 一级分解，得到低频系数 A 和高频系数 D。将低频系数 A 进行重构，得到新的去噪的特征数据。基于 WPD 算法的特征去噪流程如图 7.3 所示。由于风电功率是预测目标，因此不做任何处理，直接将其历史数据作为特征进行学习。

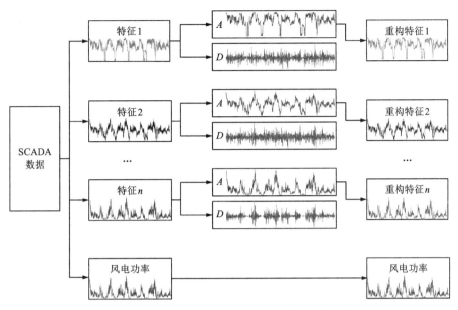

图 7.3　基于 WPD 算法的 SCADA 数据去噪流程

7.3.3　基于最大互信息系数的特征选择

经过 WPD 算法去噪之后的数据，仍是有几十个特征参数的庞大数据集。这些特征并非都对风电功率有用，有些甚至会降低模型的预测性能。另外，输入特征太多，也会增加程序的运行时间。因此，必须对 SCADA 数据进行特征选择，即选择与风电功率相关性高的数据，提高预测精度。本书采用 MIC 理论进行特征选择。通过计算训练集中其他 SCADA 特征数据与风电功率数据之间的 MIC 值，来选择 MIC 值高的特征作为输入特征。MIC 是从互信息理论发展而来，相较于互信息有更高的准确度和公平性。

1. 互信息

在信息论中，互信息是基于信息熵理论的一种计算不同变量依赖程度的度量，用来表示两个随机变量之间共同信息量的多少，并且能处理复杂的非线性关系。通过计算变量之间的互信息，可以为特征选择提供依据。

信息熵由 Shannon 提出，用来表达信息的量化问题。信息熵的定义如下：

$$H(Z) = - \sum_{z \in Z} P(z) \log_2 P(z) \tag{7.3}$$

式中，Z 为所有随机变量的集合，z 是其中一个随机变量；$P(z)$ 为随机变量 z 的概率。

对于两个随机变量 M 和 N，$P(M, N)$ 表示两者之间的联合概率分布，其联合熵为：

$$H(M, N) = - \sum_{m \in M} \sum_{n \in N} P(m, n) \log_2 P(m, n) \tag{7.4}$$

令 $P(m)$ 和 $P(n)$ 分别为随机变量 M 和 N 的边缘分布，在 N 已知的情况下，M 的条件熵为：

$$H(M \mid N) = - \sum_{n \in N} P(n) H(M \mid N = n) = - \sum_{m \in M} \sum_{n \in N} P(m, n) \log_2 P(m \mid n) \tag{7.5}$$

直观理解，对于一个随机变量 M 的信息熵 $H(M)$，当另一个随机变量 N 已知时，M 的信息熵就会变化。这个变化的量即 M 和 N 之间的互信息，因此 M 和 N 之间的互信息定义为：

$$I(M, N) = H(M) - H(M \mid N) \tag{7.6}$$

同样地，互信息也可以定义为：

$$I(M, N) = H(N) - H(N \mid M) \tag{7.7}$$

另外，M 和 N 的联合熵为：

$$H(M, N) = H(M \mid N) + H(N \mid M) - I(M, N) \tag{7.8}$$

则互信息又等于：

$$I(M, N) = H(M) + H(N) - H(M, N) \tag{7.9}$$

它们之间的关系如图 7.4 所示。

从概率论的角度，离散型随机变量的互信息的计算公式为：

$$I(M, N) = \sum_{m \in M} \sum_{n \in N} P(m, n) \log_2 \frac{P(m, n)}{P(m)P(n)} \tag{7.10}$$

连续型随机变量的互信息计算公式如下：

$$I(M, N) = \int_M \int_N P(m, n) \log_2 \frac{P(m, n)}{P(m)P(n)} \mathrm{d}y \mathrm{d}x \tag{7.11}$$

当且仅当 M 与 N 为独立分布时，$P(m, n) = P(m)P(n)$，此时：

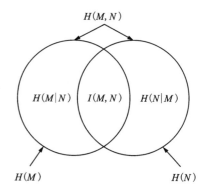

图 7.4　互信息示意图

$$\log_2 \frac{P(m, n)}{P(m)P(n)} = \log_2 1 = 0 \tag{7.12}$$

因此，$I(M, N) = 0$，表示此时两个变量互信息为 0。

当两个随机变量之间存在共有信息时，互信息的值的大小可以衡量出它们之间的相关性强弱。互信息越大，相关性越强；反之，相关性越弱。

2. 最大互信息系数

互信息在计算变量之间的相关性时，需要对变量进行离散化，并且深受离散化效果的影响。另外，互信息有下限 0，却无上限，不能进行归一化，在不同的数据集上难以比较，无法根据一定的阈值对特征进行筛选。而 MIC 很好地解决了这两个问题。MIC 不仅可以表征变量间的线性与非线性关系，而且具有良好的鲁棒性和较低的复杂度。

MIC 的计算思路：如果两个变量存在相关性，在它们组成的不同二维空间网格中计算互信息，可得到最大互信息。

MIC 的基本流程为：

(1) 将变量 M，N 组成二维数据点集 $\{(m_i, n_i)\}_{i=1}^{num}$，其中，$num$ 表示数据点总数。

(2) 选定 X 和 Y（X 和 Y 分别表示将二维空间分成 X 行 Y 列），制定不同网格方案 G。对于其中一个网格 g，该网格将二维空间切分成 X 行 Y 列。$\{(m_i, n_i)\}_{i=1}^{num}$ 中的数据点分别落在不同小网格里。

(3) 统计网格 g 里数据的概率分布情况，得到对应互信息：

$$I_g(X, Y) = \sum_{x \in X} \sum_{y \in Y} P(x, y) \log_2 \frac{P(x, y)}{\sum_{y \in Y} P(x, y) \sum_{x \in X} P(x, y)} \tag{7.13}$$

式中，$P(x, y)$ 为第 x 行 y 列网格里数据点的概率。其计算公式为：

$$P(x, y) = \frac{\text{第 } x \text{ 行 } y \text{ 列网格里数据点个数}}{num} \tag{7.14}$$

（4）计算所有网格 G 中的最大互信息：

$$MI_G(X, Y) = \max_{g \in G}(I_g(X, Y)) \tag{7.15}$$

（5）对式（7.15）所得最大互信息归一化到 $0 \sim 1$：

$$NMI_G(X, Y) = \frac{MI_G(X, Y)}{\log_2 \min\{X, Y\}} \tag{7.16}$$

（6）按照式（7.16），求解不同 X 和 Y 对于网格的最大互信息：

$$MIC = \max_{XY < B(num)} (NMI_G(X, Y)) \tag{7.17}$$

式中，$B(num)$ 为 num 的函数，通常取：

$$B(num) = (num)^{0.6} \tag{7.18}$$

由上式可以看出，MIC 的值为 $0 \sim 1$。因此可以通过设置一定的阈值来筛选特征。一般来说，按照区间可以把 MIC 值与相关性强弱关系划分如表 7.3。

表 7.3 *MIC* 值与相关性强弱的关系

MIC	相关性强弱
0.8~1.0	强相关
0.5~0.8	中相关
0.3~0.5	弱相关
0.0~0.3	微弱相关或不相关

7.3.4 基于门控循环单元深度学习网络的风电功率预测模型

将特征选择后的数据连同历史风电功率数据按照预测模型的输入输出格式构建训练数据和测试数据，并输入 GRU 深度学习网络进行训练与测试。

假设特征选择后的训练集数据中有 ρ 个时刻样本，每条样本包括 f 个相关特征和一个风电功率特征，则训练集 X 为

$$X = \begin{bmatrix} X_1 \\ X_2 \\ \cdots \\ X_\rho \end{bmatrix} = \begin{bmatrix} x_1, wp_1 \\ x_2, wp_2 \\ \cdots \\ x_\rho, wp_\rho \end{bmatrix} = \begin{bmatrix} x_{11}, x_{12}, \cdots, x_{1f}, wp_1 \\ x_{21}, x_{22}, \cdots, x_{2f}, wp_2 \\ \cdots \\ x_{\rho 1}, x_{\rho 2}, \cdots, x_{\rho f}, wp_\rho \end{bmatrix} \tag{7.19}$$

式中，X_i 为第 i 个样本；x_i 为第 i 个相关特征向量；wp_i 为第 i 个风电功率；x_{ij} 为第 i 个样本的第 j 个相关特征数据。

构造的用于模型训练的训练集输入数据 train_X 和输出数据 train_Y 为：

$$\text{train}\_X = \begin{bmatrix} TX_1 \\ TX_2 \\ \cdots \\ TX_{\rho-t-l+1} \end{bmatrix} = \begin{bmatrix} X_1, X_2, \cdots, X_t \\ X_2, X_3, \cdots, X_{t+1} \\ \cdots \\ X_{\rho-t-l+1}, X_{\rho-t-l+2}, \cdots, X_{\rho-l} \end{bmatrix} \tag{7.20}$$

$$\text{train}\_Y = \begin{bmatrix} TY_1 \\ TY_2 \\ \cdots \\ TY_{\rho-t-l+1} \end{bmatrix} = \begin{bmatrix} wp_{t+1}, wp_{t+2}, \cdots, wp_{t+l} \\ wp_{t+2}, wp_{t+3}, \cdots, wp_{t+l+1} \\ \cdots \\ wp_{\rho-l+1}, wp_{\rho-l+2}, \cdots, wp_{\rho} \end{bmatrix} \tag{7.21}$$

由式(7.20)和式(7.21)可知,本书所述风电功率预测任务是利用过去 t 个时刻的历史数据,来预测 $t+l$ 时刻的风电功率。测试数据的构建方法与训练集相同。具体的 GRU 网络如图 7.5 所示。以 train_X 中第 1 个样本 TX_1 为例,$(X_1, X_2, \cdots, X_t)$ 经过 GRU 层,实现特征的深度挖掘,并在输出层输出预测结果,与目标 TY_1 进行损失计算。所有样本输入模型进行训练,并将训练后的模型在测试集上验证,实现风电功率的预测。

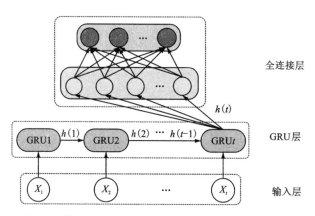

图 7.5 基于 GRU 深度学习网络的风电功率预测模型

7.3.5 风电功率预测评价指标

为合理评价预测模型性能,选择归一化均方根误差 P_NRMSE 和归一化平均绝对误差 P_MAE 作为评价指标:

$$P\_NRMSE = \frac{1}{P_{\text{install}}} \sqrt{\frac{1}{m} \sum_{i=1}^{m} (P_i - \hat{P}_i)^2} \times 100\% \tag{7.22}$$

$$P\_NMAE = \frac{1}{P_{\text{install}}} \frac{1}{m} \sum_{i=1}^{m} |P_i - \hat{P}_i| \times 100\% \tag{7.23}$$

式中,P_{install} 为单个风机的装机容量(本书中是 2000 kW);P_i 和 $\hat{P}_i$ 分别为第 i 个功率真值和预测值;m 表示预测数目。式(7.22)与式(7.23)的区别在于归一化方法不同。

7.3.6 算法流程

综上所述,具体的风电功率预测流程如下。

步骤 1：对 SCADA 数据进行预处理。

步骤 2：采用 WPD 算法对预处理后的 SCADA 数据的每一个特征(风电功率数据除外)进行一级分解，得到两组小波包系数(低频系数 A 和高频系数 D)。将每个特征数据分解得到的低频系数 A 分别重构，得到去噪后特征数据。

步骤 3：将去噪后的 SCADA 数据划分训练集和测试集。在测试集上计算相关特征与风电功率之间的 MIC 值，按相关性强弱选择特征，并连同历史风电功率数据一起作为输入数据。

步骤 4：建立 GRU 网络进行训练和预测，并利用式(7.22)和式(7.23)评价模型性能。

预测流程的伪代码见算法 7-1。

算法 7-1：所提方法预测流程

输入：SCADA 数据(风电功率特征 wp，相关特征 x)

输出：风电功率预测值 wp'

1：对 SCADA 数据进行预处理

2：初始化 GRU 网络参数，初始化所选特征 $select\_feature = \{wp\}$

3：**for** $feature$ **to** x **do**

4：　　A，$D \leftarrow WPD(feature)$

5：　　$feature \leftarrow$ 重构 A

6：**end for**

7：$train\_set$，$test\_set \leftarrow$ 划分训练集和测试集

8：**for** $feature$ **to** 训练集的 x **do**

9：　　$mic \leftarrow$ 计算 $feature$ 与对应 wp 的 MIC 值

10：　　**if** $mic \geq 0.5$

11：　　　将 $feature$ 添加到 $select\_feature$ 中

12：　　**end if**

13：**end for**

14：按照 $select\_feature$ 重新构建 $train\_set$ 和 $test\_set$

15：**for** $epoch$ **to** $epochs$ **do**

16：　　$GRU(\ ) \leftarrow$ 使用训练集训练 GRU 网络

17：**end for**

18：$predicted \leftarrow GRU(test\_set)$

19：$wp' \leftarrow$ 反归一化 $predicted$

20：**return** wp'

7.4　实验过程介绍

7.4.1　数据准备

为了验证本书所提风电功率预测模型的预测性能，本书采用了中国南方某风电场的真实 SCADA 数据作为数据集进行分析。该数据集包括风电场一台风机 2020 年的 SCADA 监测数据，分辨率为 1 s。其主要监测参数超过 200 个，除去一些设定值及状态标志位参数，所选时

变参数共有 54 个,部分数据如表 7.4 所示。本书在对 2020 年数据进行整体预处理的基础上,分别选择处理后的月数据开展预测任务。每个月的最后两天作为测试集,之前的数据作为训练集。

表 7.4 2020 年某风电场 SCADA 系统监测数据

记录时间	轮毂转速/(r·min⁻¹)	轮毂角度/(°)	叶片1角度/(°)	x 方向振动值/(mm·s⁻¹)	y 方向振动值/(mm·s⁻¹)	机舱气象站风速/(m·s⁻¹)	测风塔环境温度/℃	…	变频器电网侧有功功率/kW
2020/1/1 0:00:00	18.92	128	−1.5	−0.14	−0.06	7.7	12.5	…	795
2020/1/1 0:00:01	19.32	272	−1.5	0.11	−0.08	7.7	12.5	…	854
2020/1/1 0:00:02	19.36	56	−1.5	0.14	0.01	7.7	12.5	…	899
2020/1/1 0:00:03	19.48	200	−1.5	−0.17	0	7.7	12.4	…	969
…	…	…	…	…	…	…	…	…	…
2020/12/31 23:50:06	17.47	208	−1.5	−0.03	−0.2	5.9	6.9	…	406
2020/12/31 23:50:07	17.64	316	−1.5	0.18	0.04	5.9	6.9	…	409
2020/12/31 23:50:08	17.77	64	−1.5	−0.05	−0.15	6.9	6.9	…	413
2020/12/31 23:50:09	17.78	172	−1.5	−0.05	−0.06	6.9	6.9	…	416

7.4.2 数据预处理

原始 SCADA 数据需要进行数据预处理,具体的处理过程如下。

1. 第一次数据清洗

本次数据清洗的目标主要是缺失数据和第一类异常数据。首先将缺失数据直接删除,然后将第一类异常数据按照其合理变化区间进行清洗,超出合理变化区间的数据整条剔除。

2. 数据重采样

通过对 15 min 内的数据取均值,得到分辨率为 15 min 的新数据,如表 7.5 所示。

表 7.5 15 min 分辨率重采样结果

记录时间	轮毂转速/(r·min⁻¹)	轮毂角度/(°)	叶片1角度/(°)	x 方向振动值/(mm·s⁻¹)	y 方向振动值/(mm·s⁻¹)	机舱气象站风速/(m·s⁻¹)	测风塔环境温度/℃	…	变频器电网侧有功功率/kW
2020/1/1 0:00	20.69	175.91	0.69	−0.012	−0.022	10.56	12.56	…	1348.88
2020/1/1 0:15	20.48	178.87	0.41	0.004	−0.028	10.26	12.49	…	1322.85
2020/1/1 0:30	20.66	176.73	0.59	−0.009	−0.027	10.14	12.47	…	1373.98
2020/1/1 0:45	20.02	178.53	−0.40	−0.007	−0.025	9.50	12.36	…	1158.04
…	…	…	…	…	…	…	…		…

续表7.5

记录时间	轮毂转速/(r·min⁻¹)	轮毂角度/(°)	叶片 1角度/(°)	x 方向振动值/(mm·s⁻¹)	y 方向振动值/(mm·s⁻¹)	机舱气象站风速/(m·s⁻¹)	测风塔环境温度/℃	…	变频器电网侧有功功率/kW
2020/12/31 23：00	20.31	177.61	0.09	−0.012	−0.023	8.87	8.44	…	1057.84
2020/12/31 23：15	16.71	179.16	−1.49	−0.003	−0.018	6.12	7.73	…	366.41
2020/12/31 23：30	17.14	177.56	−1.46	−0.005	−0.016	6.44	7.20	…	395.52
2020/12/31 23：45	17.99	176.98	−1.36	−0.001	−0.027	6.79	6.99	…	463.74

3. 第二次数据清洗

第二次数据清洗主要处理重采样得到的数据中的第二类异常数据。第二类异常数据往往表现为离群点。以"机舱气象站风速"与"变频器电网侧有功功率"为例。采用 DBSCAN 算法对上述参数组成的二维数据(归一化后)进行聚类分析。DBSCAN 算法的两个参数邻域半径 R 和邻域密度阈值 K 需要确定。首先计算 k-距离(如图 7.6 所示)。R 选择为拐点 0.015，K 确定为 4。

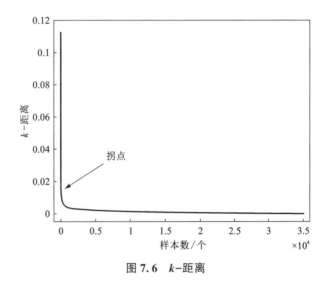

图 7.6　k-距离

具体聚类效果如图 7.7 所示，"▼"表示数据中的异常数据。如底部的异常数据表示此时风电场可能出现弃风限电情况，即在对应风速情况下没有达到额定的输出功率，应该被舍弃。修正后的数据如图 7.8 所示。

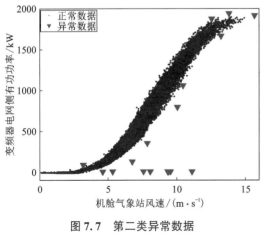

图 7.7　第二类异常数据

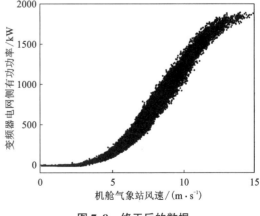

图 7.8　修正后的数据

7.4.3   小波包算法去噪与特征选择

从预处理过的 2020 年风电场 SCADA 数据中，选择不同的月数据作为数据集开展风电功率预测任务。以 1 月份为例，对除风电功率外的每个特征分别使用 WPD 算法进行分解，得到低频系数 A 和高频系数 D，并选择低频系数 A 重构特征。将重构后的数据按照最后两天为测试集，其余时间为训练集进行划分，然后对训练集计算 MIC 值开展特征选择，得到如图 7.9 所示的结果。按照表 7.3 所述 MIC 与相关性强弱的关系，选择 $MIC \geqslant 0.5$ 的特征作为所选特征，连同历史风电功率一起作为输入特征。

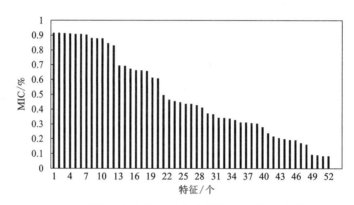

图 7.9　其他特征与风电功率之间的 MIC 值(1 月份)

7.4.4   对比方法与参数设置

为了更好地验证本书所提方法的预测性能，现选取 SVM、BP、LSTM、GRU 和基于 CNN 的 GRU(CNN-GRU) 五种方法进行对比试验。

对于每种方法，选择其最好的模型参数进行实验。以 1 月份为例，对于所提方法，GRU 预测模型的输入层和隐藏层神经元数需要确定。按照试凑法，输入层神经元数从 2 到 20、隐藏层神经元数从 2 到 30 依次选择，选择间隔为 2，并在测试集上测试相应 P_NRMSE 值作为评价指标，所得结果如图 7.10 所示。最低处为 20 和 24，因此确定输入层和隐藏层神经元数

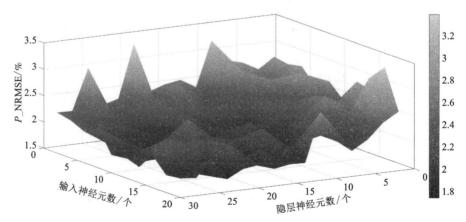

图 7.10　在不同输入和隐层神经元组合下所提方法的 P_NRMSE 值

分别为 20 和 24。对于 SVM 方法，选择径向基函数作为核函数，不敏感损失函数为 0.011。对于 BP 方法，隐藏层神经元数为 20。对于 LSTM 方法，隐藏层神经元数为 26。对于 GRU 方法，隐藏层神经元数为 22。对于 CNN-GRU 方法，采用一维 CNN，并且 filter、kernel 和 stride 为 64、2 和 1；GRU 网络隐藏层神经元个数为 24。所有方法中的 GRU 和 LSTM 模型训练迭代次数 epoch 为 100，批处理大小 batch_size 为 16。所有方法的输入数据长度均与所提方法相同。

7.4.5　训练过程与收敛分析

为了验证所提基于 SCADA 数据深度学习的短期风电功率预测方法的收敛性，本书通过对 WPD 算法处理过的训练集数据进行特征选择。即选择与风电功率相关性高的特征与风电功率数据一起作为 GRU 网络的输入特征，实现了对 GRU 网络的训练。图 7.11 展示了 1 月份普通 GRU 网络与所提方法训练过程中的 Loss 值。从图中可以看出，普通 GRU 网络与所提方法在迭代次数为 10 时便已经收敛到了较小的 Loss 值。在迭代次数达到 100 时，两种方法在训练集上的 Loss 值逐渐趋于平稳。可以明显看出，所提方法在训练过程趋于平稳时达到的 Loss 值要低于 GRU 网络，表明所提方法能得到更好的训练性能。

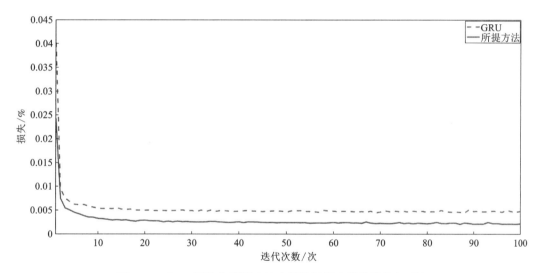

图 7.11　GRU 网络与所提方法在训练过程中的收敛性(1 月)

7.4.6　结果分析

对所有月份数据分别进行单步(15 分钟预测水平)仿真实验，选取每种方法最好的结果进行比较。所有方法得到的 P_NRMSE 和 P_NMAE 值见表 7.6 和表 7.7。两种指标的可视化如图 7.12 和图 7.13 所示。

表 7.6　2020 年 1—12 月份所有方法预测结果的 P_NRMSE 值(%)

月份	SVM	BP	LSTM	GRU	CNN-GRU	所提方法
1 月	3.2572	3.3611	3.2392	3.2065	3.2079	**1.7392**

续表7.6

月份	SVM	BP	LSTM	GRU	CNN-GRU	所提方法
2 月	2.5895	2.8655	2.5192	2.5159	2.6937	**2.0355**
3 月	3.3522	3.6250	3.4179	3.2188	3.3078	**2.0942**
4 月	2.4565	2.5518	2.2895	2.2543	2.2863	**1.3988**
5 月	4.6591	4.8396	4.5502	4.5125	4.4656	**2.4436**
6 月	7.5997	7.3874	7.4196	7.3887	7.5047	**4.5869**
7 月	6.8487	7.6898	6.8869	6.8445	6.9346	**4.0148**
8 月	6.6103	6.5045	6.3909	6.3636	6.5881	**3.5279**
9 月	3.0931	2.9953	2.9327	2.9267	2.9156	**1.4907**
10 月	9.4171	9.5675	9.3363	9.3257	9.3523	**5.4701**
11 月	8.7658	9.0222	8.3191	8.2592	8.3225	**4.9456**
12 月	12.6113	10.8348	11.1678	10.9185	11.0705	**5.4918**

表 7.7　2020 年 1—12 月份所有方法预测结果的 P_NMAE 值(%)

月份	SVM	BP	LSTM	GRU	CNN-GRU	所提方法
1 月	2.3067	2.5128	2.3403	2.3088	2.3299	**1.2971**
2 月	1.6602	2.1266	1.6270	1.5795	1.8669	**1.3145**
3 月	2.3843	2.5998	2.4598	2.1295	2.2192	**1.4689**
4 月	1.6946	1.9463	1.6271	1.6298	1.5796	**1.0480**
5 月	3.0784	3.5072	3.1554	3.0466	2.9951	**1.7837**
6 月	5.8213	5.7402	5.7282	5.7571	5.8245	**3.5063**
7 月	5.0296	5.8080	5.1305	5.0612	5.0775	**2.9878**
8 月	4.6893	4.6160	4.5192	4.5067	4.6201	**2.6058**
9 月	1.9066	2.0333	1.8586	1.8292	1.8368	**1.0423**
10 月	7.0364	7.3481	7.0863	7.0501	7.0920	**3.8583**
11 月	6.5253	7.0495	6.4040	6.2939	6.4294	**3.8649**
12 月	9.9320	8.5127	8.5986	8.4681	8.5848	**4.2001**

从表 7.6 和表 7.7、图 7.12 和图 7.13 可以看出，本书所提方法能大幅提高基于 SCADA 数据的风电功率预测能力。对于所有月份，所提方法相比于其他方法在 P_NRMSE 指标上至少能降低 19.09%~50.23%，在 P_NMAE 指标上至少能降低 16.78%~50.66%。以 1 月份为例，所提方法比其他五种方法在 P_NRMSE 上分别降低了 46.60%、46.31%、45.76% 和 45.78%；在 P_NMAE 上分别降低了 43.77%、48.26%、48.38%、44.58%、43.82% 和 44.33%。由图 7.12 和图 7.13 还可看出，所提方法在 2 月份和 3 月份改善的效果相对较差，

在 5 月份、9 月份和 12 月份改善的幅度较大。其原因可能是 2 月份和 3 月份的数据更加复杂，其中蕴含的环境及操作因素难以利用简单的 WPD 算法进行细致分析。

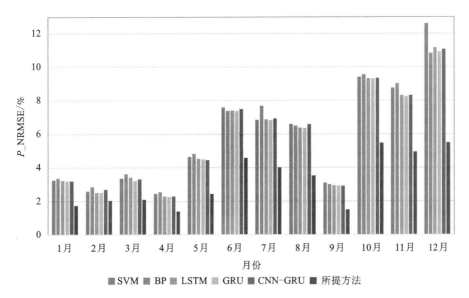

图 7.12　所有方法的 P_NRMSE 指标

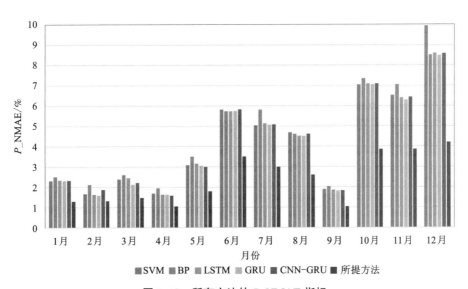

图 7.13　所有方法的 P_NMAE 指标

对于 SVM、LSTM、GRU 和 CNN-GRU 方法，其预测性能相差不大；而 BP 方法的预测效果较其他方法更差。主要的原因在于这些模型直接对 SCADA 数据本身进行建模分析，受 SCADA 数据的复杂因素及噪声影响，难以学习到有用信息。从图 7.13 中还可以看出，GRU 虽然是 LSTM 的变体，但在预测效果上要好于 LSTM；其中在 P_NRMSE 指标上平均降低 1.17%，在 P_NMAE 指标上平均降低 2.29%。对于 CNN-GRU 方法，CNN 的加入并没有明显改善 GRU 的性能。另外，对于 SVM 和 BP 方法，本身没有时间记忆能力，难以对 SCADA 数据中的时间信息产生良好的存储和传递。本书所提方法在 WPD 算法处理的基础上，得到了相对更纯粹的信息，这些信息可以帮助改善风电功率预测性能。而 GRU 本身的应用将数据中的时间信息记忆了下来，并传递给未来时刻。为了更直观地展示预测性能，图 7.14 绘制了 1 月和 12 月所有方法的预测结果。可以看出，本书所提方法能更精确地预测风电功率变化趋势。

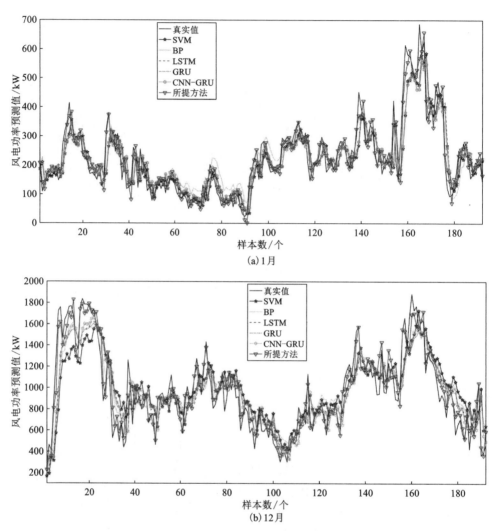

图 7.14　所有方法预测结果

7.4.7　多步验证

　　为了更好地验证所提方法的性能，本书开展了 2~4 步的多步预测仿真实验(预测水平为从 30 min 到 1 h)。在多步验证过程中，选择了 BP、LSTM、GRU 和 CNN-GRU 四种方法进行对比实验。为了测试所提方法在不同时段数据上的性能，选择 2020 年每个季节的第一月作为数据集，共得到四个数据集。其中，每个数据集划分训练集和测试集的方式与单步实验一致。所有方法预测结果的 P_NRMSE 和 P_NMAE 值见表 7.8 和表 7.9。为了便于对比，单步预测结果也在表中。图 7.15 绘制了两个指标的柱形图。

表 7.8　所有方法多步预测结果的 *P*_NRMSE 值(%)

季节	春季	夏季	秋季	冬季	春季	夏季	秋季	冬季
方法	15 min				30 min			
BP	3.3611	2.5518	7.6898	9.0222	3.7177	3.2738	8.1972	9.5333
LSTM	3.2392	2.2895	6.8869	8.3191	3.6549	3.0256	8.2154	9.2688
GRU	3.2065	2.2543	6.8445	8.2592	3.6193	3.0719	8.1536	9.2605
CNN-GRU	3.2079	2.2863	6.9346	8.3225	3.6647	2.9875	8.1333	9.2879
所提方法	**1.7392**	**1.3988**	**4.0148**	**4.9456**	**3.3850**	**2.6322**	**7.5809**	**8.2101**
方法	45 min				1 h			
BP	4.1031	3.6270	9.6472	10.1018	4.4578	3.7915	8.6804	10.3101
LSTM	3.8887	3.3017	9.4012	9.7197	4.3348	3.7361	8.6896	10.0973
GRU	3.9463	3.4666	9.3195	9.6471	4.3160	3.4948	8.8043	10.1900
CNN-GRU	3.9458	3.3849	9.4246	9.8968	4.4070	3.6971	8.8574	10.2696
所提方法	**3.7156**	**2.8084**	**7.7778**	**7.9926**	**4.2207**	**3.4759**	**7.9002**	**9.8562**

表 7.9　所有方法多步预测结果的 *P*_NMAE 值(%)

季节	春季	夏季	秋季	冬季	春季	夏季	秋季	冬季
方法	15 min				30 min			
BP	2.5128	1.9463	5.8080	2.5518	2.6840	2.4537	5.7787	7.3771
LSTM	2.3403	1.6271	5.1305	2.2895	2.6971	2.1570	6.0618	7.3078
GRU	2.3088	1.6298	5.0612	2.2543	2.6324	2.1409	5.9385	7.2385
CNN-GRU	2.3299	1.5796	5.0775	2.2863	2.6805	2.1193	5.9879	7.2557
所提方法	**1.2971**	**1.0480**	**2.9878**	**1.3988**	**2.3763**	**1.9212**	**5.2399**	**6.3042**
方法	45 min				1 h			
BP	2.9074	2.6844	6.7962	7.8397	3.2037	2.8357	6.4662	8.1508
LSTM	2.7893	2.3302	6.6020	7.5712	3.1938	2.6196	6.7076	8.0703
GRU	2.9223	2.3306	6.4847	7.4108	3.1681	2.4047	6.8340	8.0675
CNN-GRU	2.7785	2.3843	6.5466	7.6030	3.2533	2.6224	7.0078	8.1323
所提方法	**2.5296**	**1.9597**	**5.2635**	**6.095**	**2.9403**	**2.4689**	**5.9454**	**7.7213**

　　由表 7.8 和表 7.9 和图 7.15 可知,所提方法在多步预测任务表现出较好的性能。以春季[图 7.15(a)]为例。相比于 BP 方法,所提方法的 *P*_NRMSE 值在 30 分钟预测水平降低了 8.95%(从 3.7177%到 3.3850%),在 1 h 预测水平降低了 5.32%(从 4.4578%到 4.2207%); *P*_NMAE 值降低了 11.46%(从 2.6840%到 2.3763%),在 1 h 预测水平降低了 8.22%(从

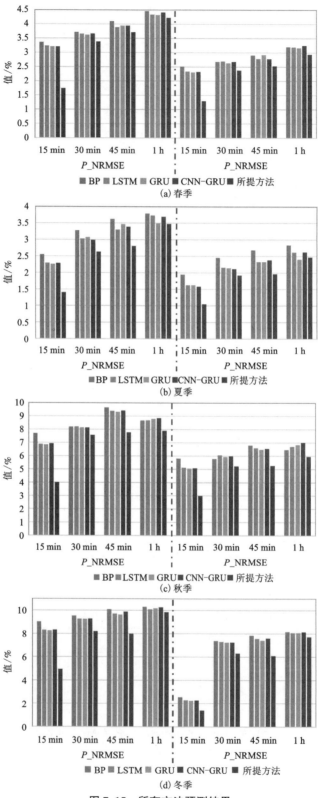

图 7.15 所有方法预测结果

3.2037% 到 2.9403%)。相比 GRU 方法，所提方法的 *P*_NRMSE 值在 30 min 预测水平降低了 6.47% (从 3.6193% 到 3.3850%)，在 1 h 预测水平降低了 2.21% (从 4.3160% 到 4.2207%) ；*P*_NMAE 值降低了 9.73% (从 2.6324% 到 2.3763%)，在 1 h 预测水平降低了 7.19% (从 3.1681% 到 2.9403%)。以秋季 [图 7.15(c)] 为例。相比 BP 方法，所提方法的 *P*_NRMSE 值在 30 min 预测水平降低了 7.52% (从 8.1972% 到 7.5809%)，在 1 h 预测水平降低了 8.99% (从 8.6804% 到 7.9002%) ；*P*_NMAE 值降低了 9.32% (从 5.7787% 到 5.2399%)，在 1 h 预测水平降低了 8.05% (从 6.4662% 到 5.9454%)。相比 GRU 方法，所提方法的 *P*_NRMSE 值在 30 min 预测水平降低了 7.02% (从 8.1536% 到 7.5809%)，在 1 h 预测水平降低了 10.27% (从 8.8043% 到 7.9002%) ；*P*_NMAE 值降低了 11.76% (从 5.9385% 到 5.2399%)，在 1 h 预测水平降低了 13.00% (从 6.834% 到 5.9454%)。由上可知，所提方法能得到比普通模型 (如 BP、GRU) 更高的预测精度。这主要是由于：①所提方法对 SCADA 特征数据提供 WPD 算法进行处理去噪，得到的新特征数据趋势更加明显，噪声信息更少，更有利于模型学习。②由数据可知，GRU 网络本身的时间记忆能力明显，优于 BP 方法和 LSTM 方法，更适合进行风电功率预测。

另外，从图中也可以看出，随着预测水平的增大，所有方法的预测性能都有所降低。这主要是因为随着预测水平的增大，通过过去的 SCADA 数据来预测未来多个时刻的风电功率将更加困难。但整体上看，所提方法在各个预测水平都能保持较其他模型更高的预测精度。表明通过 WPD 算法处理 SCADA 数据中的噪声信息，对风电功率预测任务来说是可行的。

第 8 章　城市供水量预测系统大数据分析实例

城市供水量预测系统（urban water supply forecasting system，UWSFS）是融合了计算机信息技术、网络技术、人工智能技术和管理科学等多技术与多学科的一种信息系统。城市供水管网系统是一个极其复杂的非线性系统，虽然以往研究的城市供水量预测模型在理论研究方面获得了很大的成功，这些预测模型各具优势，如经典的时间序列预测模型、人工神经网络模型、支持向量回归模型和组合模型等；但是还没有任何一种预测模型适用于所有类型的城市供水量预测实例。特别是在管网系统复杂多变的情况下，引起供水量时间序列的随机变化，给定量预测模型的实际工程应用带来了很大的挑战。同时，随着城市供水量数据呈现指数级的增长速度，数据规模越来越大，数据类型也愈加复杂，对城市供水量预测平台的计算能力、处理速度和数据存储容量提出了更高的要求。传统单机环境的存储和计算能力有限，难以应对这种数据增长的挑战。同时计算存储资源配置不够合理，造成了大量的浪费。云计算（cloud computing）作为一种新型的计算服务模式，利用分布式的存储和计算节点，通过网络为用户提供各种存储和计算服务，可有效地针对城市供水管网的海量数据进行存储、分析和共享，解决海量数据计算耗时的问题，提高预测的精度。因此，构建基于深度学习的城市供水量预测云平台，是解决城市供水量预测这类问题的一种有效途径。

本书首先介绍了城市供水量预测的相关内容；然后介绍了基于连续深度信念神经网络深度学习方法预测株洲市日供水量；最后结合株洲市城市供水系统的实际需求，介绍所研发的一款基于深度学习（连续深度信念神经网络）的城市供水量预测云平台，为求解复杂城市供水系统的优化调度问题提供一种新思路和方法。

8.1　城市供水量预测

8.1.1　供水量预测的概念

由于不同时刻城市居民的生产、生活情况等都在不断变化，用水需求具有一定的波动，城市供水量的变化也呈现出一定的周期性和趋势性，使得城市供水量的预测成为可能。城市供水量预测是通过分析城市历史供水量数据的变化规律，综合考虑经济发展、社会等主观因素，以及环境、气候等客观因素的影响，利用经验的、科学的或系统的数学方法等，在符合一定精度要求的前提下，对未来某段时间内的城市供水量进行预测。

城市供水量预测是水务部门进行决策、规划的基础，涉及城市供、排水系统的扩容、投资规划和系统运行、管理和优化。根据预测时间的跨度，可以分为长期、中期和短期预测。

研究者将时间跨越两年以上的预测称为长期预测；时间跨越三个月至不足两年的预测称为中期预测；时间跨越一至三个月的预测称为短期预测；预测周期包括时、日、周和月供水量预测。

由于城市居民与自然系统之间存在紧密的耦合关系，使得城市供水量的预测变得十分复杂。这种耦合关系源于城市居民个人、家庭等微观个体与地区、城市等宏观过程和模式间的多重交互作用。例如，在复杂系统中，微观个体之间局部的相互作用在时间和空间上的积累会产生宏观变量，这些变量反过来影响或约束微观个体的选择。社会和生态系统的这种内在性质对城市水资源的预测和管理提出了重大挑战，单独分析这些影响因素是不科学的；然而，综合考虑各种影响因素、感兴趣的预测变量和供水量决定因素使预测变得非常复杂，在某种程度上变得很困难。

美国水务协会(American water works association，AWWA)的一项调查结果描述了城市用水需求预测中水务公司感兴趣的变量类型：高峰日(73.9%)、日需求(65.9%)、月需求(65.6%)、年度人均需求(65.4%)，以及按客户类别划分的年度需求(58.0%)和收入(57.9%)。研究结果表明，城市需水量预测可以包含在不同时期测量的不同变量。认识到这一点至关重要，如果不明确预测变量、周期和范围，就无法充分回答使用何种方法进行城市用水需求预测的问题。例如，对年度人均需求的有关变量成为适合中长期预测的模型的候选变量。长期预测的变量可能需要完全不同的决定因素与短期预测等效。同样，由于系统总需求可以每小时测量一次，因此对于给定的范围，可能需要不同的预测模型进行预测。系统总需求有时可能包括泄漏和其他不能被视为实际的需求。模拟实际需求或系统总需求(包括泄漏)是否更有用应取决于预测的目的。为了预测收入而对实际需求进行建模似乎是合适的，但系统运营和优化可能需要预测系统总需求。饮用水预测时，许多因素被认为对用水需求有影响，包括从社会经济到天气相关变量等各种衍生变量。

在多样的气候、人口增长的情况下估计城市用水需求的能力与城市水文过程和建模密切相关。供水高峰的预测影响城市公共基础设施的建设。许多地区和城市面临类似的压力，需要扩大供水和分配设施。为了确保城市的供水成本最低和可靠的建设供水基础设施，需要准确估计水库、泵站和管道容量所需的规模和运行情况等。因此，需要建立准确可靠的城市供水预测模型。到目前为止，尚未开发出适用于任何供水系统的通用方法，故很有必要进一步研究供水量预测的方法，以便选择适当的输入样本进行有效预测。

8.1.2　供水量预测步骤

城市供水量预测是综合考虑各种影响因素，对历史供水量数据进行科学分析的过程。供水量的预测可按如下步骤进行。

1. 收集数据
尽可能完备地收集城市历史供水量数据及其相关的影响因素等数据。

2. 数据预处理
城市历史供水量数据为一维的随机的非平稳过程，由于人为或随机因素等的影响，历史供水量时间序列中可能会产生数据缺失和数据错误的异常点，使序列中的噪声分量增大，增加预测的难度。如果直接利用这样的数据进行建模，势必会影响预测的精度和算法的运行速度，导致算法难于收敛，出现预测失真等问题。因此，利用具有异常点的供水量数据建模之前，必须对此类供水量数据进行处理。

（1）对缺失数据的补齐。

历史供水量数据的采集与保存过程中有可能出现不可抗的或人为的数据缺失现象。若缺失的数据较少，可以采用插值的方法进行处理。例如，从时刻 t 至时刻 $t+i$ 的供水量数据缺失，假设时刻 t 和 $t+i$ 对应的供水量数据分别为 x_t 和 x_{t+i}，则时刻 $t+1$ 至时刻 $t+i-1$ 所插值的取值规则为：

$$x_{t+j} = x_t + j \cdot \frac{x_{t+1} - x_t}{i}, \ 0 < j < i \tag{8.1}$$

若供水量数据缺失较多，则插值的方法不再适用，可采用相邻的数据来代替。由于不同时刻的供水量数据具有一定的差异，因此，对此类缺失数据的处理应该利用相同时刻类型的数据来补齐。

（2）对错误数据的处理。

城市供水量数据具有连续性，除发生火灾需要大量供水、爆管等特殊情况外，相邻两个时刻的值一般不会发生突变。假设时刻 t 的值 x_t 发生突变，则将时刻 $t-1$ 的值 x_{t-1} 和时刻 $t+1$ 的值 x_{t+1} 作为比较基准，先设定正常数据的最大变化范围，一般取相邻前后时刻值的 $\pm 15\%$；当 x_t 的值超出这个范围时，视为错误数据，可采用求平均值的方法进行平滑处理，即求前后时刻数据的平均值替代该值。

$$x_t = \frac{x_{t-1} + x_{t+1}}{2} \tag{8.2}$$

然后对所有的数据进行归一化处理，将取值范围变换到区间 $(0, 1)$ 中。

3. 划分数据集

将供水量数据划分为训练集和测试集两部分。其中，训练集的数据量一般为供水量数据集的 70%～90%，剩下的数据为测试集。训练集主要用于训练预测模型，测试集用于评估预测模型的泛化能力。有些文献将供水量数据分为训练集、测试集和验证集三部分，模型的预测能力使用验证集来评估。

4. 构建预测模型

使用训练数据来构建预测模型，确定预测模型的参数。对预测模型的评估可采用交叉验证法：首先，将供水量数据集划分为 k 个数据量相等的互斥子集，每个数据子集均尽可能保持数据分布的一致性。即从供水量数据集中分层采样得到，避免因数据集划分引入的偏差对最终的预测结果产生不良影响。然后，每次使用 $k-1$ 个数据子集的并集作为训练数据集，剩下的数据子集作为测试数据集。这样可以获得 k 组训练、测试数据集，用于进行 k 次训练和测试。最后，返回 k 次测试结果的平均值，通常又称 k 折交叉验证法，k 值一般取 5、10、20 等，常取 10。

5. 评价预测结果

预测结果的准确性需要使用评价指标来衡量，不仅需要评估所提出的预测模型对未来预测的情况，还需要评估预测模型和常用对比模型的性能优劣情况。一般采用测试数据集或验证数据集来评估预测模型的性能优劣程度。目前理论上还没有统一的评价指标适用于所有的情况，通常采用多个评价指标来定量分析模型的预测能力，常用的评价指标有平均绝对百分比误差（mean absolute percentage error，MAPE）、归一化均方误差（normalized root mean square error，NRMSE)、相关系数(correlation coefficient，CC)和决定系数(coefficient of determination，DC)等。

8.1.3　预测误差评价指标

预测误差评价指标提供了一种测量预测准确度的方法，在选择适当的模型方面发挥了重要作用。通过将预测值与观测值进行比较可评估预测的准确性，以减少未来预测的偏差。

目前，常用于评价预测模型性能的主要指标定义如下。

1. 平均绝对百分比误差(MAPE)。

$$I_{\text{MAPE}} = \frac{100}{n} \sum_{t=1}^{n} \left| \frac{x(t) - \hat{x}(t)}{x(t)} \right| \tag{8.3}$$

式中，$x(t)$ 和 $\hat{x}(t)$ 分别为 t 时刻的观测值和预测值；n 为预测值的数量。

I_{MAPE} 是一种评价模型预测能力的无偏估计量，由于采用相对误差的直观解释，常被应用于实践中。I_{MAPE} 用于从预测误差的角度评估模型的预测效果，其值越小，模型的预测精度越高。

(2)归一化均方误差(NRMSE)。

$$I_{\text{NRMSE}} = \frac{\sqrt{\dfrac{1}{n} \sum_{t=1}^{n} (x(t) - \hat{x}(t))^2}}{\dfrac{1}{n} \sum_{t=1}^{n} x(t)} \tag{8.4}$$

I_{NRMSE} 表示预测的总精度。I_{NRMSE} 的值越小表示残差越小，且观测值与预测值之间的一致性较强。

(3)相关系数(CC)。

$$I_{\text{CC}} = \frac{\sum_{t=1}^{n} (x(t) - \bar{x}(t))(\hat{x}(t) - \bar{\hat{x}}(t))}{\sqrt{\sum_{t=1}^{n} (x(t) - \bar{x}(t))^2 \sum_{t=1}^{n} (\hat{x}(t) - \bar{\hat{x}}(t))^2}} \tag{8.5}$$

式中，$\bar{x}(t)$ 和 $\bar{\hat{x}}(t)$ 分别为观测值和预测值的均值。

I_{CC} 表示预测值与观测值之间的线性关系。I_{CC} 的值越接近于 1 表示模型的预测值与观测值的吻合度越好，模型的预测能力越强。

(4)决定系数(DC)。

$$I_{\text{DC}} = 1 - \frac{\sum_{t=1}^{n} [x(t) - \hat{x}(t)]^2}{\sum_{t=1}^{n} [x(t) - \bar{x}(t)]^2} \tag{8.6}$$

I_{DC} 表示预测值和观测值之间的不一致性，以及两个变量的散点图中接近平分线的点数。根据式(8.6)，若 $\sum_{t=1}^{n} [x(t) - \hat{x}(t)]^2 = 0$，则 $I_{\text{DC}} = 1$，表示理想模型的预测性能。

8.2 基于连续深度信念神经网络的城市日供水量预测

8.2.1 连续深度信念神经网络

深度信念网络 DBN 实现了一种逐层独立的训练方法，即每一层都获取前一层的特征，直到获取训练数据集的特征。经过独立训练后，采用反向传播监督法进行微调。因此，网络的初始参数更符合最优解。

如图 8.1 所示，DBN 的结构具有一个输入层、l 个隐藏层和一个输出层。图中 w^l 表示 l 层和 $l-1$ 之间的权重矩阵。

DBN 是由一组 RBMs 堆叠而成，有研究者提出了一种基于 RBMs 序列训练的贪婪分层无监督学习算法。RBM 是一种双层神经网络模型，由可视层节点 v 和随机隐藏层节点 h 通过对称加权相互连接，而同一层内的神经元节点之间没有连接。

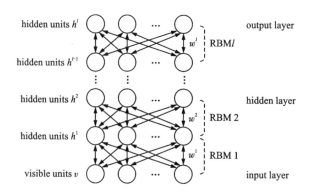

图 8.1 由 l 个 RBM 构成的具有 l 个隐藏层的 DBN 的结构

可视层节点和隐藏层节点的状态概率表示为：

$$p(v_i = 1) = \text{sigm}(\sum_j w_{ij} h_j) \tag{8.7}$$

$$p(h_j = 1) = \text{sigm}(\sum_i w_{ij} v_i) \tag{8.8}$$

式中，sigm(·)为 sigmoid 函数；v_i 和 h_j 分别为可视层第 i 个节点和隐藏层第 j 个节点的状态；$w_{ij} = w_{ji}$ 为节点 i 和 j 的双向对称连接权重。

在此基础上，有研究者提出了更加快速、更加高效的学习算法训练 RBM。即，将训练数据从可视层节点 v_i 输入，根据式(8.7)计算隐藏层节点的状态。使用式(8.7)和式(8.8)重复上述过程后，产生单步重建节点的状态 v'_i 和 h'_j。权重 Δw_{ij} 的更新方式如下：

$$\Delta w_{ij} = \eta (<v_i h_j> - <v'_i h'_j>) \tag{8.9}$$

式中，η 为学习率；$<\cdot>$为训练数据的平均值。

由于 RBM 具有处理连续数据和函数建模的能力，基于此提出了连续随机生成模型连续 RBM(CRBM)。通过将均值为零的高斯随机噪声添加到采样 sigmoid 节点的输入，使得 CRBM 的节点具有连续状态值，模型具有处理实际的连续数据能力。因此，采用 CRBM 构建的 CDBN 能够对连续数据进行建模。

对于 CRBM，s_j 和 s_i 分别表示随机节点 j 和 i 的状态，w_{ij} 表示节点 i 和 j 的相互关联的权重，则节点 j 和 i 的状态为：

$$s_j = \varphi_j \left(\sum_i w_{ij} s_i + \sigma \cdot N_j(0, 1) \right) \tag{8.10}$$

$$s_i = \varphi_i \left(\sum_j w_{ij} s_j + \sigma \cdot N_i(0, 1) \right) \tag{8.11}$$

其中

$$\varphi_j(x_j) = \theta_L + (\theta_H - \theta_L) \cdot \frac{1}{1 + e^{(-a_j x_j)}} \tag{8.12}$$

$$\varphi_i(x_i) = \theta_L + (\theta_H - \theta_L) \cdot \frac{1}{1 + e^{(-a_i x_i)}} \tag{8.13}$$

式中，$N_j(0, 1)$ 和 $N_i(0, 1)$ 为零均值和单位方差的高斯随机变量；σ 为常数；$\varphi_j(x)$ 和 $\varphi_i(x)$ 是上、下边界为 θ_H 和 θ_L 的 sigmoid 函数；a_j 和 a_i 控制 sigmoid 函数的斜率，影响节点随机行为的性质。w_{ij}，a_j 和 a_i 的更新公式：

$$\Delta w_{ij} = \eta_w (< s_i s_j > - < s_i' s_j' >) \tag{8.14}$$

$$\Delta a_j = \frac{\eta_a}{a_j^2} (< s_j^2 > - < s_j'^2 >) \tag{8.15}$$

$$\Delta a_i = \frac{\eta_a}{a_i^2} (< s_i^2 > - < s_i'^2 >) \tag{8.16}$$

式中，η_w 和 η_a 为学习率；s_j' 和 s_i' 分别为节点 j 和 i 的单步采样状态；$< \cdot >$ 为训练数据的均值。

采用逐层无监督学习的方法训练 CDBN 模型，其中第一个 CRBM 输入原始训练数据进行训练，它的输出作为下一个 CRBM 的输入数据。重复这种学习策略直到符合预先设定的条件，然后使用前述的对比散度算法作为 CRBM 模型微调参数的方法。

8.2.2　建模过程

本书实例建模的总体思路是采用连续受限 Boltzmann 机（CRBMs）构建 CDBN 模型，用于提取原始日供水量数据的潜在特征；所学特征作为 BP 神经网络的输入进行特征回归，构建 CDBNN 模型。通过对权重的微调，将经过训练的 CDBNN 模型作为回归工具，用于预测城市的日供水量。

在 CDBNN 的建模过程中，输入节点、隐藏层节点和隐藏层的数量都是关键的参数，这些参数的选择仍是一项困难的任务，目前还没有成熟的理论来指导解决这个问题。基于混沌相空间重构方法和单步预测，新的时间序列被选择作为输入以及 CDBNN 模型的输出。因此，本书实例所采用的 CDBNN 预测模型体系结构如图 8.2 所示。

本书实例采用单步预测的方法，一次预测只输出下一天的日供水量的数据，预测完成后，对应日供水量的实际值与其他真实的历史数据一起构成新的输入数据，输入到 CDBNN 模型中，进行下一步预测。单步预测有助于检验预测模型的适应性和鲁棒性，如果一个不准确的预测值发生在某一步，由于真实的观测值被用来修正下一步的预测，因此不会引起连锁反应，不会导致预测模型引起的任何灾难性后果。

研究实例的日供水量数据来自不同规模的两个自来水厂，株洲市 A 自来水厂和 B 自来水厂。在 A 自来水厂中，收集了从 2012 年 1 月 1 日到 2016 年 1 月 1 日共 1462 个日供水量数据，其中从 2012 年 1 月 1 日到 2015 年 5 月 8 日共 1224 个日供水量数据用于训练数据集，剩下的 238 个日供水量数据用于测试数据集。在 B 自来水厂中，收集了从 2015 年 1 月 1 日到 12 月 26 日共 360 个日供水量数据，其中 256 个数据作为训练样本，剩余的 104 个数据作为测试样本。两个自来水厂日供水量时间序列如图 8.3 所示。

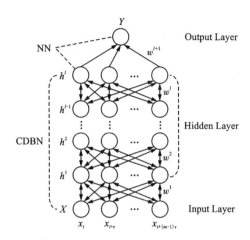

图 8.2　基于相空间重构的 CDBNN 预测模型的结构

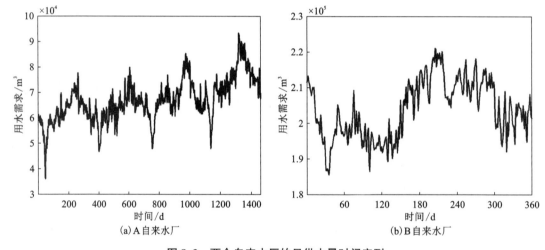

图 8.3　两个自来水厂的日供水量时间序列

采用 CC 方法来计算这两组数据的最佳嵌入维数 m 和最佳延迟时间 τ。其中，A 自来水厂日供水量时间序列的 $m=3$，$\tau=6$；B 自来水厂日供水量时间序列的 $m=2$，$\tau=6$。两个日供水量时间序列的 CDBNN 预测模型的参数选择、输入和输出如表 8.1 所示。使用这两个参数将原始的一维数据进行相空间重构，得到的新数据用于后续建模，如图 8.2 所示。

表 8.1　两个日供水量时间序列的 CDBNN 模型参数

采样数据集	m	τ	输入	输出
A 自来水厂	3	6	$x_1(t+1)$，$x_1(t+7)$，$x_1(t+13)$	$x_1(t+14)$
B 自来水厂	2	6	$x_2(t+1)$，$x_2(t+7)$	$x_2(t+8)$

本书采用的实验方法选择 CDBNN 模型的隐藏层节点和隐藏层的数目。由于研究者已经证明了 ANNs 的预测性能对隐藏节点的数量没有输入节点的数量敏感,因此,隐藏节点的数量设定为 6 个级别:4、8、12、16、20 和 24。有研究者发现,具有多个隐藏层的模型比具有单个隐藏层的模型性能更好。因此,CDBNN 的隐藏层数设定为 1~3,基于 CDBNN 模型定量的学习性能停止隐藏层数的增加。

本书以 A 自来水厂的日供水量时间序列为例,详细阐述 CDBNN 模型的建模过程。首先,采用 3 个输入节点和 1 个隐藏层初始化 CDBNN 模型。CDBNN 模型的隐藏层节点数量对训练数据集的日供水量预测性能的影响如表 8.2 所示。表 8.2 中列出了 NRMSE、CC 和 MAPE 三个评价指标的值,所有值均取算法运行 20 次的平均值。实验结果表明,最佳 NRMSE、CC 和 MAPE 值分别出现在模型具有 8 个隐藏节点时。此时,三个评价指标的值分别为 0.025442、0.971322 和 1.938575。因此,CDBNN 模型第一个隐藏层的节点数设置为 8。

表 8.2 具有一个隐藏层的 CDBNN 对 A 自来水厂日供水量的预测结果

隐藏层节点数	I_{NRMSE}	I_{CC}	I_{MAPE}
4	0.025866	0.970319	1.973795
8	0.025442	0.971322	1.938575
12	0.025570	0.971025	1.950571
16	0.025953	0.970117	1.981870
20	0.026932	0.967737	2.062335
24	0.027572	0.966153	2.107311

然后,用两个隐藏层初始化 CDBNN 模型,预测性能如表 8.3 所示。实验结果表明,CDBNN 模型第二隐藏层具有 8 个节点时学习效果最好,三个评价指标 NRMSE、CC 和 MAPE 的值分别为 0.025227、0.971812 和 1.918199。因此,选择 CDBNN 模型的第二个隐藏层节点数为 8。研究者同时发现,具有两个隐藏层的 CDBNN 模型的预测性能优于仅有一个隐藏层的 CDBNN 模型。

表 8.3 具有两个隐藏层的 CDBNN 对 A 自来水厂日供水量的预测结果

隐藏层节点数	I_{NRMSE}	I_{CC}	I_{MAPE}
4	0.026064	0.969886	1.982364
8	0.025227	0.971812	1.918199
12	0.025661	0.970812	1.953761
16	0.025878	0.970295	1.969091
20	0.026496	0.968778	2.012393
24	0.026900	0.967842	2.042082

确定 CDBNN 模型的第二个隐藏层的节点数后，接下来考虑具有三个隐藏层的 CDBNN 模型。表8.4列出了第三个隐藏层节点数对模型预测性能的影响。从表8.4中可以看出，三个评价指标 NRMSE、CC、MAPE 在第三个隐藏层具有 12 个节点时表现最好，分别为 0.025474、0.971248 和 1.944110。然而，具有两个隐藏层的 CDBNN 模型的 NRMSE、CC 和 MAPE 优于具有三个隐藏层的 CDBNN 模型。基于这个实验现象，随着 CDBNN 模型隐藏层数的增加，预测误差先减小后增大。对于 A 自来水厂日供水量，选择具有两个隐藏层的 CDBNN 模型。该模型的最优结构为 3-8-8-1，即 CDBNN 模型的输入层有 3 个节点，第 1 个隐藏层有 8 个节点，第 2 个隐藏层有 8 个节点，输出层有 1 个节点。此时，三个评价指标 NRMSE、CC 和 MAPE 的值均为最优值。

表 8.4　具有三个隐藏层的 CDBNN 对 A 自来水厂日供水量的预测结果

隐藏层节点数	I_{NRMSE}	I_{CC}	I_{MAPE}
4	0.025835	0.970426	1.969678
8	0.025592	0.970981	1.952750
12	0.025474	0.971248	1.944110
16	0.025505	0.971178	1.946534
20	0.027384	0.966125	2.093709
24	0.026402	0.968931	2.017101

类似于上述实验方法，B 自来水厂日供水量时间序列的 CDBNN 预测模型的结构和预测性能如表8.5所示。从表8.5可以看出，三个评价指标 NRMSE、CC 和 MAPE 的最优值出现在第一个隐藏层具有 20 个节点，第二个隐藏层有 8 个节点，第三个隐藏层有 12 个节点。然而，具有三个隐藏层的 CDBNN 模型的预测性能比具有两个隐藏层的 CDBNN 模型更差一些。因此，B 自来水厂日供水量时间序列的 CDBNN 模型的结构为 2-20-8-1，即输入层具有 2 个节点，第一个隐藏层为 20 个节点，第二个隐藏层为 8 个节点，输出为 1 个节点。

表 8.5　具有不同隐藏层的 CDBNN 对 B 自来水厂日供水量的预测结果

隐藏层	节点数	I_{NRMSE}	I_{CC}	I_{MAPE}
1	4	0.013138	0.952072	1.033665
	8	0.013108	0.952295	1.031058
	12	0.013113	0.952253	1.031715
	16	0.013092	0.952410	1.029463
	20	0.013072	0.952565	1.027810
	24	0.013099	0.952353	1.034166

续表8.5

隐藏层	节点数	I_{NRMSE}	I_{CC}	I_{MAPE}
2	4	0.013070	0.952578	1.027934
	8	0.013040	0.952798	1.024683
	12	0.013068	0.952592	1.027599
	16	0.013060	0.952653	1.027082
	20	0.013085	0.952463	1.029526
	24	0.013100	0.952353	1.031066
3	4	0.013062	0.952639	1.027225
	8	0.013068	0.952592	1.027597
	12	0.013051	0.952717	1.025398
	16	0.013062	0.952634	1.026825
	20	0.013063	0.952626	1.027129
	24	0.013078	0.952520	1.028180

除了上述参数以外，CDBNN 模型中还有其他参数需要设置。首先，权重矩阵的更新方法。式(8.10)和式(8.11)中 w_{ij} 的初值，式(8.12)中 a_j 的初值，以及式(8.13)中 a_i 的初值在训练 CDBNN 模型时都需要考虑。本书先训练第一个 CRBM 并更新了它的权重矩阵直到它达到稳定。然后，用前一个 CRBM 已确定的权重矩阵对后续的 CRBM 进行训练。为了达到全局最优，在实验中使用一组随机生成的初始值。本书采用 50 组不同的初始值对每个 CDBNN 模型训练 50 次，利用 50 次运行的平均值作为 CDBNN 模型的训练结构，利用误差的反向传播算法对模型的权值矩阵进行微调，获得最优的重构结构。

本书采用 10 折交叉验证的方法来确定式(8.14)中的学习率 η_w，式(8.15)和式(8.16)中的学习率 η_a、噪声控制参数 a_j 和 a_i，式(8.10)和式(8.11)中的常数 σ。式(8.12)和式(8.13)中的 θ_H 和 θ_L 采用固定值，在 CDBN 模型训练前设定为整个训练样本的最小值和最大值。

8.2.3 预测结果

CDBNN 模型的预测结果如图 8.4 和图 8.5 所示。图 8.4 展示了训练阶段 A 自来水厂和 B 自来水厂日供水量时间序列的建模结果和散点图。由图 8.4(a)和图 8.4(c)可以看出，预测值能较好地随实际值的变化而变化。图 8.4(b)和图 8.4(d)显示了预测值与观测值之间相关性的分析结果，很明显预测值与实际值的吻合度较好。图 8.5 分别显示了测试阶段 A 自来水厂和 B 自来水厂日供水量时间序列的预测结果和散点图。如图 8.5(a)和图 8.5(c)所示，CDBNN 模型的预测结果较好的跟随了观测值的趋势和周期性。图 8.5(b)和图 8.5(d)表明，测试阶段预测值和观测值之间的相关性非常一致，进一步验证了本书提出的 CDBNN 模型具有良好的学习和预测能力。在日供水量的峰值时，预测精度较低，预测结果有明显的延迟。两个自来水厂日供水量数据在测试数据阶段的定量评价结果可知，A 自来水厂为 $I_{NRMSE} =$

0.025538，$I_{CC} = 0.957357$，$I_{MAPE} = 1.954691$，B 自来水厂为 $I_{NRMSE} = 0.014223$，$I_{CC} = 0.883067$，$I_{MAPE} = 1.154159$。

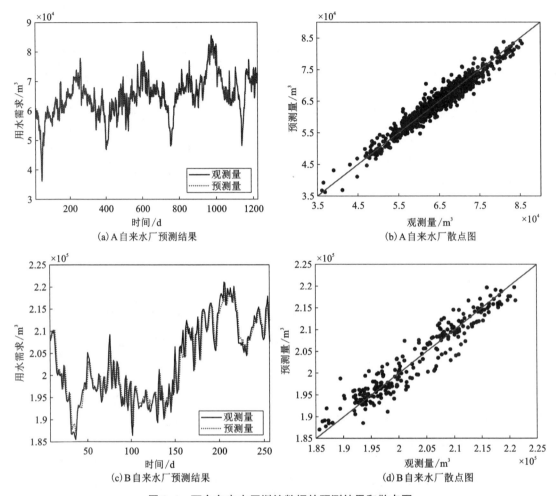

图8.4　两个自来水厂训练数据的预测结果和散点图

为了检验本书提出的 CDBNN 模型的预测性能，将 SVR、GRNN 和 FFNN 模型采用相同的测试数据进行了对比。在 SVR 建模过程中，核函数采用高斯径向基函数，不敏感损失函数 ε 的值设置为 0.1，并采用粒子群优化算法（particle swarm optimization algorithm，PSO）选择其他参数。GRNN 平滑参数 Spread 的值选择范围非常重要，采用了五倍交叉验证的方法来保证模型的总体预测误差最小。FFNN 模型采用与 CDBNN 相同的层数和节点数，隐藏层使用 logistic 激活函数，输出层采用线性激活函数，代价函数为均方误差，利用反向传播算法进行训练。

采用图 8.1 所示的数据集，SVR、GRNN、FFNN 和 CDBNN 四个模型对两个自来水厂日供水量数据预测的定量评价结果见表 8.6，所有取值均为算法运行 10 次的平均值。从表 8.6 中可以看出，与 SVR、GRNN 和 FFNN 相比，本书所提出 CDBNN 模型具有最佳的预测性能，是一种行之有效的日供水量预测工具。

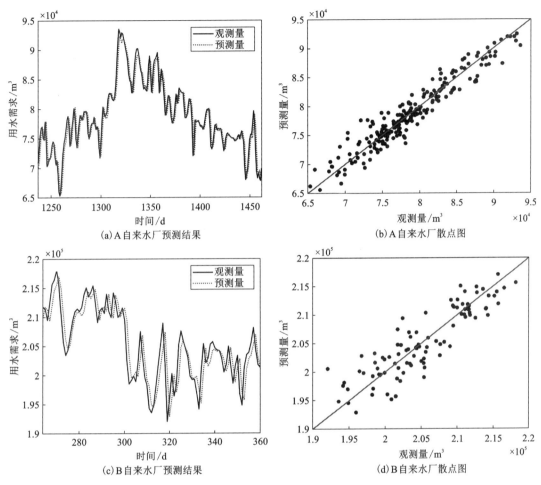

图 8.5 两个自来水厂测试数据的预测结果和散点图

表 8.6 不同模型的预测性能比较

数据集	模型	I_{NRMSE}	I_{CC}	I_{MAPE}
A 自来水厂	SVR	0.030478	0.938458	2.454645
	GRNN	0.050302	0.801549	3.678658
	FFNN	0.029237	0.935413	2.115739
	CDBNN	0.025538	0.957357	1.954691
B 自来水厂	SVR	0.014329	0.879448	1.174410
	GRNN	0.014719	0.873954	1.212272
	FFNN	0.016387	0.868062	1.347109
	CDBNN	0.014223	0.883067	1.154159

8.3 城市供水量预测云平台的实现

8.3.1 系统需求分析

充分利用云平台强大的计算能力和存储能力，针对城市供水量管网系统优化调度的实际需求，以提高城市供水量的预测精度为目标，为管网系统的实际运行提供有效的数据支持，改善城市供水量管网系统的运营水平，提高供水系统运行的经济社会效益，本书所研发的城市供水量预测云平台至少具有以下需求。

1. 数据存储与管理

城市供水量预测的基础是基于海量的供水量历史数据，系统、全面、准确地收集相关历史数据。针对历史的数据进行准确的处理与分析是实现精确预测的前提，包括实现云端的数据存储，对历史数据进行查询，可视化的展示，以及根据预测模型的需求进行数据的预处理，如对"伪数据"的处理和数据的归一化等。此外，还需要实现对预处理数据、预测结果等数据的管理。

2. 实现时、日、周、月和年供水量预测

根据城市供水量优化调度的实际需求，系统采用模块化的设计思想，具有清晰的结构，实现实时性好、精度高的时、日、周、月和年的城市供水量预测，对城市供水管网系统的规划建设、优化调度提供指导。

3. 预测模型库丰富

提高城市供水量的预测精度是设计预测云平台的关键所在。同一个预测模型对于不同供水量数据集的预测精度可能有所不同，为了满足对不同供水量数据集的预测精度的要求，预测云平台应包含较多先进的、经典的预测模型等，针对新数据集或预测精度达不到实际需求时实现新预测模型的训练，用于满足不同供水量预测任务的实际需求。另外，实现预测系统对不同预测任务的快速预测，提高预测系统的实时性，对于指导城市供水量的优化调度与决策十分重要。

4. 良好的兼容性和可扩展性

云平台的硬件和软件系统都有可能会升级，针对不同的系统环境，预测云平台应该具备良好的可移植性和兼容性。城市供水量数据具有强非线性，随着时间的变化，供水量数据的规律变化迅速，预测出现的问题种类繁多且复杂；同时，先进的预测理论和算法层出不穷，预测系统应具备良好的可扩展性，以扩展新的预测模型、算法和功能模块。系统具备良好的架构和丰富的接口，为系统进行升级、运行维护和二次开发奠定基础。

5. 友好的人机对话界面

充分考虑用户操作和使用的方便性，供水量预测系统具有美观、友好、简单易操作的人机对话界面。

8.3.2 系统结构设计

本书实例根据城市供水量预测系统的实际需求，基于深度学习的城市供水量预测方法，引入云计算存储的相关技术，构建了基于深度学习的城市供水量预测云平台，如图8.6所示。

该平台整合了云计算技术强大的存储和计算服务能力，支持海量供水量数据的云端存储和计算，将数据预处理、模型训练、供水量预测、性能评估、海量供水量数据库、预测模型库和知识库等进行云化，通过接口层以 Web 服务方式向用户提供供水量数据预处理和预测等服务。

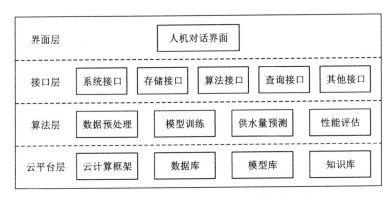

图 8.6　城市供水量预测云平台架构

在图 8.6 中，基于深度学习的城市供水量预测云平台由界面层、接口层、算法层和云平台层四部分，组成各层的具体功能详细描述如下。

1. 界面层

人机对话界面是用户与城市供水量预测云平台进行交互的工具。用户发出操作命令，通过人机对话客户端界面将信息传递给供水量预测云平台；平台接收到用户的指令后，执行相应的操作，并返回操作结果，通过人机对话界面直观地将信息反馈给用户。系统的人机对话界面客户端采用 C 语言编程，主菜单包括时、日、周、月和年供水量预测五个选项，每个主菜单又包括数据预处理、模型选择、模型训练和供水量预测四个子功能。采用多窗口技术，用户操作方便、简单，系统的信息显示直观；预测模型训练环节的参数设置简单，提高了系统预测的效率。

2. 接口层

接口层是界面层和算法层、云平台层之间实现数据交换和信息传递的通道，包含了一些通用性程序和算法的编程接口，具体包括系统接口、存储接口、算法接口、查询接口和其他接口等。

3. 算法层

算法层是供水预测云平台的核心功能层，完成城市供水量原始数据的预处理、模型训练、供水量预测和性能评估。另外还负责接收用户通过人机对话界面传递的信息，完成供水量预测后将预测结果返回人机对话界面。在数据预处理、模型训练、供水量预测和性能评估的过程中，根据需要与数据库、模型库和知识库进行协调，获取各种有益的资源信息来完成满足精度要求的预测。数据处理与预测程序等采用 MATLAB 语言编程实现，主要功能模块如下。

（1）数据预处理。为了能够满足预测模型对数据的要求，需要对原始的城市供水量数据进行必要的预处理。如针对原始数据中出现的异常值和缺失值等，对它们进行修正；对原始数据进行必要的数据处理与转换，如归一化、相空间重构等。数据预处理所采用的技术和方法均从知识库中调用。

（2）模型训练与供水量预测。按照用户的需求，针对不同的供水量数据，从模型库中选取与之对应的预测模型。根据预测模型的固有特点，从知识库中寻求最优的解决方案来优化模型的参数。基于最优的输入特征和模型参数组合构建合适的预测模型，对城市供水量进行预测。

（3）性能评估。对不同数据、不同模型的预测结果进行定性和定量的误差评估，通过与模型库和知识库交互，筛选迭代预测性能更优的模型，为预测模型的参数优化、特征选择和模型的选择等提供指导。

4. 云平台层

云平台层为供水量预测云系统提供存储空间和计算服务，包括 HDFS 文件系统和 HBase 数据库，提供了 MapReduce 分布式云计算框架，实现海量供水量数据、模型和知识以数据块的形式分布式存储。供水量历史数据的备份、容错等功能由 Hadoop 自带功能实现。各库的功能描述如下。

（1）数据库负责存储和管理城市供水量的原始数据，预处理后的数据，以及预测模型运行的中间数据、预测结果、预测误差等数据和信息，为数据处理与预测程序提供数据共享与交流。

（2）模型库中存储了经典的城市供水量预测模型，如人工神经网络模型 ANN，支持向量回归 SVR，等等。针对不同的供水量数据，不同的预测模型需要设置不同的参数。因此，模型库不仅存储了预测模型的算法，还包含了预测模型的应用条件，模型参数的取值范围或者取值等信息。

（3）知识库主要存储的信息包括数据预处理的技术和方法，数据归一化的方法，数据集的划分规则，预测模型的参数选取规则，预测结果的评价指标（MAPE、NRMSE、COR 和 RR）等内容。

8.3.3 系统工作流程

城市供水量预测云平台的工作流程如图 8.7 所示。系统的工作过程描述如下：

（1）用户通过客户端的人机对话界面下达具体的预测任务。云平台接收到用户下达的供水量预测任务后，从数据库中获取对应的城市供水量数据。

（2）供水量数据的预处理。根据预测需求等相关知识，从知识库中调用相关的数据预处理技术和方法对原始数据进行分析和适当的处理。如对供水量数据中出现的异常值和缺失值的处理，对数据进行归一化等操作。

（3）选择预测模型并进行训练。根据用户的需求和数据的特征，从模型库选择合适的预测模型，从知识库中获取数据集的划分方式，模型参数的选取规则，以及预测结果的评价指标等，对模型进行训练。

（4）判断训练模型的精度。若训练模型的精度达到要求，则将训练好的模型保存到模型库，将模型训练的相关信息保存到知识库；否则调整参数，重新进行训练，直至精度满足要求。

（5）供水量预测并输出预测结果。从模型库选择训练好的模型应用于城市供水量的预测，输出预测结果，并将预测结果的相关数据存储到数据库；同时将预测结果通过人机对话界面可视化显示给用户。

（6）模型性能评估。执行知识库中的模型性能评估方法，评价模型的预测性能，将定性的评价指标参数通过人机交互界面反馈给用户；同时将模型的预测性能评价结果等相关信息存储至知识库。

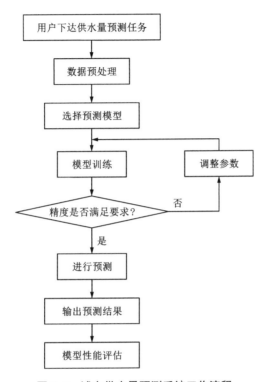

图 8.7 城市供水量预测系统工作流程

8.3.4 MATLAB 算法在 Hadoop 平台上的实现

本书利用 Hadoop 平台和云计算的核心技术 MapReduce 实现供水量数据的预测和存储，Hadoop 框架的底层代码采用 Java 语言编程实现，而供水量预测算法使用 Java 语言编程的运算效率不高。MATLAB 具有强大的数据处理能力、科学计算能力和模块化集合的工具箱，因此本书供水量数据的预处理、预测算法和优化计算均采用 MATLAB 编程，极大地提高了程序开发的效率。MATLAB 2014b 以上的版本，均支持 Hadoop 平台和 MATLAB 之间的交互调用其具体实现主要有三种方法。

1. 采用 MATLAB 自带的 MapReduce 实现并行计算架构

MATLAB 集成了许多大数据分析和处理的模型和方法，MapReduce 可实现对大数据的统计分析、数据挖掘等的编程模型；通过使用内置并行计算的工具箱，在不改变原算法的前提下，可分析和处理并未存储在数据库中的数据。同时，MATLAB 自带的 MapReduce 基于矩阵优化分析的方法，完全兼容 Hadoop 架构中 MapReduce 编程方法，可在 Hadoop 平台上运行 MATLAB 实现的 MapReduce 算法。

MATLAB 中实现 MapReduce 算法分为三步：首先使用数据库存储系统需要处理的大数

据；在 MATLAB 软件中实现 map 和 reduce 函数；最后使用 MapReduce 来执行 Map 和 Reduce 函数。这种方法适用于单机运行。

2. 将 map 和 reduce 类编译成 Hadoop 平台的可执行程序

利用 MATLAB 编辑好 map 和 reduce 类，使用编译器 MATLAB Compiler 转换成对应的可执行程序；在确保正确的 Hadoop 集群和客户端配置环境、应用程序的输出规则和格式后，将算法部署在 Hadoop 云平台上运行。

3. 利用 MATLAB 分布式计算服务器

搭建分布式 MATLAB 并行计算集群，在客户端进行应用开发；利用分布式 MATLAB 计算服务器的 MATLAB 软件直接执行 MapReduce 算法，并将对应的 Hadoop 程序提交到计算集群上运行。

本书采用上述第二种方法实现 Hadoop 平台和 MATLAB 算法之间的调用，即利用编译器 MATLAB Compiler 将 Map 类和 Reduce 类编译成 Hadoop 平台的可执行程序，部署在计算集群上运行。以 CDBNN 算法为例，Hadoop 平台和 CDBNN 算法之间调用的实现过程如下。

（1）编写 Map 函数 cdbnnMapFun（）。

```
functioncdbnnMapFun(wsdata, info, interKeyStore)
wdata = dataPreFun(wsdata.clf);
add(interKeyStore, 'wdata', wdata);
```

函数 cdbnnMapper（）的输入包括供水量数据 wsdata、信息 info 和 interKeyStore，其中 wsdata 和 info 是对输入数据存储调用 read 函数返回的结果，MapReduce 每次调用 cdbnnMapper（）函数前自动执行 read 函数。interKeyStore 是 cdbnnMapper（）函数使用中间对象 KeyValueStore 添加的键值对，函数 add（）也使用 interKeyStore 添加键值对。若函数 cdbnnMapper（）的调用均没有给 interKeyStore 添加任何键值对，则 MapReduce 不会调用 cdbnnReducer（）函数，而且数据存储的结果为空。函数 dataPreFun（）是对供水量历史数据的预处理函数。函数 add（）将 wdata 添加到键为 'wdata' 的 interKeyStore。

（2）编写 Reduce 函数 cdbnnRedFun（）。

```
functioncdbnnRedFun(interKey, interVallter, outKeyStore)
pdata = -inf;
whilehasnext(interVallter)
    pdata = cdbnn(getnext(interVallter));
end
add(outKVStore, 'pdata', pdata);
```

函数 cdbnnRedFun（）的输入包括 interKey，interVallter 和 outKeyStore。其中 interKey 为 Map 函数 cdbnnMapFun（）添加的活动键，interVallter 是与 interKey 相关的对象 Valuelterator，outKeyStore 是对象 KeyValueStore 的名称，函数 cdbnnRedFun（）向 KeyValueStore 添加键值对。若函数 cdbnnRedFun（）的调用均没有给 outKeyStore 添加任何键值对，则 MapReduce 返回的数据存储为空。

（3）编写主函数 mapreduce（）。

```
wds = wsdatastore('wsdata.csv', 'TreatAsMissing', 'NA');
wds.SelectedVariableNames = 'wsdata';
outwds = mapreduce(wds, @cdbnnMapFun, @cdbnnRedFun);
```

函数 wsdatastore( )读取历史供水量数据。主函数 mapreduce( )将 Map 函数 cdbnnMapFun( )应用于输入历史供水量数据 wds，将与其唯一对应的值传递给 Reduce 函数 cdbnnRedFun( )。输出数据 outwds 是一个指向. mat 文件的 KeyValueDatastore 对象。

（4）利用编译器 MATLAB Compiler 将函数 cdbnnMapFun( )和 cdbnnRedFun( )编译成. jar 的文件。

（5）编译 MapReduce 算法并部署至 Hadoop 云平台，调用供水量预测 cdbnn 程序，通过并行计算得到供水量的预测值。

8.4　系统应用实例

为了测试本书实例所构建的城市供水量预测云平台，研究者利用实验室的计算机搭建了基于 Hadoop 框架的云计算平台，1 台计算机作为云平台的主节点，另外 4 台作为子节点，单机的配置为：DELL 7050MT，Intel(R) Core(TM) i7-7700 CPU @ 3. 60 GHz 四核，16 GB 内存，2 TB 硬盘。系统客户端采用 C#编写人机对话界面，云平台采用 MATLAB 实现预测算法和图形绘制等功能，系统客户端的用户登录界面如图 8.8 所示。根据用户的需求分析，系统的主功能模块包括时供水量、日供水量、周供水量、月供水量和年供水量预测。其中每个主功能模块又包含数据预处理、选择模型、新模型训练和供水量预测四个步骤。

图 8.8　用户登录界面

本书以日供水量为例，详细阐述系统的预测过程。为了测试城市供水量预测系统的预测精度和适用性，从株洲市 D 自来水厂采集了 2017 年 1 月 1 日至 2019 年 4 月 8 日的历史日供水量数据共 828 条。该自来水厂的产水规模约为 550000 m^3/d，其中工业水的产水能力为 350000 m^3/d，生活用水的产水能力为 200000 m^3/d，为面积约 400 km^2 的 70 万城市居民、企事业单位和工厂供水。原始日供水量数据集中 75%（从 2017 年 1 月 1 日至 2018 年 9 月 12 日共 621 条数据）用于新模型的训练，剩余 25%共 207 条数据用于测试数据集。

输入账号、密码登录系统后，在软件界面选择"日供水量"。系统进入日供水量预测主模块,具体的预测过程如下。

1. 数据预处理

在程序界面选择"数据预处理",选择从株洲市 D 自来水厂采集的数据集,点击"开始处理",其结果如图 8.9 所示。该日供水量时间序列具有明显趋势性和年际变化的规律,每年 1—3 月的春节期间,日供水量达到一年的最低值,随着时间的变化,逐渐增加;在每年 6—8 月的夏季期间,日供水量达到全年的最大值,然后逐渐减少。

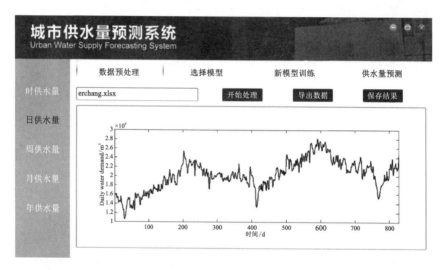

图 8.9　数据预处理

2. 选择模型

在程序界面选择"选择模型",系统模型库中添加的模型有人工神经网络 ANN,支持向量回归 SVR 和连续深度信念网络 CDBNN。系统默认的预测模型为人工神经网络 ANN,本实例选择连续深度信念网络 CDBNN 模型,点击"确定",如图 8.10 所示。

图 8.10　模型选择

3. 新模型训练

首先进行参数设置，连续深度信念网络 CDBNN 的参数设置包括超参数、输入节点和隐藏节点的取值范围。其中超参数又包括迭代次数、噪声参数、动量项和学习率，隐藏节点包括第一至三层的节点数的设置，参数的详细设置如图 8.11 所示。然后点击"开始训练"，模型训练完成后显示最优结构为 7-10-15-1。即 CDBNN 模型的输入节点为 17，第一隐藏节点为 10，第二隐藏层节点为 15；因为采用单步预测，输出节点为 1。预测误差评价指标中平均绝对百分比误差 $I_{MAPE} = 1.8833$，归一化均方误差 $I_{NRMSE} = 0.0235$，相关系数 $P_{COR} = 0.9823$ 和决定系数 $I_{DC} = 0.9911$。若系统模型库中的预测模型已经训练完成，则可以跳过此步骤直接进入供水量预测。点击"保存结果"，将训练完成的预测模型存入系统的模型库。

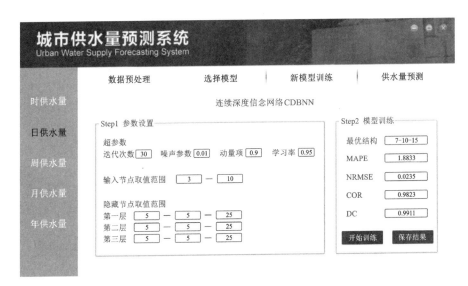

图 8.11　新模型训练

4. 供水量预测

点击"开始预测"，采用连续深度信念网络 CDBNN 模型的预测结果，如图 8.11 所示。"预测结果"栏中绘制了 CDBNN 模型对历史日供水量时间序列的拟合曲线、日供水量预测值和实际值的散点图；"评价指标"栏显示了 MAPE、NRMSE、COR 和 DC 的值。系统还具有导出数据、打印结果和保存结果的功能。

如图 8.12 所示，"预测结果"栏左图为 CDBNN 模型对历史日供水量时间序列的拟合曲线，蓝色曲线表示实际值，红色曲线表示预测值；日供水量的预测值能较好地跟随实际值的变化，表明 CDBNN 模型针对历史日供水量数据的拟合能力与预测能力较强。"预测结果"栏右图为日供水量预测值和实际值的散点图，表明预测值和实际值之间的相关性较好。测试数据的定量评价指标 $I_{MAPE} = 1.8165$，$I_{NRMSE} = 0.0232$，$I_{CC} = 0.9705$，$I_{DC} = 0.9405$，进一步说明了本书所提出的 CDBNN 模型对株洲市 D 自来水厂的日供水量数据具有良好的预测能力。

图 8.12 中，点击"导出数据"，系统导出日供水量数据的实际值和 CDBNN 模型对应的预测值，如图 8.13 所示。系统导出的预测值可用于指导该自来水厂下一天的日产水量，从而节约水库的原水和降低产水的电耗成本等，提高自来水厂运行的经济效益。

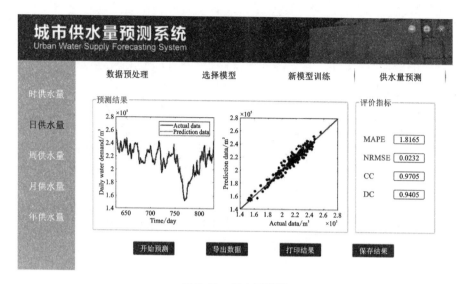

图 8.12 供水量预测

数据显示

真实值	预测值
255399	258994
245606	252657
235751	241259
230208	233703
228943	230720
226432	230833
224601	226916
229994	225792
239686	233963
243009	243213
233209	241974
226596	227529
229146	226088
230525	231873
234414	230681
239254	236877
243491	240981
245726	244120
236732	245279
232417	231294
242612	232818

图 8.13 导出的实际值与预测值

通过对株洲市 D 自来水厂历史日供水量数据的预测实例表明，基于深度学习的城市供水量预测云平台具有较高的预测精度，友好的人机对话界面，良好的兼容性和可扩展性，对智慧城市中智慧水务的建设具有重要的实际应用价值。

参考文献

[1] 孟宪伟，许桂秋.大数据导论[M].杭州：浙江科学技术出版社，2020.

[2] 夏予川.大数据时代[M].重庆：重庆出版社，2020.

[3] 布赖恩·克莱格.大数据[M].重庆：重庆大学出版社，2020.

[4] 松本健太郎.大数据[M].田中景，译.杭州：浙江人民出版社，2020.

[5] 维克托·迈尔·舍恩伯格，肯尼思·库克耶.大数据时代：生活、工作与思维的大变革[M].盛杨燕，等，译.杭州：浙江人民出版社，2013.

[6] 王万良，张兆娟，高楠，等.基于人工智能技术的大数据分析方法研究进展[J].计算机集成制造系统，2019，25(3).

[7] 雷明.机器学习：原理、算法与应用[M].北京：清华大学出版社，2019.

[8] 王万良.人工智能及其应用[M].5 版.北京：高等教育出版社，2020.

[9] 王万良，吴启迪.生产调度智能算法及其应用[M].北京：科学出版社，2007.

[10] 袁南儿，王万良，苏宏业.计算机新型控制策略及其应用[M].北京：清华大学出版社，1998.

[11] 涂序彦.人工智能及其应用[M].北京：电子工业出版社，1988.

[12] 蔡自兴，徐光佑.人工智能及其应用[M].3 版.北京：清华大学出版社，2003.

[13] 王永庆.人工智能原理与方法[M].西安：西安交通大学出版社，1998.

[14] 王士同.人工智能教程[M].北京：电子工业出版社，2001.

[15] 高济，朱森良，何钦铭.人工智能基础[M].北京：高等教育出版社，2002.

[16] 李德毅，于剑，中国人工智能学会，等.人工智能导论[M].北京：中国科学技术出版社，2018.

[17] 马少平，朱小燕.人工智能[M].北京：清华大学出版社，2004.

[18] 王文杰，叶世伟.人工智能原理与应用[M].北京：人民邮电出版社，2004.

[19] 贲可荣，张彦锋.人工智能[M].北京：清华大学出版社，2006.

[20] 朱福喜，汤怡群，傅建明.人工智能原理[M].武汉：武汉大学出版社，2002.

[21] 张仰森，黄改娟.人工智能实用教程[M].北京：北京希望电子出版社，2002.

[22] 涂序彦，韩力群.人工智能：回顾与展望[M].北京：科学出版社，2006.

[23] 王万森.人工智能原理及其应用[M].2 版.北京：电子工业出版社，2007.

[24] 刘峡壁.人工智能导论：方法与系统[M].北京：国防工业出版社，2008.

[25] 李鸣华.人工智能及其应用[M].北京：科学出版社，2008.

[26] 刘朝华.混合免疫智能优化算法研究及其在复杂系统中的应用[D].长沙：湖南大学，2012.

[27] 刘朝华.混合免疫智能算法理论及应用[M].北京：电子工业出版社，2014.

[28] 姚海鹏，王露瑶，刘韵洁.大数据与人工智能导论[M].北京：人民邮电出版社，2017.

[29] 焦李成，赵进，杨淑媛，等.深度学习、优化与识别[M].北京：清华大学出版社，2017.

[30] 查鲁·C·阿加沃尔.神经网络与深度学习[M].石川，杨成，译.北京：机械工业出版社，2021.

[31] 陆嘉恒.Hadoop 实战[M].2 版.北京：机械工业出版社，2012.

［32］White T. Hadoop 权威指南（中文版）［M］.周傲英，等，译.北京：清华大学出版社，2010.

［33］余明辉，张良均，高杨，等. Hadoop 大数据开发基础［M］.人民邮电出版社，2018.

［34］王鹏.云计算的关键技术与应用实例［M］.北京：人民邮电出版社，2010.

［35］黄宜华.深入理解大数据——大数据处理与编程实践［M］.北京：机械工业出版社，2014.

［36］蔡斌，陈湘萍. Hadoop 技术内幕——深入解析 Hadoop Common 和 HDFS 架构设计与实现原理［M］.北京：机械工业出版社，2013.

［37］Dimiduk N, Khurana A. HBase 实战［M］.谢磊，译.北京：人民邮电出版社，2013.

［38］刘鹏，黄宜华，陈卫卫.实战 Hadoop［M］.北京：电子工业出版社，2011.

［39］罗燕新.基于 HBase 的列存储压缩算法的研究与实现［M］.广州：华南理工大学出版社，2011.

［40］项亮.推荐系统实践［M］.北京：人民邮电出版社，2012.

［41］Rajaraman A, Ullman J D. 大数据：互联网大规模数据挖掘与分布式处理［M］.王斌，译.北京：人民邮电出版社，2013.

［42］吕晓玲，宋捷. 大数据分析统计应用丛书——大数据挖掘与统计机器学习［M］.中国人民大学出版社，2016.

［43］孟小峰，慈祥.大数据管理：概念、技术与挑战［J］.计算机研究与发展，2013，50（1）：146-169.

［44］姚宏宇，田溯宁.云计算：大数据时代的系统工程［M］.北京：电子工业出版社，2013.

［45］胡阔.物联网［M］.北京：科学出版社，2010.

［46］Anderson Q. Storm 实时数据处理［M］.卢誉声，译.北京：机械工业出版社，2014.

［47］阿里巴巴集团数据平台事业部商家数据业务部.Storm 实战：构建大数据实时计算［M］.北京：电子工业出版社，2014.

［48］刘宝钟. 大数据分类模型和算法研究［M］.昆明：云南大学出版社，2019.

［49］林子雨.大数据技术原理与应用［M］.北京：人民邮电出版社，2017.

［50］Redmond E. 七天七数据库［M］.王海鹏，等，译.北京：人民邮电出版社，2013.

［51］陆嘉恒.大数据挑战与 NoSQL 数据库技术［M］.北京：电子工业出版社，2013.

［52］White T. Hadoop：The Definitive Guide［M］.3rd Edition. CA：O'Reilly，2012.

［53］于俊，向海，代其锋，等.Spark 核心技术与高级应用［M］.北京：机械工业出版社，2016.

［54］王道远. Spark 快速大数据分析［M］.北京：人民邮电出版社，2015.

［55］许岳兵.基于深度学习的城市供水量预测方法与应用研究［D］.长沙：湖南大学，2019.